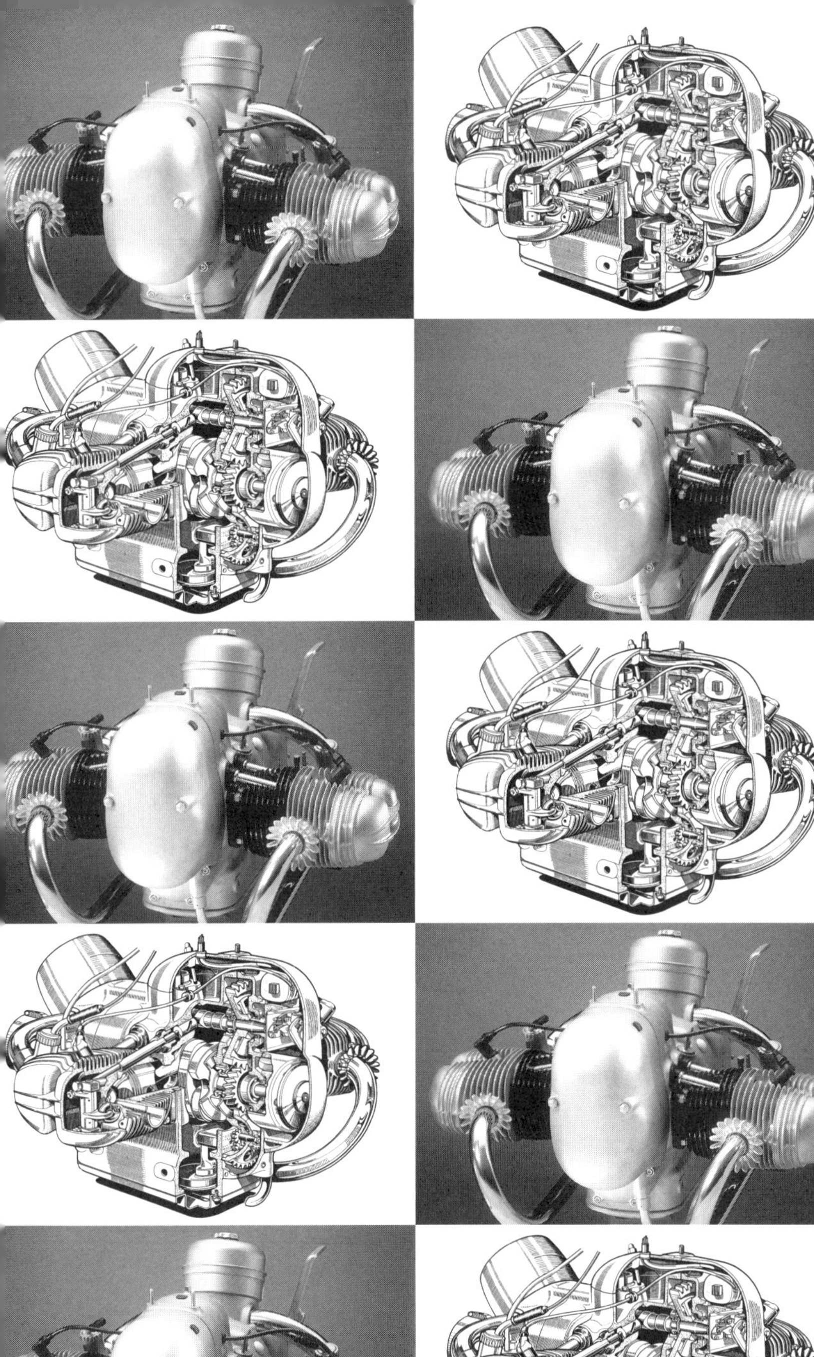
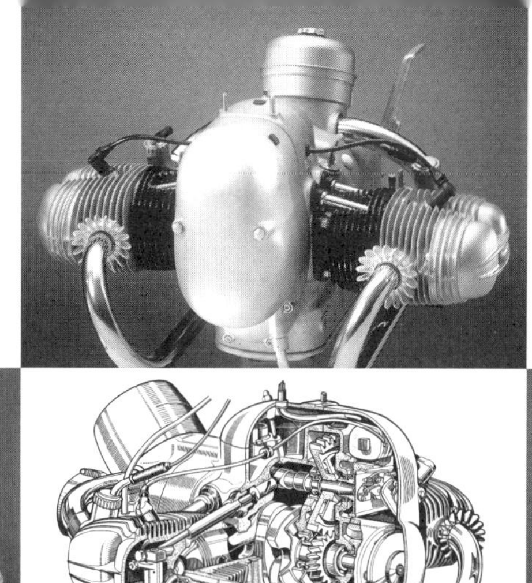

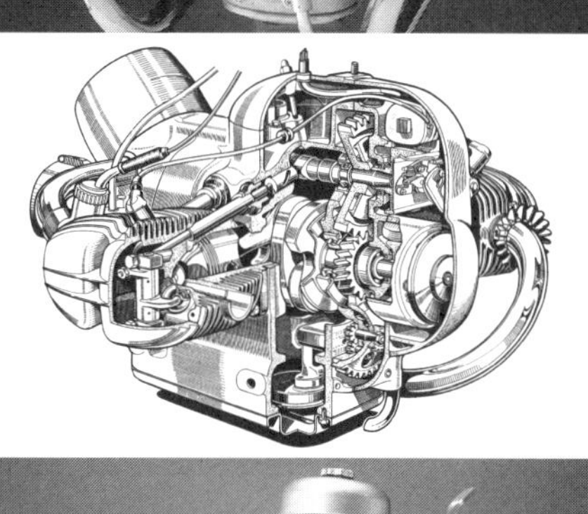
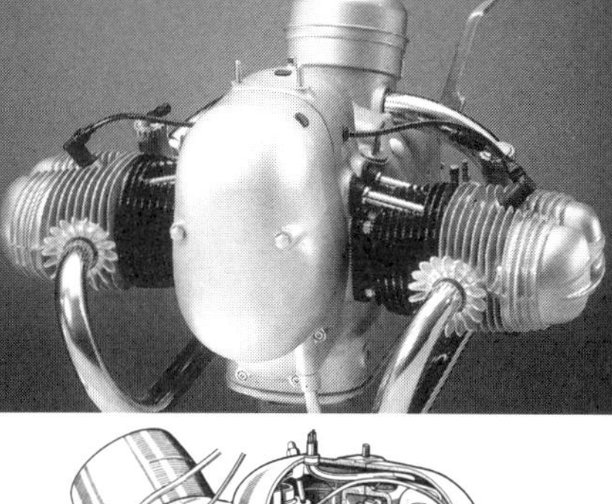
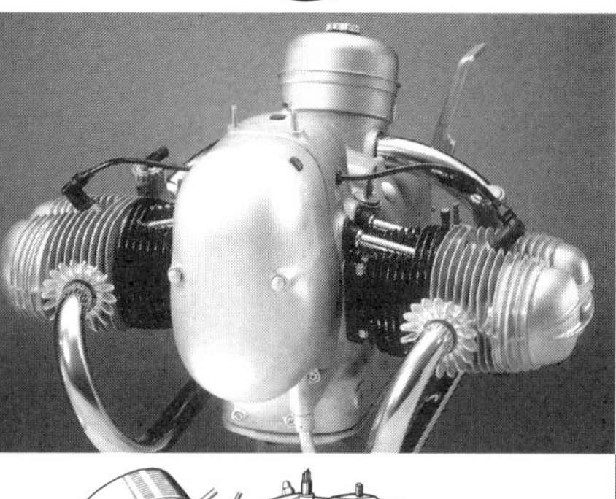
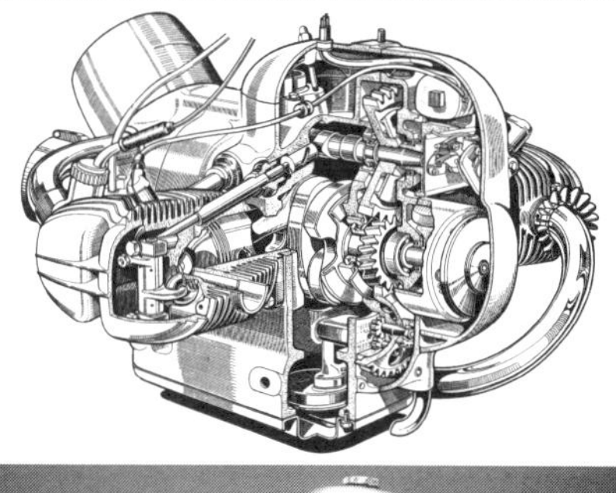

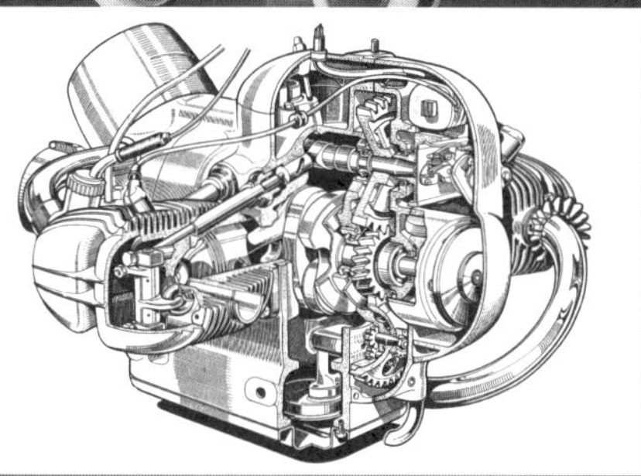

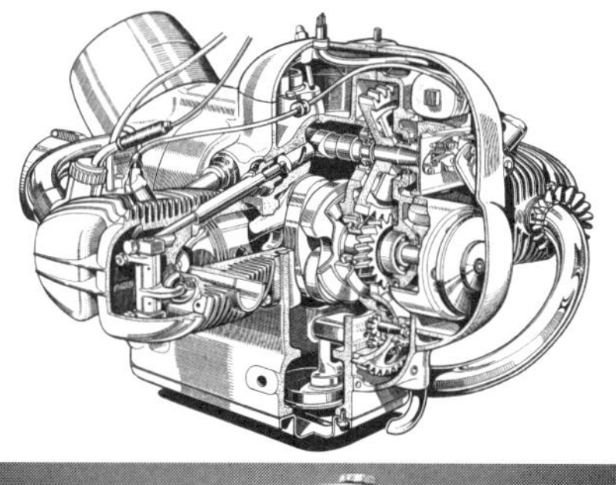
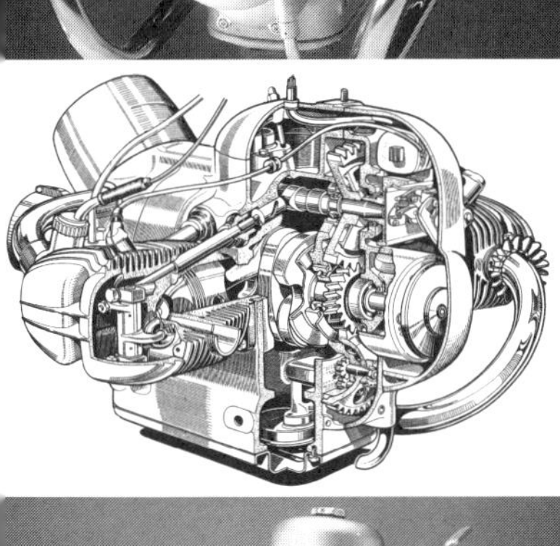
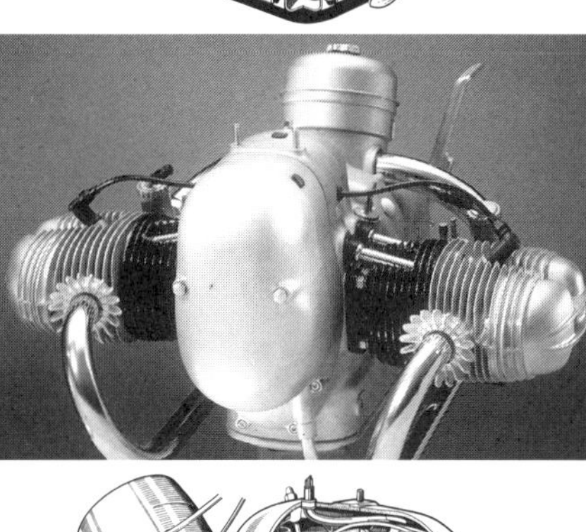

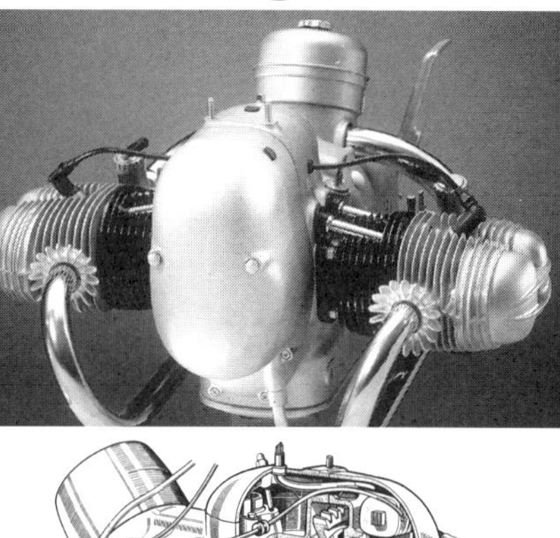
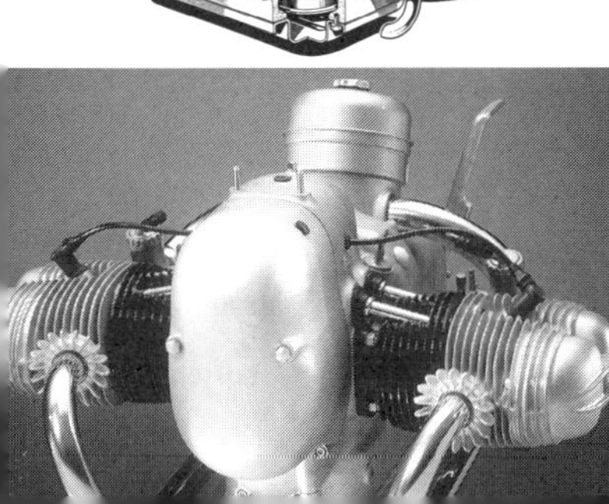
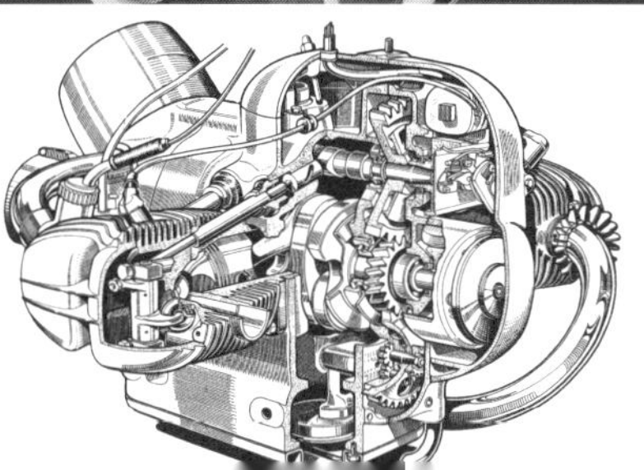
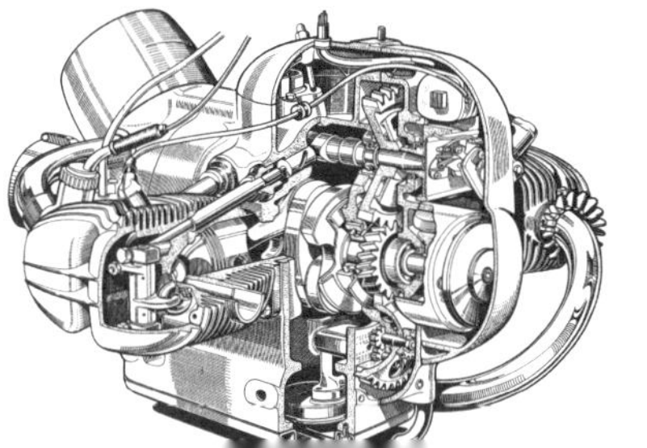

BMW Boxer
100 Jahre Faszination
Die Nachkriegszeit

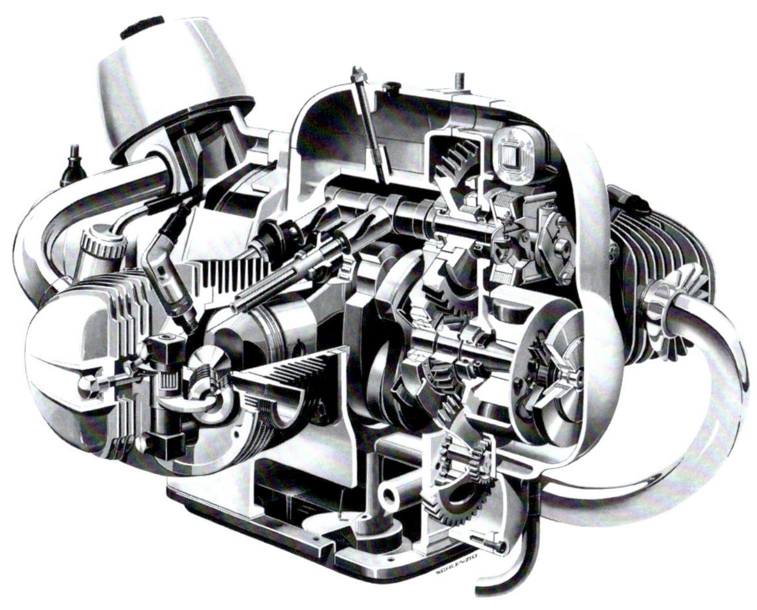

Die fotorealistische Schnittzeichnung von 1962 zeigt den 42 PS starken 600er-Boxer des damaligen BMW-Motorrad-Topmodells R 69 S, das ein Tempo von 175 km/h erreichte. Perfekt dargestellt ist der Ventiltrieb über Stirnräder, Stößelstangen und Kipphebel. Vorn auf der Kurbelwelle sitzt der Schwingungsdämpfer, der ab 1963 serienmäßig montiert wurde. Motorbilder Vorsatz/Nachsatz: Foto R 69, Schnittzeichnung R 51/3.

SCHNEIDER MEDIA

BOSCH

BMW Boxer
100 Jahre Faszination

Band 2: die Nachkriegszeit
Von der R 51/2 1950 bis zur R 69 S 1969
BMW Flugmotorenhistorie, Demontage und Neuanfang nach 1945

Hans J. Schneider
unter der Mitwirkung von
Stefan Knittel

SCHNEIDER MEDIA

Die R 69 S wurde zwischen 1960 und 1969 über 11 000mal produziert und fand weltweit begeisterte Käufer. Der 42 PS starke Boxermotor ermöglichten Spitzengeschwindigkeiten bis 175 km/h, womit das BMW-Topmodell der starken englischen und italienischen Konkurrenz Paroli bieten konnte. Das innovative, im Rennsport erprobte Fahrwerk mit der Langschwinge vorn garantierte gute Straßenlage und hohen Komfort. Das Foto von 1990 zeigt eine restaurierte Maschine aus der Sammlung der BMW Group.

Impressum

Dank
Autor und Verlag bedanken sich herzlich für die tatkräftige Unterstützung dieses Buch-Projekts und die Bereitstellung des historischen Bildmaterials bei Ruth Standfuß vom Historischen BMW-Archiv und bei Stefan Knittel für weiterführende Hinweise. Dank auch an Tim Diehl-Thiele und Fred Jakobs.

Schutzumschlag- und Covergestaltung:
Dr. Valentin Schneider

Bildnachweis
Die Fotos und Zeichnungen wurden uns freundlicherweise vom BMW Group Archiv zur Verfügung gestellt, ausgenommen Bilder auf den Seiten 20, 170, 171, 180, 181, 183; Nachweis siehe Seite 228.

Herstellung
Gestaltung Inhalt: Hans-Jürgen Schneider
Bildbearbeitung, digitale Produktion: Dr. Valentin Schneider
Lektorat: Stefan Knittel, Dr. Valentin Schneider
Druck und Verarbeitung: im EU-Land Slowakei
durch Vermittlung von Print Consult in Berlin und München

Vertrieb
Delius Klasing Verlag GmbH, Siekerwall 21,
D-33602 Bielefeld; Tel. 0521/5590,
Fax: 0521/559113; E-Mail: info@delius-klasing.de

ISBN: 978-3-667-12532-3

Verlag
SCHNEIDER MEDIA UK LTD.
E-Mail: info@schneider-media.eu
Website: www.schneider-media.eu

Gedruckt in der Europäischen Union

Inhalt

Titelseite des Gesamtprospekts von 1956: R 50 mit Seitenwagen „Spezial" von BMW in bayerischer Winterlandschaft. Die ab 1955 produzierten Boxermodelle mit Langschwingen vorn und hinten eigneten sich besonders gut für den Gespannbetrieb. Durch einfaches Umstecken konnte der Nachlauf der Vorderradschwinge um 40 mm verkürzt werden.

Der Boxer als Rettungsanker

Der Firmenname sagt, um was es im Kern zumindest bis 1945 ging: Bayerische Motoren Werke. Motoren. Um präzise zu sein: Flugmotoren. Damit verdiente BMW im Ersten Weltkrieg sein Geld, entwickelte in den Zwischenkriegsjahren Hochleistungstriebwerke mit sechs und zwölf Zylindern, produzierte ab 1939 fast ausschließlich Neun- und 14-Zylinder-Sternmotoren für Militärflugzeuge. Nach 1918, als der Bau von Flugmotoren für lange Jahre untersagt blieb, rettete das Motorrad das Unternehmen. Der erste Bayernboxer, die ab 1923 gebaute R 32, stand am Anfang einer Motorradserie, die das sportliche, durch Rennsportsiege und Weltrekorde optimierte Image der Marke prägte. 1928 kaufte sich BMW ins Automobilgeschäft ein und produzierte ab 1935 mit dem Roadster 328 ein Fahrzeug, das nun auch im Autobereich eindrucksvoll Sportlichkeit demonstrierte.

Und dann wiederholte sich die Geschichte. Die BMW-Werke lagen 1945 nach den Bombardierungen durch die Alliierten weithin in Trümmern, und was noch brauchbar war, mußte größtenteils demontiert und als Reparationsleistung in alle Welt geschickt werden. Wieder gab es die Stunde Null. Und wieder war die einzige Lösung der Motorradbau, zunächst mit Kopien veralteter Vorkriegstypen wie der R 24 und der R 51/2, dann aber mit von Jahr zu Jahr verbesserten Modellen bis hin zur 42 PS starken R 69 S, die von 1960 bis 1969 der Traum vieler motorradbegeisterter Leute war. Bis Mitte der 1950er Jahre hielten die Erlöse aus dem Motorradverkauf das defizitäre Geschäft mit den luxurösen Großwagen 501 bis 507 über Wasser.

Nach einer größtenteils verfehlten Modellpolitik und dem Beinahe-Konkurs Ende der 1950er Jahre wurde BMW saniert und setzte 1961 mit der viertürigen, betont sportlichen Limousine 1500 „Neue Klasse“ auf das richtige Pferd, das die Marke bis heute zu immer neuen Erfolgen und Produktionsrekorden trug. Das Motorradgeschäft zog nach dem Zusammenbruch des Marktes erst ab 1969 wieder richtig an, aber die in diesem Buch vorgestellten Modelle der Nachkriegszeit sicherten der weiß-blauen Motorradsparte immerhin das Überleben bis zu diesem Wendepunkt, während andere große Motorradmarken wie DKW, Horex, NSU oder Zündapp ab den 1950er Jahren nach und nach das Zeitliche segneten. Und es waren auch wieder die zahlreichen Rennsporterfolge mit den Hochleistungsboxern 255, 253 und RS 54, mit denen BMW die Fans in stürmischer Zeit bei der Stange halten konnte. Von 1954 bis 1974 wurden Teams mit BMW-Gespannen in nahezu ununterbrochener Reihenfolge 19mal Weltmeister und holten parallel dazu zahlreiche Deutsche Meisterschaften. Auch bei den Solo-Motorrädern lagen die Boxer von BMW bei den Meisterschaften meist ganz vorn.

Serienmodelle und Rennsport mit der Lupe betrachtet

Was bietet der zweite Band „BMW Boxer – 100 Jahre Faszination“? Im ersten, 2020 erschienenen Band „Die Gründerjahre“ unserer Boxer-Saga, haben wir uns mit dem Vorfeld der Motorrad- und Boxermotor-Entwicklung bei BMW seit 1920 und mit der Serien- und Rennsportgeschichte von 1923 bis 1939 befaßt und anschließend die Rolle der BMW-Gespanne im Zweiten Weltkrieg bis 1944 skizziert. Der nun vorliegende Band „Die Nachkriegszeit“ beginnt nicht einfach mit der wieder angekurbelten Motorradproduktion, sondern stellt zwei Kapitel über die Flugmotorenproduktion seit 1917, die Situation im Zweiten Weltkrieg und den schwierigen Neubeginn unter den Augen der Alliierten an den Anfang. Dies, um zu zeigen, wie schwer es für BMW war, nach dem Bombenkrieg und dem Verlust des Kerngeschäfts Flugmotoren wieder mit bescheidensten Mitteln Fuß zu fassen. Aus der Not heraus mußte man zunächst Kochtöpfe, Küchengeräte und Fahrräder aus Flugmotorresten produzieren – was für ein Absturz nach dem Bau von 14-Zylinder-Sternmotoren und Strahltriebwerken.

Autor Hans-Jürgen Schneider (Jahrgang 1946) fuhr und testete schon in den 1970ern die Boxer von BMW, später als Chefredakteur von Motorrad-zeitschriften. Er hat zahlreiche Motorrad- und Automobil-Standardwerke veröffentlicht, seit 1985 im eigenen Verlag.

Schon als 13jähriger begeisterte er sich für BMW-Motorräder, klapperte mit dem Fahrrad im Umkreis von 30 km die Händler ab und holte sich die aktuellen Prospekte. Bis heute hat er die historisch wertvollen Dokumente aus den Nachkriegsjahren als Schätze aufbewahrt.

Foto vom 29. Mai 2021.

Zaghafter Neuanfang nach dem Krieg

Dabei konnte es nicht bleiben, und wieder versuchte BMW, sich mit der Produktion von Motorrädern aus der verzweifelten Lage zu befreien. Dies gelang: Nach der Entwicklung eines schmächtigen Motorrad-Prototyps mit Zweitakt-Boxerantrieb brachte BMW 1948 als erste in Serie produzierte Nachkriegsmaschine das Einzylinder-Modell R 24 heraus, eine verbesserte Kopie der Vorkriegs-R 23. Wir würdigen dieses Ereignis, weil ohne den unmittelbaren Erfolg dieses Motorrads auf dem ausgehungerten Markt der Bau neuer Boxermodelle nicht möglich gewesen wäre. 1950 erschien mit der R 51/2 der erste Boxer, noch als Kopie des Vorkriegsmodells R 51, doch schon ein Jahr später ging die R 51/3 mit einem neu entwickelten Boxermotor an den Start, der in immer weiter verfeinerter Form die Antriebsquelle aller Boxertypen bis 1969 sein würde. Mit den 600er-Modellen der R 67-Reihe und der R 68 zielte BMW mit zunehmenden Absatzzahlen auf anspruchsvolle Solo-, Gespann- und Sportfahrer.

1955 präsentierte BMW mit den Typen R 50, R 60 und R 69 eine modernisierte Boxer-Generation, die sich ihrem innovativen, im Rennsport erprobten „Vollschwingen-Fahrwerk“ entschieden von den früheren Modellen absetzte und bis heute im kollektiven Gedächtnis einen festen Platz auch als Polizei- und ADAC-Motorrad hat. Für die Entwicklung neuer Motoren aber hatte es finanziell in jenen Jahren nicht gereicht.

Obwohl der Absatz ab 1955 trotz der neuen Modelle dramatisch zurückging, hielt BMW weiter am Motorrad fest und präsentierte 1960 sogar verbesserte Versionen der Schwingenmodelle: die Arbeitspferde R 50/2 und R 60/2, den Halbliter-Sportboxer R 50 S und als neues Topmodell die 42 PS starke und 175 km/h schnelle R 69 S. Für die USA und einige andere Exportländer lieferte BMW diese Typen ab 1967 auch mit konventioneller Telegabel aus. Erst 1969 wurden die /2-Typen durch die von Grund auf neu entwickelte, vorab im Geländesport getestete /5-Reihe abgelöst, die sich in einem wiederbelebten Motorradmarkt auf Anhieb blendend verkaufte.

Als Scoop in diesem Buch darf man den Artikel über den Produktionsbeginn von Motorrädern in Berlin bezeichnen: Wie wir herausfanden, lief hier mit einer R 60/2 bereits 1966 ein Boxer vom Band, und nicht erst 1969 mit der /5-Reihe, wie bis heute immer behauptet wurde. Ein Bayernboxer, verschwiegen in der Kapitale der „Saupreiß'n“ hergestellt, hätte sich damals vielleicht nicht so gut verkaufen lassen.

Breiten Raum nehmen in diesem Band auch die reich illustrierten Kapitel über den Einsatz der Rennsportmotorräder ein, allen voran die Werksmaschinen der Typen 255 und 253 sowie die käufliche RS 54, deren Dohc-Königswellen-Triebwerk bis in die 1970er Jahre hinein die ungemein erfolgreichen BMW-Renngespanne befeuerte. Solo-Rennfahrer und Meister auf BMW wie Schorsch Meier, Ludwig Kraus, Walter Zeller, Ernst Riedelbauch, Ernst Hiller und Hans-Günter Jäger leuchten in diesem Buch ebenso auf wie die unvergessenen Gespann-Weltmeister Faust/Remmert, Noll/Cron, Hillebrand/Grunwald, Schneider/Strauß, Rohsiepe/Gardyancik, Fath/Wohlgemuth, Deubel/Hörner, Scheidegger/Robinson und Enders/Engelhardt. Eingestreut sind Informationen und Fotos zu den Werkseinsätzen im Geländesport und den Six Days, bei denen BMW-Teams zwischen 1955 und 1968 viermal die World-Trophy gewannen. Mit der R 69 S wurden sogar Langstreckenrennen gefahren und Weltrekorde erzielt.

Spezialkapitel über Flugmotoren, Demontage, BMW-Sanierung

Eine Spezialität dieses Buchs ist die Tatsache, daß der Autor die Karriere der Motorradentwicklung bei BMW in zeitgeschichtlich bedeutende Ereignisse einbettet, kurz auch die wichtigsten Einzylinder-Modelle und Prototypen zeigt und sogar die Kleinwagen Isetta, 600 und 700 von BMW, die von Motorradmotoren angetrieben wurden, einblendet. Ein Extra-Kapitel belegt ausführlich, wie BMW Ende 1959 von der Pleite bedroht war und wie dann ab 1960 die Sanierung unter maßgeblicher Beteiligung des Großaktionärs Herbert Quandt ablief, auf den ein besonderes Schlaglicht geworfen wird. Was mit Flugmotoren 1917 begann, fand 1957 bis 1965 mit der Lizenzfertigung amerikanischer Sechszylinder- und Strahltriebwerke für den Schulterdecker Dornier Do 27 und den Lockheed Starfighter F-104G im Werk Allach seine logische Fortsetzung, beides gestützt durch Großaufträge der Bundeswehr. Ein ausführlicher Anhang mit technischen Daten, Fahrgestellnummern und vier umfangreichen, sachbezogenen Registern rundet das Buch ab, das ohne die großzügige Unterstützung des BMW Group Archivs mit exklusivem Fotomaterial nie hätte realisiert werden können.

Besonderer Dank gebührt hier Fred Jakobs, dem Leiter des Archivs, der „grünes Licht" gab, und Sachbearbeiterin Ruth Standfuß, die keine Mühe scheute, um das Bildmaterial zusammenzustellen und elektronisch zu übermitteln. Stefan Knittel prüfte in gewohnter Kompetenz und mit Lust an der Sache die Texte auf sachliche Richtigkeit. Mein Sohn Valentin, als Historiker mit zahlreichen Projekten mehr als ausgelastet, opferte in unerschütterlicher Solidarität unzählige Stunden seiner Freizeit, um korrekturzulesen und Verbesserungen vorzuschlagen. Seit Jahrzehnten unterstützt er passioniert auf diese Weise – auch als Co-Direktor – die publizistischen Aktivitäten des Verlags.

Der Boxer war all die Jahre der leuchtende Stern am BMW-Himmel, der sich immer wieder verdunkelte, mit Blitz und Donner grollte, dann aber wieder die Sonne durchbrechen ließ, zur Erbauung der Freunde des Guten, Wahren und Schönen.

Herzliche Grüße
Hans-Jürgen Schneider
Normandie im Juli 2022

Oben links: Umschlag-Vorderseite des Standardwerks von Stefan Knittel aus dem Jahr 1984, heute noch lesenswert und Quelle zahlreicher Detailinformation für unser neues Buch, zur Verfügung gestellt vom Autor.

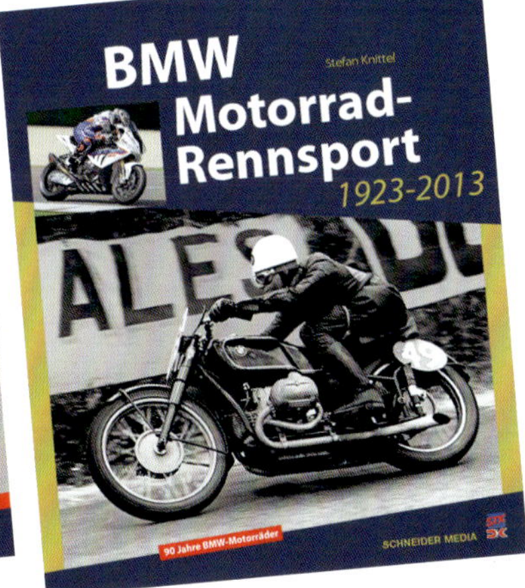

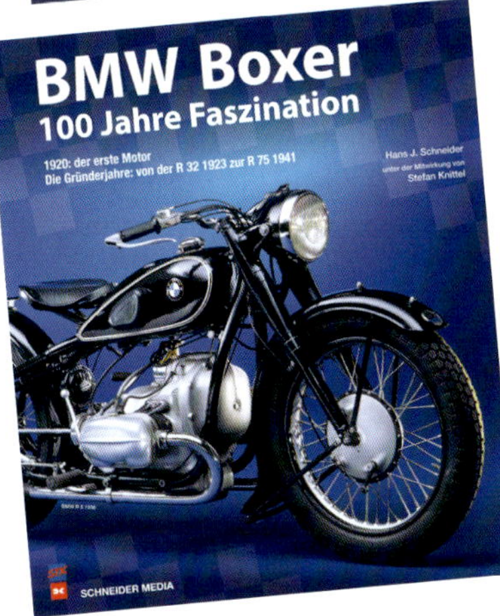

Oben rechts und Mitte: Standardwerke von SCHNEIDER MEDIA zum Thema BMW Boxer. In zwei Auflagen erschien 1994 und 1999 unser Titel „Faszination BMW Boxer", das nicht nur die historischen, sondern auch die damals neuen Vierventil-Boxer beschrieb (Restexemplare vorhanden).
„Historische BMW Gespanne" informierte auf 280 Seiten und mit 440 Abbildungen die gesamte Geschichte der legendären BMW-Maschinen mit Seitenwagen. Der (inzwischen vergriffene) Band wurde als das international beste Automotivbuch in nicht-englischer Sprache des Jahres 2012 ausgezeichnet. Zum Jubiläum „90 Jahre BMW Motorrad" brachten wir den von Stefan Knittel zusammengestellten Band „BMW Motorrad-Rennsport 1923-2013" heraus, der auf 296 Seiten rund 630 exklusiv von BMW zur Verfügung gestellte historische Fotos zeigt (Restexemplare vorhanden). Beide Bücher enthalten Informationen und Bilder, die teilweise für das vorliegende Buch verwendet wurden.
Links: Von den Kritik hoch gelobt und von den Fans begeistert aufgenommen wurde und wird der erste Band „Die Gründerjahre" unserer Boxer-Saga, der die Entwicklung des ersten Boxermotors 1920 und die Geschichte der Serienmodelle und des Rennsports von 1923 bis zum Krieg beschreibt. Dieses Buch und die Restexemplare können auf unserer Internetseite www.schneider-media.eu geordert werden.

Blick in die Halle der Versandmontage der Doppelstern-Flugtriebwerke vom Typ 801 im Kriegsjahr 1942. Flaschenzüge sind bei der Arbeit unentbehrlich. Unter den Verkleidungen sind die Ventilatoren für die Zwangskühlung gut zu erkennen.

Kapitel 1
1917-1945

Kerngeschäft Flugmotoren

Vor dem Zweiten Weltkrieg hat BMW nicht nur sportliche Motorräder und Automobile gebaut, sondern vor allen Dingen auch Flugmotoren mit 6, 12 und sogar 14 Zylindern, die man heute als Hightech-Produkte bezeichnen würde. Schon im Ersten Weltkrieg, in der Weimarer Republik und dann ab 1933 waren die deutschen Luftstreitkräfte die größten Abnehmer. Im Zweiten Weltkrieg wurde fast nur noch Motoren für den Einsatz in Jagd- und Bombenflugzeugen produziert. Noch vor Kriegsende flog die Messerschmitt Me 262 mit von BMW entwickelten Strahltriebwerken. Doch es gab auch zivile Kunden: Die Lufthansa kaufte in großen Stückzahlen die legendäre Transportmaschine Junkers Ju 52, die mit drei Neunzylinder-Sternmotoren von BMW ausgerüstet war. Warum dieses Kapitel in einem Motorradbuch? Es verdeutlicht, aus welchen Höhen BMW nach dem Krieg abstürzte und wie bitter 1945 der bescheidene Neubeginn mit Kochtöpfen und primitiven Einzylindermaschinen gewesen sein muß – siehe Folgekapitel.

Oben: Bei den Bombenangriffen wurden zahlreiche Flugmotoren zerstört. Auf dem 1945 aufgenommenen Foto sieht man Triebwerke der Typen BMW 132 und BMW 801.

1917-1945:

BMW-Motoren für Krieg und Frieden

Flugtriebwerkproduktion, Kriegseinsatz und die Folgen

Wer heute von BMW spricht, meint hochtechnisierte und exklusive Automobile und Motorräder mit einer Tradition, die bis in die 1920er Jahre zurückreicht. Schon in der Zeit vor dem Zweiten Weltkrieg wurde BMW in der Öffentlichkeit vor allem als Produzent sportlicher und qualitativ hochwertiger Motorräder und luxuriöser Autos wahrgenommen. Zahllose Rennsiege mit dem Boxer und später mit dem Roadster 328 sowie die Eleganz der frühen Sechszylinder-Cabriolets und -Limousinen prägten das Image der weiß-blauen Marke.

Weithin aus dem kollektiven Gedächtnis verschwunden ist hingegen die Tatsache, daß BMW seit der Firmengründung 1916 und bis 1945 einer der bedeutendsten Flugmotorenhersteller war. Der erste BMW-Motor überhaupt war 1917 der Sechszylinder-Flugmotor IIIa von Max Friz, der auch als Konstrukteur des ersten Boxermotorrads von BMW, der R 32, berühmt wurde – ein fundamentaler Zusammenhang.

Flugmotorbau als tragende Säule

Denn das früh von BMW-Ingenieuren entwickelte Know-how im Flugmotorenbau kam bald darauf auch dem Motorrad- und später dem Automobilbau zugute – das sollte man wissen, wenn man sich für die Geschichte der BMW-Boxer-Motorräder interessiert, die Gegenstand der folgenden Kapitel ist, die sich hauptsächlich mit den Zweizylindermodellen der Nachkriegszeit bis 1969 beschäftigen. Die Anfangsphase von BMW ab 1916 und die Boxermodell-Produktion von 1923 bis 1944 haben wir im 2020 erschienenen Band *„BMW Boxer: 100 Jahre Faszination – die Gründerjahre"* behandelt.

Weil die tragende Säule der BMW-Aktivitäten bis 1945 der Flugmotorenbau war, lohnt sich ein Blick zurück auf die Entwicklung der flüssigkeitsgekühlten Flugtriebwerke in den 1910er und 1920er Jahren, anschließend eine kurze Betrachtung der Ära, in der BMW leistungsstarke luftgekühlte Sternmotoren und später Strahltriebwerke baute.

Erster BMW-Motor: Sechszylinder IIIa 1917

Mit dem flüssiggekühlten Sechszylinder-Triebwerk IIIa hatte BMW bereits 1917 seine technische Kompetenz unter Beweis gestellt. Nach damaligen Maßstäben war der IIIa mit seinen 19,1 Liter Hubraum, einer Dauerleistung von 185 PS bei 1300/min^{-1}, einer königswellengetriebenen, obenliegenden Nockenwelle und einem Motorgehäuse aus Aluminium-Legierung ein Hightech-Produkt (das in vielen Belangen dem „Bestseller" Daimler D III glich). Fred Jakobs, Robert Kröschel und Christian Pierer bringen es in ihrem Werk *„BMW Flugtriebwerke"* (BMW Group Classic, München 2009) auf den Punkt: *„Dieser Motor katapultierte die Firma (...) schlagartig in die Spitze der deutschen Luftfahrtindustrie."* Der IIIa war als Höhenflugmotor konzipiert worden und wurde sofort vom Militär geordert. Mit dem BMW-Triebwerk konnten die deutschen Flieger 1918 die Luftüberlegenheit im Ersten Weltkrieg wieder herstellen – zu spät für eine Wende. Doch auch das erste deutsche Verkehrsflugzeug, die Junkers F13 stieg mit dem BMW IIIa in den Himmel.

Oben: Werksfoto der R 32 von 1923 mit Vollausstattung.

Porträt: R 32- und Flugmotorenkonstrukteur Max Friz 1960 im Alter von 77 Jahren.

Rechts: der von Friz konstruierte BMW IIIa Flugmotor 1917; er war der erste BMW-Motor überhaupt. Der flüssiggekühlte Sechszylinder hatte 19,1 Liter Hubraum, eine Dauerleistung von 185 PS bei 1300/min^{-1}, eine königswellengetriebene Nockenwelle und ein Motorgehäuse aus Leichtmetall-Legierung.

Höhenweltrekord 1919 mit Flugmotor IV

Erste Weiterentwicklung des IIIa war 1918 der Typ IV (23 Liter Hubraum, 250 PS). Mit diesem in einen Doppeldecker von Typ DFW (Deutsche Flugzeugwerke) F 37/III eingebauten BMW-Motor stellte der BMW-Testpilot Franz Zeno Diemer am 17. Juni 1919 einen Höhenweltrekord mit 9760 m auf. Als Junkers L 5 wurde der Motor ab 1925 auch in Lizenz hergestellt. Unter anderem rüstete Heinkel seine Modelle HD 22, HD 24 und HD 39 mit dem BMW IV aus. 1924 folgte die Variante IVa mit mehr Hubraum.

Oben: BMW Werk 1 München-Milbertshofen mit Einfahrbahn für Motorräder im Jahr 1929, damals in noch ländlicher Umgebung; Luftaufnahme aus Richtung Westen.

Links: Kampfpilotenlegende Ernst Udet 1917 im Ersten Weltkrieg vor seiner Fokker D VII mit BMW IIIa; damit errang er 30 „Luftsiege".

Rechts: BMW IV-Sechszylinder mit 23,0 Liter Hubraum und 250 PS auf dem Prüfstand, gebaut von 1918 bis 1928. Mit dem BMW IV wird auch der erste BMW-Weltrekord aufgestellt: Der BMW-Testpilot Franz Zeno Diemer startet am 17. 06. 1919 mit einer DFW-F 37/III („C-IV") vom Oberwiesenfeld aus und erringt einen Höhenflugrekord über 9760 m.

Flugmotor Va 1927 sogar nach Japan verkauft

Nachfolger des BMW IV war (nach Aufhebung der von den Alliierten nach dem Ersten Weltkrieg verfügten Restriktionen) 1926 der BMW V mit 24,5 Liter Hubraum, 320 PS und einem für die sechs in Reihe angeordneten Zylinder gemeinsamem, wassergekühlten Zylinderkopf aus Leichtmetall. In Serie ging das Triebwerk 1927 als Typ Va in drei unterschiedlich verdichteten Varianten. Eine bedeutende Lizenz konnte BMW an das japanische Kaiserreich verkaufen. Eingebaut wurde der Va in Flugzeuge von Albatros, Arado, Fokker, Heinkel und Rohrbach.

Großer Erfolg: V12-Triebwerk VI ab 1926

Der erfolgreichste Flugmotor von BMW war der von 1926 bis 1937 in großen Stückzahlen produzierte Typ VI mit zwölf V-förmig angeordneten Zylindern, Flüssigkühlung, 46,9 Litern Hubraum und 510 PS bis 585 PS (Kurzleistung 750 PS). Bereits 1923 hatte Max Friz mit der Entwicklung des ersten BMW V12-Motors begonnen, indem er den Typ IV um eine zweite Zylinderbank erweiterte. Jede Zylinderbank besaß eine durch Königswelle angetriebene obenliegende Nockenwelle, die pro Zylinder ein Ein- und

Oben: Rohrbach VIIIa „Roland" im Jahr 1929, ausgerüstet mit drei BMW IV- bzw. BMW Va-Motoren.

Links: BMW V-Sechszylinder-Vierventil-Versuchsmotor, gebaut von 1926 bis 1928. Beim Typ V, der 1927 seine Typprüfung besteht, verwendet BMW erstmals einen Vierventil-Zylinderkopf. Lediglich einige wenige Versuchsmuster des Motors werden gefertigt. Nachfolger ist die Zweiventil-Variante BMW Va als direkte Ableitung des erfolgreichen BMW IV. In Japan wird der Va in Lizenz gefertigt. Daten Va: Hubraum 22,9 Liter, 320 PS bei 1560/min^{-1}.

Rechts: Der BMW VI ist der erste V12-Motor von BMW und wird von 1926 bis 1937 in großen Stückzahlen produziert. Er hat Flüssigkühlung, 46,9 Liter Hubraum und 510 bis 585 PS (Kurzleistung 750 PS). Das Foto zeigt drei Monteure bei der Arbeit im Jahr 1926.

Auslaßventil betätigte. 1924 bekam BMW einen offiziellen Entwicklungsauftrag der Reichswehr.

V 12 für Flugboote und Schienen-Zeppelin

Eingesetzt wurde der (relativ) sparsame und zuverlässige Motor u.a. in den spektakulären Flugbooten Dornier Do J „Wal" der Deutschen Luft Hansa und der Amundsen-Expedition zum Nordpol. Legendär ist die Weltumrundung 1930 durch Wolfgang Gronau mit einer Dornier Wal. Auch der 1930 gebaute Schienenzeppelin war mit einem BMW-VI-Motor ausgerüstet. Neben Dornier bevorzugten bald auch die Flugzeughersteller Arado, Heinkel, Focke-Wulf und Rohrbach den BMW VI. In Lizenz bauten Kawasaki und Tupolew den V12 von BMW. Später befeuerte der Motor sogar russische Panzer wie den T35. Ständige Verbesserungen führten bei BMW zu den teilweise nur im Versuch gebauten V12-Versionen IX, XII, XV, 116 und 117.

Die luftgekühlten Sternmotoren Hornet, 132, 801, einige monströse Prototypen wie den 802 (18-Zylinder-Doppelstern) oder den 803 (28-Zylinder 14+14-Zylinder-Stern) behandeln wie weiter unten, ebenso die von BMW entwickelten Strahl- und Raketentriebwerke. Zunächst skizzieren wir den Weg von BMW zum kriegswichtigen Rüstungsunternehmen.

Vom Motorspezialisten zum Rüstungsunternehmen

Mit der seit 1933 zunehmenden Militarisierung Deutschlands traten Auto- und Motorradproduktion für den zivilen Markt immer mehr in den Hintergrund, um schließlich ganz dem Flugtriebwerksbau Platz zu machen, der überwiegend militärischen Zwecken zu dienen hatte. BMW entwickelte sich damit bis zum Ende des Zweiten Weltkriegs zu einem reinen Rüstungsunternehmen – und wurde damit bevorzugtes Ziel alliierter Bomberangriffe.

Unter den Nationalsozialisten erfuhr BMW ab 1933 einen enormen Aufschwung. Aufgrund der ständig zunehmenden Rüstungsaufträge (vornehmlich für die Entwicklung und Lieferung von Flugmotoren) stieg der Umsatz von 32,5 Millionen Reichsmark 1933 auf 750 Millionen RM 1944, in mehreren Werken erwirtschaftet von 58 000 Beschäftigten, darunter rund 29 000 (50 Prozent) Zwangsarbeiter. Zuletzt wurden circa 90 Prozent des Umsatzes mit dem Flugmotorengeschäft gemacht.

Aus für Pkw-Produktion 1941, Militärgespann R 75 bis 1944

Personenwagen wurden seit April 1941 nicht mehr produziert (bis dahin ausschließlich im Werk Eisenach). Von den Motorrädern lief die R 12 1942 aus. Danach wurde (ab 1942 in Eisenach) nur noch das Wehrmachtsgespann R 75 gebaut, das es bis 1944 auf 18 000 Einheiten brachte. Der letzte Personenwagen war die Sechszylinder-Luxuslimousine 335 (1939-1941, 3,5 Liter Hubraum, 90 PS, 410 Exemplare). Von 1937 bis 1940 fertigte BMW in der thüringischen Stadt zudem den für die Wehrmacht bestimmten Einheits-Kübelwagen mit Allradantrieb vom Typ 325 (insgesamt 3225 Exemplare).

Ab 1936 zweites Werk in Allach für Flugmotorenbau

Besondere Bedeutung kam dem ab 1936 in Allach in „Tarnbauweise" errichteten, reinen Flugmotorenwerk zu, wo ab 1940/41 Flugmotoren in Serie fertiggestellt wurden. Im Werk 1 Milbertshofen lief parallel die Flugmotoren- und Teileproduktion auf Hochtouren weiter. Ab 1942 setzte BMW zum Ausbau des

Links: Schnellverkehrsflugzeug Heinkel HE 70 mit V12-Flugmotor BMW VI; die beiden Zylinderbänke überragen den Bug. Das Foto von 1932 zeigt rechts Flugzeugkonstrukteur Ernst Heinkel.

Werks Allach und zur Fertigung von Flugmotoren nicht nur Zwangs- bzw. „Fremdarbeiter" aus allen Teilen des besetzten Europas, sondern auch KZ-Häftlinge ein, die in Arbeitslagern und im KZ-Außenlager München-Allach des KZ Dachau untergebracht waren. Außerdem konnte man auf 1300 Kriegsgefangene „zurückgreifen" (vornehmlich Franzosen und Russen), die in Baracken auf der nicht fertiggestellten Autobahn nördlich von Allach hausten. Auch Männer aus SS-Strafbataillonen wurden herangezogen. 1944 waren im Werk Allach 17 313 Menschen beschäftigt, davon waren 11 623 (67,1 Prozent) Zwangsarbeiter im weitesten Sinne (Quelle: Wikipedia).

Zwangsarbeiter und KZ-Häftlinge an der Produktionsfront

Dazu schreiben Jakobs, Kröschel und Pierer: *„Der Kriegsbeginn markierte auch einen tiefen Wandel in der Zusammensetzung der BMW Belegschaft. Nachdem der BMW Unternehmensleitung zur Erfüllung der staatlichen Aufträge Arbeits-*

AUSLÄNDER in den Werken MÜNCHEN-ALLACH

Holländer
Belgier
Polen
Tschechen
Ukrainer
Russen KG
Franzosen
Ungarn
KG
Jtaliener
Jugoslaven
Bulgaren

in München u. Allach beschäft. Ausländer	Dez. 40	Juni 41	Dez. 41	Juni 42	Dez. 42
Armenier	-	2	1	11	14
Belgier (Flamen, Wallonen)	333	230	233	428	344
Bulgaren	-	2	90	168	165
Dänen	-	1	3	1	3
Franzosen	30	190	87	668	2962
Griechen	-	-	-	24	33
Holländer	10	8	10	704	659
Italiener	22	1060	1628	1262	867
Jugoslaven	3	62	80	70	61
Kroaten	-	7	156	306	235
Luxemburger	-	1	1	1	4
Polen	93	304	860	973	1371
Rumänen	-	5	13	13	6
Russen (Ukrainer)	6	37	409	570	753
Serben	-	-	39	182	147
Slowaken	1	6	8	14	18
Slowenen	-	-	3	5	4
Spanier	1	3	8	34	41
Schweizer	-	4	3	3	2
Tschechen	2	1	14	346	201
Ungarn	2	25	231	178	92
Staatenlose	2	7	7	9	19
9 verschiedene Nationen	1	3	6	6	8
Kriegsgefangene Franzosen	-	-	983	901	887
" Russen	-	-	-	184	1039
Summe Ausländer	506	1958	4873	7061	9925

Dez. 41: 409 Ukr.; 860 Polen; 1628 Ital.; 10 Holl.; 87 Franz.; 983 Franz. KG; Sonst. 896
Dez. 42: 659 Holl.; 2952 Franz.; 1371 Pol.; 881 Franz. KG; Sonst. 1397; 753 Ukr.; 867 Ital.; 1039 KG Russen
Veränderungen der Anteile aus Nationen am Arbeitereinsatz

Oben: Die Grafik „Ausländer in den Werken München + Allach" entstand im März 1943 und zeigt eine Europakarte mit eingezeichneten Figuren, die den Anteil der jeweiligen Nation an den Fremdarbeitern in den Werken München-Milbertshofen und Allach symbolisieren (Zivilarbeiter und Kriegsgefangene getrennt dargestellt). Links unten „Wertetabelle" (Halbjahreswerte Dezember 1940 bis Dezember 1942), rechts unten zwei Tortendiagramme mit den Anteilen der Nationen im Dezember 1941 und Dezember 1942; aus dem „Kriegsleistungsbericht" von 1943.

Oben: Produktionshalle im ab 1938 neu errichteten BMW Werk 2 Allach, aufgenommen im Jahr 1943.

Rechts: Der von Franz Kruckenberg gebaute „Schienenzeppelin" wurde von einem Zwölfzylinder-Flugmotor des BMW-Typs VI mit angeschlossener Luftschraube in Fahrt gebracht. 1931 erreichte er auf der Strecke Berlin-Hamburg die Geschwindigkeit von 230 km/h. Das Foto entstand 1930 bei der Präsentation.

kräfte fehlten, bemühte sich das Unternehmen um Ersatz. Dabei nutzte BMW aktiv die Chancen, die das NS-Regime bot, und stellte Tausende von Zwangsarbeitern ein." Die „*Chancen*", die das NS-Regime bot...

Standorte im Osten, aus Bramo wird BMW

BMW Flugmotoren wurden unter dem Dach der 1934 aus finanzpolitischen Gründen etablierten Tochtergesellschaft „BMW Flugmotorenbau GmbH" auch in der nach Kriegsende von den Sowjets demontierten „BMW Flugmotorenfabrik Eisenach GmbH" in Dürrerhof und ab 1939 in den „BMW Flugmotorenwerken Brandenburg GmbH" (vordem

„Brandenburgische Motorenwerke – Bramo", hervorgegangen aus dem renommierten Siemens-Flugmotorenbau, heute das BMW-Motorradwerk) in Berlin-Spandau sowie ab 1941 der Niederbarnimer Flugmotorenwerke GmbH mit Standorten in Zühlsdorf und Basdorf nördlich von Berlin produziert. Auf Anweisung der NS-Regierung stellten zudem auch die Firmen Argus und Glöckner den 14-Zylinder 801 her. Laut Jokobs bezog BMW 1942

Oben: Fritz Hille löst 1942 Franz Josef Popp als BMW-Generaldirektor ab.

Links oben: Die Auftraggeber besuchen am 6. August 1941 das BMW-Werk 2 Allach; von links: Generaloberst Ernst Udet, Generalfeldmarschall Erhard Milch, Noch-Generaldirektor Franz Josef Popp, späterer Nachfolger Hille.

Links unten: Besuch Adolf Hitlers im Milbertshofener BMW-Werk am 12. Juli 1935, hinter ihm verdeckt Franz Josef Popp. Ein Arbeiter erklärt die Fertigung eines BMW 132 Flugmotors.

Rechts oben: Foto von den Lizenzverhandlungen 1928 in München mit dem US-Flugmotorenhersteller Pratt & Whitney. Hintere Reihe v.l.: Ing. Schweiger (BMW Patentbüro), Max Friz, George J. Mead (Mitbegründer von Pratt & Whitney und Chefentwickler des Sternmotors), Franz Josef Popp. Vordere Reihe v.l.: Mr. Däumling (Pratt & Whitney), Hr. Schweppenhäuser (Popps Sekretär).

Rechts: luftgekühlter Flugmotor BMW 132 A im Jahr 1933. Der vom Pratt & Whitney-Hornet abgeleitete Neunzylinder leistete 1933 550, ab 1934 650 PS.

Teile von sage und schreibe 8333 Zulieferern. Basdorf wurde am 22. März 1944 von den Alliierten bombardiert.

BMW in den 1930ern immer abhängiger vom NS-Regime

Fatal für BMW war gewesen, daß „*während der nationalsozialistischen Herrschaft und insbesondere während des Zweiten Weltkriegs (...) der privatwirtschaftliche Einfluss stetig verringert wurde, während die staatlichen Lenkungsmaßnahmen*

immer mehr zunahmen. (...) BMW war durch den Rüstungscharakter der Flugmotoren in eine Nähe zum NS-Regime geraten, die das Unternehmen nach 1945 in eine äußerst schwierige Situation brachte." (Jakobs, Kröschel, Pierer). Manfred Grunert und Florian Triebel bestätigen dies in der offiziellen Firmenchronik *„Das Unternehmen BMW seit 1916"* (BMW Group Mobile Tradition, München 2006): *„Mit dem Vorrang für Flugmotoren hat sich BMW Mitte der 1930er Jahre in Abhängigkeit des Regimes begeben, das jetzt im Konzern immer deutlicher die führende Rolle übernimmt."* Der NS-Einfluß gipfelte 1942 im Sturz des BMW-Urgesteins Franz Josef Popp, der als Generaldirektor die Geschicke von BMW seit 1917 bestimmt hatte.

1942: Wechsel im Vorstand, Hille statt Popp

Hintergrund waren Streitigkeiten mit dem Reichsluftfahrtministerium, vertreten durch Staatssekretär und Generalfeldmarschall Erhard Milch, und BMW-Generaldirektor Franz Josef Popp, der sich vergeblich gegen eine Verlagerung der Motorradherstellung nach Eisenach und eine einseitige Ausrichtung auf Rüstungsproduktion gesträubt hatte. Milch wollte alle Kapazitäten in München für den Flugmotorenbau frei machen. Unterstützt wurde er dabei von Fritz Hille, bis 1935 kaufmännischer Direktor bei Heinkel, danach im BMW-Vorstand. Im Juni 1942 löste er Popp als BMW-Generaldirektor ab und blieb dies bis Ende 1944. Erhard Milch wurde 1947 vor dem amerikanischen Militärgerichtshof in Nürnberg als Kriegsverbrecher *„wegen Förderung der Zwangsarbeit und der Ausbeutung von Zwangsarbeitern in den NS-Flugzeugfabriken"* zu lebenslanger Haft verurteilt (1954 aber begnadigt).

Nicht unerwähnt bleiben darf die Rolle, die der hochdekorierte Kampflieger Ernst Udet (62 Feindabschüsse im Ersten Weltkrieg) spielte, der ab 1939 Generalluftzeugmeister, damit aber überfordert war. Nach der gescheiterten Luftschlacht gegen England erschoß sich Udet in seiner Berliner Wohnung. Wikipedia notiert: *„Udet gilt als mitverantwortlich für die fehlgesteuerte deutsche Luftrüstung während der ersten Kriegsjahre, die vor allem an ihrer gewaltigen Ineffizienz und der Tatsache litt, dass die politischen Zielvorgaben und der tatsächliche Kriegsverlauf völlig konträr waren."*

Lizenz für Sternmotoren von Pratt & Whitney

Schon in den 1920er Jahren hatten Reichsverkehrs- und Reichskriegsministerium den Bau von Flugmotoren durch Subventionen massiv gefördert, was die Weiterentwicklung des V12-Motor bis Anfang der 1930er Jahre vorantrieb. Doch schon Ende der 1920er wendete sich das Blatt. Nachdem die USA und England immer stärker auf luftgekühlte Motoren und hier vor allem auf Sterntriebwerke gesetzt hatten, die leichter und meist auch stärker als die wassergekühlten Triebwerke waren, konnte sich BMW dem nun von der Politik geforderten neuen Trend nicht entziehen. Fred Jakobs, Leiter Archiv BMW Group Classic: *„Bereits 1926 hatte Siemens und Halske (S&H) (...) von Gnome et Rhône eine Lizenz für den Jupiter-Motor des britischen Herstellens Bristol erworben."* Nach der Abspaltung der „Brandenburgische Motorenwerke GmbH" (Bramo) von Siemens 1936 lebte der Neunzylinder-Sternmotor Bramo 323 A mit 26,9 Liter Hubraum und 585 PS später unter BMW-Regie weiter.

Oben: Das Verkehrsflugzeug Junkers Ju 90 „Preußen" (Prototyp V2) flog mit vier Neunzylinder-Sternmotoren vom Typ 132. Im November 1938 stürzte die hochmoderne Maschine in Gambia ab.

Unten: Junkers Ju 52 mit drei je 525 PS starken, unverkleideten Hornet-Motoren.

Popp reagierte, reiste in die USA und handelte mit dem renommierten Hersteller Pratt & Whitney einen Lizenzvertrag für die luftgekühlten Sternmotortypen Wasp und Hornet A (Typ R 1670) aus, der am 3. Januar 1928 unterzeichnet wurde. Als BMW Hornet wurde der Neunzylinder-Stern mit 27,7 Litern Hubraum und zunächst 450 PS produziert und ab 1930 z.B. an die Lufthansa verkauft. Der Durchbruch für das Triebwerk kam aber erst 1932, als Junkers die dreimotorige Ju 52 mit dem BMW Hornet ausrüstete – ein gewaltiger Auftrag für die Bayern, brachte es die „Tante Ju" doch bis 1944 auf 4555 produzierte zivile und militärische Exemplare, später kamen noch einige Hundert hinzu, in der Summe waren es knapp 5000 Einheiten.

Aus dem Hornet Neunzylinder wird der 132

Bald erwarb BMW von Pratt & Whitney auch die Lizenz für die stärkere Motorvariante, den S4 D2 mit 550 PS. Ab 1934 wurde dieses Triebwerk als BMW Typ 132 mit bald 650 PS produziert. *„Die größte Nachfrage für den Motor leitet sich aus dem fieberhaften Aufbau der deutschen Luftwaffe ab 1935 im Zeichen der nationalsozialistischen Expansionspolitik ab. Die Wehrmacht setzt auf den BMW 132 und fordert immer weitere Verbesserungen."* (Grunert/Triebel). 1938 leistete die stärkste Variante, der 132 H, bei unverändertem Hubraum 1000 PS. Bis 1945 wurden rund 21 000 Exemplare des 132 gebaut, in die unterschiedlichsten zivilen und militärischen Flugzeuge eingebaut (s. Kasten) und waren damit nicht zuletzt Ziel der alliierten Angriffe.

Rechts: Zwangsarbeiter 1943 bei der Fertigmontage des BMW 801. Links unten: Zeichnung der Rückseite des BMW 801 MA-1 von1940 mit Ansaugrohren und Ladergehäuse. Rechts unten: Foto des 14-Zylinder-Doppelsterns 801 MA mit Zündanlage, Drehzahlregler und Verstellgerät; Startleistung ab 1942 bei 41,8 Litern Hubraum 1700 PS, später mit zusätzlicher Benzineinspritzung bis zu 2050 PS.

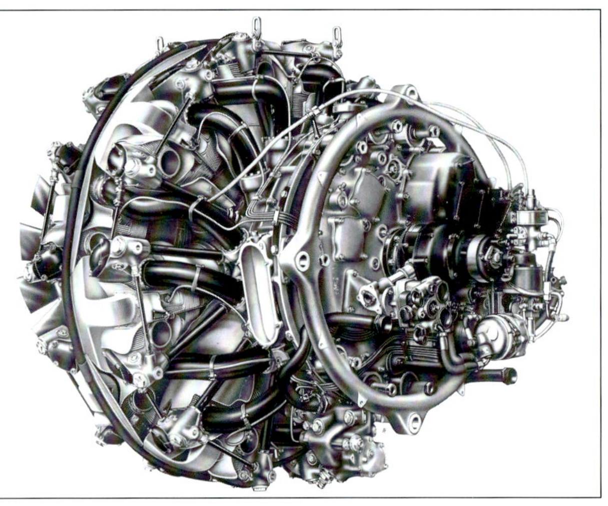

Sternmotor 132: Verwendung

Der Neunzylinder-Sternmotor BMW 132 wurde u.a. in folgende Passagier- und Militärflugzeuge eingebaut:
Arado Ar 95, Ar 195, Ar 197
Blohm & Voss BV 141 A, Ha 137 A, Ha 140, BV 142
Dornier Do 17 P, Do 18 L
Focke-Wulf Fw 62, Fw 200
Heinkel He 114, He 115
Henschel Hs 122, Hs 123, Hs 124
Junkers Ju 46, Ju 52, Ju 86, Ju 90, Ju 160, W 34 hi

14-Zylinder-Doppelstern 801 ab 1938

Nach Kriegsbeginn war BMW mit dem 132 gegenüber der einheimischen Konkurrenz von Daimler-Benz und Junkers mit ihren wassergekühlten V12-Triebwerken und vor allem gegenüber den hochgerüsteten Amerikanern und Engländern nicht mehr konkurrenzfähig. Das Militär verlangte stärkere Motoren – die BMW und Bramo schon zwischen 1934 und 1938 als 14-Zylinder-Sterntriebwerke konzipiert hatten (BMW Typ 139 mit 1500 PS), die aber zunächst nicht zu Ende entwikkelt werden konnten.

Aber dann mußte es auf einmal ganz schnell gehen. Im Oktober 1938 startete mit dem 801-Projekt unter Konstrukteur Martin Duckstein die Entwicklung eines neuen 14-Zylinders. Zuvor hatte

man vom neunzylindrigen 132 bereits eine siebenzylindrige Version abgeleitet, die es nun im Doppelpack auf 14 Zylinder brachte. Die Weiterentwicklung erfolgte nach Kriegsausbruch unter extremem Zeitdruck. Horst Mönnich: *„Ein erster Versuchsmotor lief im Mai 1939 auf dem Prüfstand –, als es vom RLM (Reichsluftfahrtministerium) im Dezember 1939 – viel zu früh – für die Serienfertigung freigegeben wurde. Mitte 1940 in Serie an die Flugzeugindustrie geliefert, wurde es im Grunde erst Mitte 1942 (als BMW 801 A und C) serienreif."*

Oben: Focke-Wulf Fw 190 mit Motor BMW 801 D im Juni 1944: Pilot Willi Maximowitz vom Jagdgeschwader G 3 „Udet" ist soeben in Dreux westlich Paris gelandet.

Porträt: Heinrich Leibach, 1939 genialer Konstrukteur des BMW-Kommandogeräts für den 801-Flugmotor.

Links: Schnittzeichnung von 1939 des 801-Kommandogeräts mit Beschriftung. Bei diesem mechanischen Computer (oder Analogrechner) mit Einhebelbedienung mußte der Pilot nur Drehzahl und Ladedruck wählen; alle anderen Parameter stellte der Rechner automatisch ein.

Rechts: Wartungsarbeiten an einem Jagdflugzeug Focke-Wulf Fw 190 mit Doppelsternmotor 801 im Jahr 1942.

BMW 801: Standardtriebwerk für Jäger und Bomber

Der *„schnellste Serienjäger der Welt"*, die 700 km/h schnelle Focke-Wulf Fw 190, wurde ebenso mit dem 801 ausgerüstet wie der Bomber und Fernaufklärer Dornier Do 217 und der (erst 1943) höhenfluggeeignete Langstrecken-Nachtjäger Junkers Ju 388, hier mit Abgasturbolader. Als erstes Triebwerk wurde der 14-Zylinder mit einem von Heinrich Leibach entwickelten „Kommandogerät" mit Einhebelbedienung ausgerüstet, einem hochkomplexen mechanischen Analogrechner, bei dem der Pilot nur Drehzahl und Ladedruck wählen mußte; alle anderen Parameter wie Zündzeitpunkt, Drosselklappenöffnung, Einspritzmenge und Luftschraubenverstellung wurden dann automatisch reguliert. Innovativ war zudem die zusätzliche Gebläse-Zwangskühlung.

Bei 41,8 Litern Hubraum betrug die Startleistung des 801 bei der zweiten Serie ab 1942 1700 PS, später mit zusätzlicher Benzineinspritzung bis zu 2050 PS. Von Nachteil war, daß der 14-Zylinder auf Verlangen des RLM nur für niedrige

Oben: Montage von 801-Flugmotoren der ersten Serie 1940 im neu errichteten BMW-Werk 2 Allach.

und mittlere Flughöhen entwickelt worden war – die deutschen Jäger konnten die in 8000 bis 10 000 m Höhe angreifenden alliierten Bomber daher (bis 1943) nicht erreichen.

Durchschnitts-Lebensdauer: sechs Stunden

Zudem dauerte es Jahre, bis der 801 wirklich zuverlässig war. Mönnich ironisiert: *„Fast das ganze Alphabet mußte aufgeboten werden, um die verschiedenen Baumuster des 801 zu bezeichnen."* Und Leibach fügt laut Mönnich hinzu: *„Alle Kinderkrankheiten, die ein Motor in der Erprobung ausschwitzt, traten in der Serie auf."* Fred Jakobs, Archiv BMW Group: *„So erfolgten allein im Zeitraum Januar 1939 bis Januar 1941 nicht weniger als 11 000 Änderungen."* Hinzu kam, *„daß die durchschnittliche Lebensdauer eines Motors durch Abschüsse, Luftangriffe auf Flugplätze usw. in jener Zeit etwa ganze sechs Stunden betrug."*

Rund 30 000 (nach Jakobs/Kröschel/Pierer) 14-Zylinder-Sternmotoren des Typs 801 wurden in 22 Varianten, davon elf serientauglichen, im Flugmotorenwerk Eisenach und vor allem in Allach produziert (später auch in ausgelagerten Betrieben); nur wenige haben bis heute in Museen überlebt. Die Amerikaner hatten dem 801 große Bedeutung zugemessen und daher im Mai 1945 nach Mönnich *„alle Unterlagen, Zeichnungen, Halbfertig- und Fertigteile des 801 in München und all den Verlagerungsorten beschlagnahmt und in die USA geschickt. Die Kurbelgehäuse-*

Rechts: Wartungsarbeiten am Jagdflugzeug Focke-Wulf Fw 190 mit Doppelsternmotor BMW 801. Das 1942 entstandene Foto zeigt eindrucksvoll, was für ein Gigant der 1700-PS-14-Zylinder (Vergaserversion) war. Je nach Ausführung besaß die Fw 190 den Motor BMW 801 C oder BMW 801 D.

und Zahnradfertigung befand sich zum Beispiel in Markirch, in der Nähe von St. Dié im Elsaß, in einem Eisenbahntunnel, wo sie von KZ-Häftlingen bei schauerlichen Arbeitsverhältnissen unter dem Decknamen ‚Elsässische Spezialkellerei' betrieben wurde."

Inspirationsquelle für die Amerikaner

Als kriegsrelevanter Rüstungsbetrieb stand BMW auf der schwarzen Liste der Alliierten. Als die Amerikaner im April 1945 das Werk in München – vielmehr das, was von ihm übrig geblieben war – besetzten, planten sie zunächst, die restlichen Bauten und Einrichtungen komplett zu schleifen. Doch dazu kam es nicht. Vielmehr wurden fast alle Einrichtungen und Teile, die mit dem Flugmotorenbau und der Erprobung der Triebwerke zusammenhingen, demontiert und nach den USA verschifft (s.a. Folgekapitel).

Schwerpunkt dabei waren weniger die 14-Zylindersysteme als vielmehr alles, was mit der Entwicklung und der Produktion der revolutionären Strahl- und Raketentriebwerke zusammenhing – bis hin zum Höhenflugprüfstand Herbitus, der 1946 nach Ohio, dem Sitz von General Electric Aviation, transportiert wurde und dort die amerikanische Flugtriebwerkentwicklung voranbrachte. Horst Mönnich schreibt: *„Hätten die Amerikaner gewußt, was die Herbitus alles konnte – na, die hätten München viel früher erobert!"*

Oben: Messerschmitt Me 262 mit BMW 003-Strahltriebwerken und Raketen-Zusatztriebwerken 1945.

Links: BMW 003-Strahltriebwerk in der letzten Ausbaustufe. Aufnahmedatum1945.

Links unten: Flugmotor BMW 803 im Jahr 1944 auf dem Prüfstand. Der 28-zylindrige Vierfachsternmotor leistete rund 4000 PS. Es blieb aber bei Prototypen.

Prototypen mit bis zu 72 Zylindern

Bereits Ende der 1930er Jahre war klar, daß die Entwicklung sternförmiger Hubkolbenmotoren bald an Grenzen stoßen würde. Auch hochkomplexe Ableitungen des 801 führten nicht zum Ziel und verharrten letztlich im Prototypenstadium: der 28-zylindrige Vierfachsternmotor 803 mit rund 4000 PS und der auf dem Projekt P8052 (Vierfachstern mit 9 Zylindern pro Stern) basierende, *„gigantomanische"* (Jakobs) 72-Zylinder (= 2 x P8052) mit 10 000 PS, der „Fernbomber" für den Angriff auf die USA beflügeln sollte. Bis 1944 trieben die BMW-Ingenieure zudem (vor allem unter dem Druck des RLM) zahlreiche weitere Sternmotorprojekte voran (z.B. den 18-Zylinder Doppelstern 802, ähnlich konstruiert wie der Wright R-3350 Cyclone 18 des US-Herstellers Curtiss-Wright u.a. für den Bomber Boeing B 29), und dies unter schwerster kriegsbedingter Materialknappheit und der äußerst schwierigen Rahmenbedingungen.

Strahltriebwerk-Entwicklung ab 1938

Doch schon bald lautete das Motto aber „Düsentrieb statt Kolbenhub". Strahltriebwerke sollten nun die vom Militär geforderte Leistung erbringen. Das erste deutsche Strahltriebwerk He S 3B wurde von Hans Joachim Pabst von Ohain bei Heinkel entwickelt und lief bereits 1938 auf dem Prüstand.

Auch BMW befaßte sich – wie Junkers, Daimler-Benz und Bramo – bereits 1938 mit der Entwicklung von Strahltriebwerken. Bei Bramo in Berlin-Spandau war die Entwicklung des Projekts P3302 unter der der Leitung von Hermann Oestrich weit fortgeschritten. Aufgrund der Konzentrationsforderungen des RLM übernahm BMW 1939 das Unternehmen, beließ die Forschung und Entwicklung aber in Spandau und dem Zweigwerk Basdorf in Brandenburg. So wurde aus dem Bramo P3302 das erste BMW-Strahltriebwerk vom Muster 003).

Links: „Volksjäger" Heinkel He 162 mit aufgesetztem BMW-Strahltriebwerk 1944.

Mitte: Strahlflugzeug Arado Ar 234 (V 21) mit vier BMW 003 A-1-Strahltriebwerken in Zwillingsgondeln im Oktober 1944 vor dem Erstflug. Baureihe C 3 (V 21).

benmotor besaß, konnte der Pilot sicher landen. Danach wurde die Me 262 für das von Junkers entwickelte Strahltriebwerk Jumo 004 umkonstruiert.

Jumo 004 statt BMW 003 für Messerschmitt

Konkurrent Junkers in Dessau hatte das Jumo 004-Projekt ebenfalls bereits Ende 1940 testen können, und schon im Frühjahr 1941 lief es störungsfrei mit vollem Schub. Tatsache ist eben, daß das erste serienreife Strahltriebwerk der Welt von Junkers kam und nicht von BMW. Von Februar 1944 bis März 1945 wurden 6010 Jumo 004-Aggregate hergestellt und vor allem in den Allzweckjäger Messerschmitt Me 262 sowie die Arado Ar 234 eingebaut.

Verbesserte Düse für Junkers und Arado

Doch die Bayern gaben nicht auf. Ab August 1944 wurde das BMW-Triebwerk 003 A-1, das im Versuchsträger Ju 88 (bedeutendes Kampfflugzeug, fast 15 000mal gebaut) Ende 1943 800 kp Schub lieferte, ebenfalls in Serie produziert und dies mit einer Stückzahl von etwa 100 pro Monat. Ausgerüstet wurden damit die von vornherein als Düsenjäger konzipierte Heinkel He 162 und die Arado Ar 234 (erster strahlgetriebener Bomber der Welt) und dies auch deshalb, weil Junkers nicht genügend Jumo 004 liefern konnte. Immerhin erreichte eine Arado 234 mit vier 003-Triebwerken im September 1944 die damals sensationelle Flughöhe von 13 km.

Düsenmotor-Lizenz für Japan

BMW entwickelte den 003-Düsenmotor weiter und verkaufte sogar eine Lizenz nach Japan. Dort entstand das Ishikawajima Ne-20 (heute IHI-Corpora-

Boxermotor für Strahltriebwerkstart

Schon Ende 1940 lief der erste BMW-Strahltriebmotor auf dem Prüfstand. Im Rahmen zahlreicher Versuchsreihen wurde der 003 immer weiter verbessert und auf Leistung getrimmt. Interessant ist, daß zum Anlassen des Strahltriebwerks der bei Victoria in Nürnberg gebaute „Riedel-Anlasser" diente, ein Zweizylinder-Zweitakt-Boxermotor mit extrem kurzem Hub – 270 cm³ Hubraum und 10,5 PS Leistung bei 7150/min^{-1} –, der elektrisch oder mit einem Seilzugstarter gestartet wurde.

Risikoflug mit Düsen-Prototyp

Mitte 1941 begann die Flugerprobung mit einer umgebauten Bf 110 (zweimotoriger Ganzmetall-Tiefdecker der „Bayerischen Flugzeugwerke AG", BFW, ab 1938 Messerschmitt AG). Doch der erste Einsatz des Triebwerks an einem Prototyp der Me 262 im März 1942 endete fast in einer Katastrophe, weil ein Triebwerk im Flug ausfiel und das andere zur Sicherheit abgestellt werden musste. Weil die Versuchs-Messerschmitt aber zusätzlich einen Kol-

Oben: Hermann Oestrich (Bild von 1940) leitete bereits ab 1938 bei Bramo in Berlin-Spandau die Entwicklung des Strahltriebwerkprojekts P3302.

Rechts: zwei BMW Strahltriebwerke 003 in linker Zwillingsgondel der Arado 234. Aufnahme von 1944.

Links: Riedel-Anlasser mit Zweizylinder-Zweitakt-Boxermotor, 270 cm³ Hubraum, 10,5 PS; er diente zum Starten des BMW-Strahltriebwerks 003.

Foto: Baier/commons.wikimedia

tion), eingebaut in den der Me 262 ähnelnden Jäger Kikka von Nakajima. 1945 entstand eine Serie von Kikka-Bombern mit dem modifizierten 003, die als Kamikaze-Flugzeuge eingesetzt wurden.

Turboprop-Entwicklung ab 1939

Von 1939 bis 1941 entwickelte BMW zusammen mit dem Konstrukteur Helmut Weinrich ein weiteres Strahltriebwerk, den Typ 002, in den Erkenntnisse aus Weinrichs Gasturbinenbau einflossen. In Serie ging das Triebwerk jedoch nicht. Auch am avantgardistischen und extrem leistungsstarken Propeller-Turbo-Luftstrahltriebwerk (PTL, Vorläufer des Turboprop-Motors) des Typs 028 wurde ab 1942 auf Anordnung des RLM nicht weitergeforscht. Fred Jakobs: *„Man brauchte nun keine Triebwerke mehr, die Flugzeugen die Bombardierung von New York ermöglicht hätten."* Die Entwicklung eines

Oben: Jagdflugzeug Messerschmitt Me 262 A-2 („Blitzbomber") mit zwei Strahltriebwerken Jumo 004. Die meisten Me 262 flogen mit Jumo-Triebwerken. Aufnahmedatum: 1944.

Links: zwei BMW Strahltriebwerke 003 in linker Zwillingsgondel der Arado 234. Aufnahmedatum: 1944.

Rechts: Einbauzeichnung des Strahltriebwerks BMW 003 A-1, abfotografiert am 10. März 1944. Charakteristisch ist die vorn heruntergezogene Verkleidung.

Links: BMW 003-Strahltriebwerk mit hinten montiertem Raketenzusatztriebwerk P3395, RLM No 109-718 . Aufnahmedatum: 1945.

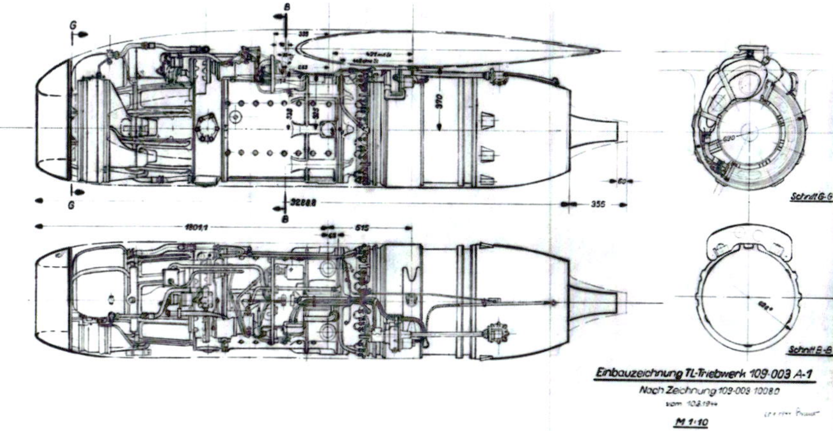

kleineren PTL 018 endete mit dem Bombenangriff auf das Berliner Werk 1944, bei dem das Versuchsmuster zerstört wurde.

Raketentriebwerke für fliegende Waffensysteme

Ab 1939 beschäftigte sich BMW im Auftrag des RLM auch mit der Entwicklung von Raketentriebwerken, zunächst in Berlin, ab September 1943 am Standort Allach, der auch deshalb zu einem wichtigen Ziel der alliierten Bomberangriffe wurde. In der Konsequenz war man abermals gezwungen, die Entwicklungs- und Produktionsaktivitäten in umliegende Ortschaften zu verlagern (s.a. Folgekapitel). BMW entwickelte die Raketentriebwerke für drei Verwendungszwecke: als Hilfsantrieb für startende Flugzeuge, als Triebwerk für das Düsenflugzeug Messerschmitt Me 163 „Komet" (Abfangjäger, bis 1944 64mal produziert, erstes Flugzeug das mit 1003,67 km/h bereits 1941 der Schallmauer – 1062 km/h – nahekam) und als Antrieb für fliegende Waffensysteme, genauer: für Marschflugkörper, Flugabwehrraketen und für die vom Piloten mittels Drähten (!) steuerbare Luft-Luft-„Jägerrakete" Kramer X 4.

Diese wurde vom BMW-Raketentriebwerk P3378 angetrieben und 1300mal produziert. Bei einem Bombenangriff explodierten indes die meisten davon am Boden. Legendär ist der Flug einer Me 262 (von 1943 bis 1945 rund 1433mal gebaut), deren Strahltriebwerke vom Typ 003 durch eine P3378-Rakete geboostert wurde und die im März 1945 nahezu Schallgeschwindigkeit erreicht haben soll. „Regulär" war eine Maximalgeschwindigkeit von 870 km/h in 6000 Metern Höhe.

Unten: Durch Luftangriffe zerstörte Halle im BMW-Werk 1 Milbertshofen mit teilweise geschmolzenen Dächern. im Sommer 1944. Im Hintergrund der Bereich, den die Feuerwehr gegen den Brandherd abschirmen konnte.

Kapitel 2
1940-1949

Zerstörung und Demontage

Wie alle „kriegswichtigen" Großbetriebe wurden auch die BMW-Werke Milbertshofen und Allach ab 1940 immer wieder massiv bombardiert. Dabei gingen u.a. auch Motorrad-Prototypen verloren. Das Stammwerk München litt besonders unter den Luftangriffen, während Allach in weiten Teilen verschont blieb – womöglich aus weiser Voraussicht der Alliierten: So blieben hier meisten Produktions- und Prüfanlagen intakt und konnten ab 1947 als Reparationsleistungen demontiert und in alle Welt abtransportiert werden.

Unten: Bei Luftangriffen zerstörte Motorrad-Prototypen auf dem Werksgelände Milbertshofen im Jahr 1944. Laut Bildbeschreibung handelt es sich zumindest bei der vorderen Maschine um den Prototyp einer R 36 mit dem Zylinderkopf eines Hornet-Neunzylinder-Flugmotors. Die R 36 war als Nachfolgerin der einzylindrigen 350er R 35 geplant.

1940-1949:

Bombardierung und Reparationen

BMW-Werke unter Bomben, Kriegsende und Reparationen

Als der Zweite Weltkrieg am 8. Mai 1945 mit der bedingungslosen Kapitulation der deutschen Wehrmacht zu Ende war, lag Deutschland in Trümmern – nicht nur physisch, sondern auch mental. 160 Städte hatten Royal Air Force (RAF) und United States Army Air Forces (USAAF) mit zahllosen Bombenangriffen nahezu dem Erdboden gleichgemacht, 66 Millionen Menschen hatten nach jüngsten Schätzungen weltweit ihr Leben verloren, darunter 5,39 Millionen deutsche Soldaten und 1,17 Millionen Zivilisten allein im deutschen Reich. Dem Holocaust waren zudem 6 Millionen Juden und diskriminierte Minderheiten zum Opfer gefallen.

Ian Kershaw brachte es in *„Höllensturz. Europa 1914 bis 1949"* (DVA, München 2016) auf den Punkt: *„Dieser Krieg war ein historisch beispielloser Angriff auf die Menschlichkeit, eine Zerstörung aller kulturellen Ideale, die die Aufklärung hervorgebracht hatte, ein Absturz, wie es ihn bis dahin nicht gegeben hatte. Er war Europas Armageddon."*

Pulverisierung trügerischer Gewißheiten

Auch die trügerischen Gewißheiten der Deutschen, von denen wohl die Mehrheit den von Propaganda-Minister Joseph Goebbels propagierten „totalen Krieg" gewollt hatte, waren zerstoben. Die von Abermillionen unterstützte Politik der Nationalsozialisten hatte sich als verbrecherisch erwiesen, aus dem „Land der Dichter und Denker" war ein Land der Richter und Henker geworden.

Alles mußte auf den Prüfstand, alles mußte neu gedacht und neu strukturiert werden – zu einem großen Teil unter dem entschiedenen Druck der vier Besatzungsmächte England, Frankreich, UdSSR und USA. Diesen Druck bekamen nach Kriegsende auch die Bayerischen Motoren Werke zu spüren – und zwar mit voller Wucht.

Großangriffe alliierter Bomber auf deutsche Städte

In Bayern war dem katastrophalen Finale die wiederholte Bombardierung von München und Umgebung vorausgegangen. Zwischen dem 10. März 1940 und dem 25. April 1945 (21 Großangriffe mit bis zu 1500 Bombern, zahlreiche kleinere Attacken) wurden auf das Stadtgebiet Münchens rund 450 Luftminen, 61 000 Sprengbomben, 142 000 Flüssigkeitsbrandbomben sowie 3 316 000 Stabbrandbomben abgeworfen. Hierbei wurden rund 90 Prozent der historischen Münchener Altstadt pulverisiert. Im gesamten Stadtgebiet waren rund 50 Prozent der Gebäude und 81 500 Wohnungen ganz oder teilweise zerstört worden.

Bild oben mit Soldaten: Flak-Batterie vor der Halle 5 mit Tarnanstrich im Werk München-Milbertshofen während des Krieges im Jahr 1941. Links im Bild zwei Flugabwehrkanonen.

Rechts: Besichtigung des Werks Allach nach einem Fliegerangriff 1943 mit hohen Offizieren der Wehrmacht; im Hintergrund getarnte Gebäude. Zweiter von rechts ist Fritz Hille, der Ende 1942 Franz Josef Popp als BMW-Generaldirektor ablöste.

Oben: Mit Tarnanstrich versehene Produktionshalle in Allach im Jahr 1942. Zulieferprodukte kommen per Bahn und Lkw ins Werk.

Links: A3-Plakat zur 8. Aktion der innerbetrieblichen Werbung für Luftschutz. „Beim Heulen der Sirene, Mensch, gebrauche deine Beene!" Berliner Slang in München. Bei Alarm mußten schleunigst die Sammelplätze aufgesucht werden. Repro vom 4. April 1944.

Rechts: Häftlinge des Konzentrationslagers Allach an der „Prüfstelle Schlußkontrolle" beim Zylinderausmessen; im Hintergrund ein Wachposten. Foto von 1944.

Die alliierten Luftangriffe hatten etwa 300 000 Einwohner obdachlos gemacht, 6 632 Menschen getötet und 15 800 verletzt (Datenquelle: Wikipedia). Nach dem gleichen Muster spielte sich der alliierte Luftkrieg überall in Deutschland ab. Zwar brachen die Bombenangriffe nicht – wie beabsichtigt – den Willen der Bevölkerung zum „Durchhalten", aber sie zerstörten in weiten Teilen nicht nur materielles, sondern auch kulturelles Gut. Viele Museen und Bibliotheken gingen im Feuersturm unter.

BMW erklärtes Ziel der Bombenangriffe

Die Bayerischen Motoren Werke mit dem Stammwerk in Milbertshofen und dem Flugmotorenwerk Allach waren als bedeutender Rüstungsbetrieb immer wieder erklärtes Ziel der alliierten Bomber, (wobei immer wieder auch die Münchner Innenstadt schwer in Mitleidenschaft gezogen wurde) – zum Beispiel am 4. Juni 1940 (Royal Air Force und französische Armée de l'air), am 9. und 19. März 1943 (über 100 Bomber der RAF), am 13. Juni 1944 (600 Bomber der 8th Air Force – 8th = 8. amerikanische Luftflotte), am 19. Juli 1944 (1500 Bomber der 15th Air Force).

Milbertshofen und Allach im Fadenkreuz

Zu den schwersten Flächenbombardements im Rahmen der englischen „Area Bombing Directive" mit ihrer verheerenden „1000-Bomber"-Strategie unter Arthur Travers Harris, genannt „Bomber-Harris", zählten der RAF-Angriff auf München mit 350 bis 400 Bombern in der Nacht auf den 25. April 1944, bei dem die Infrastruktur des Hauptbahnhofs wichtigstes Ziel gewesen war, und die Attacke vom 7. Februar 1945, bei der die Alliierten vor allem Milbertshofen und Allach nochmals ins Fadenkreuz genommen hatten. BMW-Chronist Horst Mönnich listete in seinem 1982 bei ECON, Düsseldorf, erschienenen Werk *„Vor der Schallmauer"* zehn Luftangriffe von RAF und USAAF auf Milbertshofen und neun Angriffe der Amerikaner auf Allach auf.

Oben: Durch Luftangriffe zerstörte Halle 10 im Werk 1 Milbertshofen im Jahr 1945; es war eine der ersten Fertigungsstätten von BMW. Im Hintergrund die Riesenfeldstraße mit dem nur leicht beschädigten Haus, in dem Max Friz die R 32 konstruierte.

Links: Auf der Fläche unmittelbar hinter der Werkseinfahrt sind Mitarbeiter und deutsche Militärangehörige erkennbar. Im Hintergrund das Gebäude 11 in Tarnanstrich. Auf dem Lastwagen im Vordergrund mit Holzgas-Generator und entschärften Fliegerbomben auf der Ladefläche. Am linken Bildrand Fahrzeuge der Werksfeuerwehr. Aufnahme von 1945.

Rechts: Abtransport eines Blindgängers auf dem Werksgelände Milbertshofen 1945.

Nicht unerwähnt bleiben sollte, daß insgesamt 55 573 englische Flieger (44,4 Prozent) bei den Angriffen auf die zum deutschen Herrschaftsbereich gehörenden Gebiete vorwiegend unter Einwirkung der deutschen Flak umkamen; 8403 wurden verwundet, 9838 kamen in Kriegsgefangenschaft. Die RAF-Flugzeuge warfen 1 030 500 Tonnen Bomben ab, 8325 Maschinen wurden abgeschossen oder stürzten aus anderen Gründen ab (Zusammenstöße z.B.). Die extrem hohen Verluste der 125 000 Crews bei insgesamt 364 5124 „Feindflügen" trugen dem Oberbefelshaber des RAF Bomber Command, Luftmarschall Harris, in England den Beinamen „Butcher" (für „Metzger" oder „Schlächter") ein, was oft auch auf die Bombardierungen von Hamburg und Dresden bezogen wurde.

Die Amerikaner verzeichneten geringere Verluste über Europa: Die US Eighth Air Force, die tagsüber flog, setzte während des Krieges 350 000 Flugzeugbesatzungen ein. 26 000 Flieger starben dabei, 23 000 gerieten in Kriegsgefangenschaft.

Know-how-Transfer nach dem Krieg

Nach Kriegsende entbrannte unter den westlichen Alliierten und der Sowjetunion eine Schlacht um das Flugmotoren-Know-how von BMW (und aller anderen Rüstungsbetriebe natürlich). So verpflichteten z.B. die Russen alle im Werk Staßfurt bei Magdeburg verbliebenen Ingenieure, die Arbeiten an den Strahltriebwerken 003, 018 und 028 weiterzuführen, obwohl die Amerikaner alle Zeichnungen und Unterlagen mitgenommen hatten. Im Oktober wurden die BMW-Ingenieure in die Sowjetunion „zwangsversetzt" und brachten dort den 003-Nachbau für den „Düsenjäger" MiG-9 zur Serienreife.

Oben: Bombenschäden im BMW-Werk 1 Milbertshofen, aufgenommen am 9. März 1943. Das Foto zeigt eine zerstörte Halle (vermutlich Fahrzeugentwicklung) mit irreparablen Motorrädern. Original-Bildbeschreibung von 1943: „Obwohl der gesamte Raum unter stärkster Hitzeentwicklung (s. geschmolzenes Glas) ausbrannte, ist er im wesentlichen erhalten geblieben. Die Eisenbetonkonstruktion kann bestehen bleiben."

Rechts: Modellzeichnung des BMW-Werks München-Milbertshofen im Zustand nach Kriegsende 1945 von Süden aus betrachtet. Bombenschäden sind rot markiert, wobei auch reparable Beschädigungen aufgezeigt werden. Nur rund 50 % der Anlagen waren Totalschäden. Das Modell wurde 1952 abfotografiert.

Frankreich warb nach 1945 BMW-Strahltriebwerksspezialist Hermann Oestrich und mit ihm rund 120 BMW-, Junkers- und Heinkel- Ingenieure an, die dann bis 1948 das Triebwerk ATAR 101 entwickelten, das weitgehend auf dem BMW 003 basierte. Fred Jakobs: *„So hatten BMW-Ingenieure auch einen bemerkenswerten Anteil an den ersten französischen Düsen-*

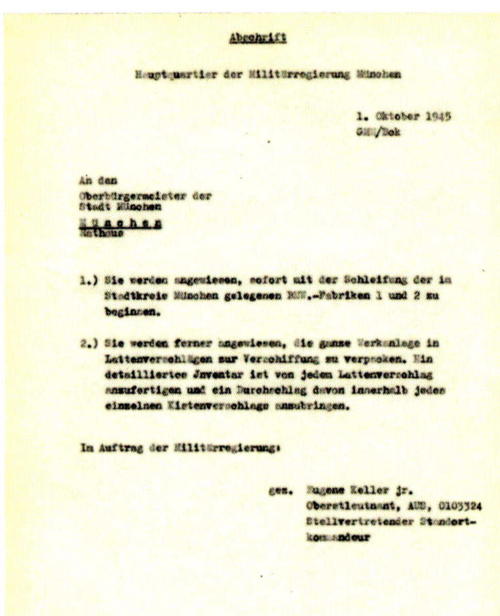

Abschrift

Hauptquartier der Militärregierung München

1. Oktober 1945
GMM/Dok

An den
Oberbürgermeister der
Stadt München
München
Rathaus

1.) Sie werden angewiesen, sofort mit der Schleifung der im Stadtkreis München gelegenen BMW.-Fabriken 1 und 2 zu beginnen.

2.) Sie werden ferner angewiesen, die ganze Werkanlage in Lattenverschlägen zur Verschiffung zu verpacken. Ein detailliertes Jnventar ist von jedem Lattenverschlag anzufertigen und ein Durchschlag davon innerhalb jedes einzelnen Kistenverschlags anzubringen.

Im Auftrag der Militärregierung:

gez. Eugene Keller jr.
Oberstleutnant, AUS, 0103324
Stellvertretender Standort-
kommandeur

Links: Befehl der Militärregierung vom 1. Oktober 1945 zur Schleifung der BMW-Werke 1 und 2. Ganz so schlimm kam es dann doch nicht, es blieb im wesentlichen bei der Demontage.

Rechts: Beschlagnahme-Kommission im Werk Milbertshofen 1946, links BMW-Ingenieur Kurt Deby, rechts Mille Miglia-Coupé von 1940. Original-Bildtext: „Von 1945 bis 1946 waren die Beschlagnahme-Kommissionen der Alliierten ständig im Münchner BMW Werk, um sich die fettesten Brocken aus dem Reparationsgut auszuwählen."

BMW Konzern-Werke und ausgelagerte Fabriken

Nr.	Werke, Fabriken *(Milbertshofen und Allach mit ausgelagerten Standorten darunter)*	Produktion	Zone	Derzeitige Produktion Mitte 1945
1	**München Milbertshofen**	Motorräder und Flugmotoren	US	Fahrzeug-Ersatzteile Landwirtschafts-Maschine Haushaltswaren
2	München Hofbräukeller	Zahnräder	US	aufgelöst
3	München Cenoviskeller	Werkzeugbau	US	aufgelöst
4	München Franziskanerkeller	Dreherei	US	aufgelöst
5	Kolbermoor	Entwicklung	US	aufgelöst
6	Bruchmühle	Entwicklung	US	aufgelöst
7	Failnbach	Schablonenschreinerei	US	aufgelöst
8	**München Allach**	Flugmotoren	US	Karlsfeld Ordnance Center
9	Blaichach	Haupt- und Nebenwellen	US	aufgelöst
10	Immenstadt	Werkzeugbau	US	Karlsfeld Ordnance Center
11	Kaufbeuren	Luftschraubenwellen u. Planetengetriebegehäuse	US	aufgelöst
12	Kempten Kaserne	Getriebezahnräder	US	zerstört
13	Dachau	Dreherei	US	aufgelöst
14	Landshut	Ölpumpen	US	aufgelöst
15	Stefanskirchen	nicht bezeichnet	US	aufgelöst
16	Trostberg	nicht bezeichnet	US	aufgelöst
17	**Spandau bei Berlin**	Flugmotoren	Brit.	demontiert
18	**Zülsdorf/Basdorf bei Berlin**	Flugmotoren	USSR	demontiert
19	**Eisenach Stadtwerke**	Motorfahrzeuge	USSR	Sowj. Automobilfabrik AG
20	**Eisenach Dürrerhof**	Flugmotoren	USSR	demontiert

flugzeugen." Nachdem die Amerikaner und Russen sich die Kreativität und das Wissen der BMW-Ingenieure zunutze gemacht hatten, kam dieses Wissen auch der Entwicklung von strahlgetriebenen Flugzeugen in der Bundesrepublik und der DDR zugute.

Fabrikanlagen von BMW stark zerbombt

BMW stand nach der Kapitulation Deutschlands 1945 und der Bombardierung seiner Werke mit leeren Händen und praktisch ohne Personal da. Etwa 50 Prozent der Anlagen des Werks 1 am Oberwiesenfeld in Milbertshofen waren total zerstört worden, andere Gebäude hatten mittlere oder leichte Schäden davongetragen (s.a. Modell auf der vorigen Seite). Allach hatte nur wenig Sprengstoff aufs

Oben: Grobe Karte des Deutschen Reiches vom 10. März 1947, in der die BMW-Produktionsschwerpunkte bis 1945 und ihr Nachkriegs-Status eingetragen sind.

Rechts: Im Werk Allach richteten die Alliierten einen Reparaturbetrieb ein. Das Foto von 1945 zeigt ein reparaturbedürftiges Kettenfahrzeug mit Haubitzen-Anhänger der US-Army.

Dach bekommen, vielleicht auch, weil die Alliierten sich vom Zugriff auf die Flugmotorenentwicklung, die Produktion und die Restbestände „Anregungen“ für eigene Nachkriegsprojekte erhofften. Die Flugmotorenwerke in Brandenburg waren schwer bombardiert worden. Auch in Eisenach und Dürrerhof hatte es Zerstörungen gegeben.

Besetzung aller Produktionsstätten

Wie es nach dem Desaster weitergehen sollte, lag zunächst ganz in den Händen der Alliierten. Die BMW-Fabriken in München waren von den Amerikanern besetzt worden, während die Produktionsstätten in Thüringen in die „Obhut“ der Sowjets gefallen waren. Manfred Grunert und Florian Triebel präzisieren: *„Alle Anlagen in der Sowjetischen Besatzungszone sind dem Einfluß der Werksleitung in München entzogen: das Automobilwerk in Eisenach ebenso wie die Flugmotorenwerke um Berlin und in Dürerhof. Das Spandauer Werk ist zudem von sowjetischen Besatzungstruppen vor der Übergabe an die Engländer geplündert worden.“*

Milbertshofen und Allach im Westen sowie Dürrerhof im Osten drohte die Demontage. Die Übersicht vom 10. März 1947 auf der vorigen Seite gibt Auskunft darüber, welche Werke und Nebenstellen aufgelöst, zerstört oder demontiert wurden. Ein Sonderfall war Eisenach: Die Russen kurbelten hier über ihre Organisation Awtowelo die Fahrzeugproduktion wieder an. Bald verließen Nachbauten der BMW R 35 und der Limousine 321 die Werkshallen in Thüringen.

Oben: Werkseingang des BMW-Werks 2 München-Allach 1945 unter alliierter Besatzung. Amerikanische Soldaten und deutsche Werksschützer kontrollieren Personen und Fahrzeuge.

Rechts: Das Werk Allach wurde direkt 1945 von den Alliierten als „Karlsfeld Ordnance Center“ klassifiziert.

Ziviler Ungehorsam nach Hitlerbefehl „Verbrannte Erde“

Während des Schwebezustands zwischen Kriegsende und Maßnahmen der Militärregierung verschafften sich in Milbertshofen Werksleiter Kurt Donath und seine Leute einen Überblick über das Ausmaß der Zerstörung, organisierten erste Aufräumarbeiten und überlegten, wie sie wieder eine Produktion in Gang bringen konnten. Der Maschinenbauingenieur Donath hatte am 31. August 1942 die Geschäftsführung der BMW Flugmotoren GmbH München übernommen und war bis Kriegsende Leiter der Flugmotorenproduktion in Milbertshofen gewesen. Von den Amerikanern wurde er wieder als Geschäftsführer eingesetzt.

Wie der Blitz traf ihn am 11. April 1945 der „Führer“-Befehl „Verbrannte Erde“. Stefan Knittel schreibt in seinem Standardwerk von 1984 *„BMW Motorräder“*, was dann passierte: *„Es sollte dem Feind nichts überlassen werden, und die Werksanlagen seien zu zerstören. Die BMW-Leute versuchten sich zu widersetzen und führten nur einige oberflächliche Maßnahmen durch, verteilten die übriggebliebenen Le-*

bensmittelbstände an die Rest-Belegschaft und veranlaßten eine letzte Lohnzahlung, um dann das Werk zu schließen." Kurt Donath und die Ingenieure Kurt Deby, Claus von Rücker und einige Getreue harrten aus, bis die US Army anrückte. Am 29. April 1945 übergaben sie dann Milbertshofen und Allach den Amerikanern.

Oktober 1945: Beginn der Demontage, drohende Schleifung

Und damit fingen die Probleme von neuem an: Denn als die amerikanische Militärregierung am 1. Oktober 1945 in einem Schreiben an den Münchner Oberbürgermeister relativ unerwartet sogar die völlige Schleifung der Werke Milbertshofen und Allach sowie die vollständige Demontage aller Produktionseinrichtungen verfügte, wurden die schlimmsten Befürchtungen wahr – s. Dokument: *„1.) Sie werden angewiesen, sofort mit der Schleifung der im Stadtkreis München gelegenen BMW.-Fabriken 1 und 2 zu beginnen. 2.) Sie werden ferner angewiesen, die ganze Werksanlage in Lattenverschlägen zur Verschiffung zu verpaken. (...)"* Gezeichnet: Eugene Keller jr., Oberstleutnant, stellvertretender Standortkommandeur. Dieses Dokument stufte den BMW-Konzern als Reparationsbetrieb ein, d.h., alles, was an Maschinen und Materialien noch vorhanden und einsatzfähig war, mußte abgebaut und als Ausgleich für erlittene Kriegsschäden in weltweit betroffene Länder transportiert werden, in der Regel per Bahn und Schiff, vor allem auch in die USA (s.a. Abtransport von Flugmotoren, Strahltriebflugzeugen und des Höhenprüfstands Herbitus in Kapitel 1).

Reparaturbetrieb für Fahrzeuge der US Army

BMW war wie gelähmt. Während einerseits eine multinationale „Beschlagnahmekommission" *(„Property Control")* eine Bestandsaufnahme der Produktionsmittel und Restbestände in Angriff nahm, verboten die Amerikaner zunächst jede Art von industrieller, selbst behelfsmäßiger Aktivität. Stattdessen richtete die US Army auf dem Werksgelände Allach, das in „Karlsfeld Ordnance Center" umbenannt worden war, einen Reparaturbetrieb mit Ersatzteillager für Tausende Militärfahrzeuge vom Jeep über schwere Lkw bis zu Raupenfahrzeugen samt Feldhaubitzen ein. Immerhin gab es damit reichlich Arbeit für die zunächst verbliebenen rund 30 Leute, die Donath einsetzen konnte.

Wichtiges Material der Beschlagnahme entzogen

Die Beschlagnahmekommission, die sich aus Militärs und Verwaltungsbeamten zusammensetzte, wurde von Kurth Donath und Kurt Deby durch die Hallen in Milbertshofen und Allach geführt. Maschinen und Geräte wurden nach ihrer Begutachtung markiert und dann von der sukzessive aufgestockten Arbeiterzahl abgebaut, mittels Flaschenzügen und Gabelstaplern ins Freie transportiert, dort in stabile Lattenverschläge gepackt, mit dem Bestimmungsort markiert und auf Eisenbahnwaggons verladen. Das werksinterne Schienennetz existierte noch in weiten Teilen. Per Schiff ging es ab Hamburg weiter in alle Welt, bis in die USA, nach Indien oder Australien – in 17 Länder. Vor Neuseeland soll ein Schiff auf eine Mine gelaufen und mit seiner Maschinenfracht gesunken sein. Auch ansonsten ging viel auf dem Transportweg verloren, auch durch Diebstahl.

Nach Abschluß der Demontage in Milbertshofen und Allach, die sich bis 1949 hinzog, listete BMW seine Reparationsleistungen auf. Demnach waren 4580 Werkzeugmaschinen und 5600 Tonnen „technische und allgemeine Einrichtungen" der Beschlagnahme zum Opfer gefallen. Allerdings hatte die Kommission die Rechnung ohne die Pfiffigkeit der treuen BMW-Arbeiter und -Arbeiterinnen gemacht. Stefan Knittel schreibt: *„Die aus zahlreichen Ländern stammenden Kommissions-Mitglieder waren nicht in der Lage, sich über den Umfang ihrer Beschlagnahme einen genauen Überblick zu verschaffen, ein Umstand, der von der eingeschworenen BMW-Mannschaft dazu genutzt werden konnte, im Glauben an eine Zukunft des Werks viele Geräte und wichtige Kleinigkeiten beiseitezuschaffen."* Doch dies war nur eine Anekdote im Demontagechaos.

Links: Ein Traktor schleppt 1945 eine demontierte und auf Stahlrollen gesetzte Werkzeugmaschine über das Gelände in Milbertshofen.

Rechts: Verladung einer demontierten Prüfstandanlage 1945 im Werk Milbertshofen auf einen Lkw-Anhänger.

Absurd: alte Maschinen raus und gleich neue rein...

Wie unsinnig es teilweise zuging, schildert Horst Mönnich im Teil 2 seiner *„BMW-Jahrhundertgeschichte, der Turm": „Die ganze Demontage war sinnlos (...). Indem sie die Besiegten von einem inzwischen längst veralteten Maschinenpark befreite, beschwerte sie jene, die eben diese veraltete Ausrüstung in Gebrauch nehmen mußten, mit Ladenhütern, die schrottreif waren."* Und was wollte man in Albanien oder im erst 1947 gegründeten Pakistan mit einer Präzisionsmaschine, die speziell auf das Bohren von Kurbelgehäusen eines Sternmotors ausgerichtet war?

Vollends absurd wurde die Sache, als es BMW parallel zu Demontage gelang, mit Geldern aus dem Marshall-Plan *(European Recovery Program ERP* für den Wiederaufbau) Zug um Zug neue Maschinen anzuschaffen, darunter die modernsten Blechpressen aus den USA. Mönnich malt es in schillernden Farben: *„Das Widersinnigste war in Allach geschehen. Ein kilometerlanger Troß, bestehend aus lauter beschlagnahmten Werkzeugmaschinen, verließ die Hallen durch das eine Tor, während durch ein anderes ein zweiter Troß, kilometerlang auch er, mit ganz ähnlichen Maschinen hereinfuhr, funkelnagelneuen, von weither, manche sogar aus den USA; und: dieselbe Militärdienststelle, die das Demontagegut abfahren ließ, hatte sie geordert."*

Nicht absurd, sondern sehr effizient lief es im BMW-Werk Eisenach, das am 1. Juli 1945 nach dem Abzug der US Army (und der Flucht der alten BMW-Direktion) von den sowjetischen Truppen besetzt worden war. BMW wurde zum „reinen Rüstungsbetrieb" erklärt und Eisenach sollte nun ebenfalls demontiert werden. Doch die Russen waren nicht nur schlau, sie hatten auch dringenden Bedarf an Motorrädern und Automobilen. Sie erkannten sofort das Potential der alten BMW-Schmiede, zumal noch große Lagerbestände an Ersatzteilen existierten. Zwar rollten auch hier zunächst zahlreiche Maschinen auf Güterwagen nach Moskau, doch Marschall G. Shukow, oberster Befehlshaber der Sowjetischen Militäradministration und der siegreichen Sowjetischen Okkupationsstreitkräfte stoppte den Exodus und erließ im Oktober 1945 den denkwürdigen Befehl Nr. 93, mit dem er kurzerhand die Instandsetzung und Ausrüstung des Werks innerhalb weniger Wochen und den unverzüglichen Bau der BMW-Limousine 321 sowie die Fabrikation der BMW Einzylindermaschine R 35 anordnete, was dann auch passierte, wenn auch unter großen Schwierigkeiten. So wurde BMW im Osten früher wiederbelebt als im Westen. Doch dies führte zu erheblichen Streitigkeiten, die in einem Prozeß um den Besitz des Markenzeichens mündete. Mehr dazu im folgenden Kapitel.

Ganz oben: Verladerampe am Bahngleis im Werk Milbertshofen 1947. Darunter: Alle demontierten Maschinen wurden in passend gezimmerte Verschläge gepackt und auf Güterwaggons geladen, die auf intakt gebliebenen Werksgleisen rollten.
Unten links: Beschriftung von verpacktem Demontagegut im Januar 1947. Im Januar 1947 beginnt der Abtransport des als Reparationsleistung beschlagnahmten Eigentums des Unternehmens, insbesondere aller Werkzeugmaschinen. Die beschrifteten Kisten mit den Reparationsgütern gehen per Schiff nach Albanien, Australien, Griechenland (im Bild rechts an das griechische Kriegsministerium mit Zielort Hafen Piräus), Großbritannien, Indien, Neuseeland, Norwegen, Pakistan sowie nach den USA und per Bahn nach Belgien, Dänemark, Frankreich, Luxemburg, in die Niederlande, nach Jugoslawien sowie die Tschechoslowakei.

„Vor der Ablieferung an den Versand erhalten die fertigen Maschinen hier ihren letzten Schliff", lautet die Originalbeschreibung des untenstehenden Fotos. 1949 lief die R 24-Produktion bereits auf vollen Touren, jedes Motorrad wurde nach Fertigstellung von Hand poliert.

Kapitel 3
1945-1951: R 35, R 10, R 24

Bescheidener Neuanfang

Kochtöpfe, Baubeschläge, Teigmaschinen und Ackergeräte: BMW blieb 1945 nichts anderes übrig, als mit dem verbliebenen Flugmotor-Aluminium Nützliches für Haus und Hof zu fertigen, sogar einige Fahrrad-Prototypen. Im von den Sowjets beschlagnahmten Werk Eisenach befahlen die Russen die unverzügliche Produktion des Vorkriegs-Einzylinders R 35. In München-Milbertshofen dauerte es bis 1947, bis BMW ein erstes Motorradmuster vorstellen konnte: die seltsame R 10 mit Zweitakt-Boxermotor. Als die Alliierten die Hubraumgrenze auf 250 cm³ anhoben, war auf Rahmenbasis der Vorkriegs R 23 schnell ein richtiges Nachkriegsmotorrad konstruiert: die R 24; sie wurde ein großer Erfolg.

Unten: Kein Witz – so stellte sich das Konstruktionsbüro Böning das erste Nachkriegsmotorrad von BMW vor, immerhin mit Boxermotor. Das Bild zeigt das erste, 1947 entstandene Holzmodell der BMW R 10; der Entwurf wurde als Zweitakt-Prototyp 210 registriert.

1945-1947

Notproduktion

Metallwaren für Haushalt und Landwirtschaft

In der Stunde Null nach dem 8. Mai 1945 lag Deutschland weitgehend in Trümmern. Nicht nur Hundertausende Häuser und zahllose Fabrikanlagen waren im Krieg Bombardierung und Artilleriebeschuß zum Opfer gefallen, sondern auch alles, was sich unter den Dächern befunden hatte: Möbel, Maschinen, Kücheneinrichtungen, Vorratslager und Werkzeuge. Die Menschen holten aus den Trümmern heraus, was noch zu gebrauchen war oder repariert werden konnte. Krumme Nägel wurden geradegeklopft, Türen und Fenster durch provisorische Verschläge ersetzt. Und das Bild der „Trümmerfrauen" die in den zerbombten Städten Ziegelsteine aufsammelten und stapelten, hat sich tief ins kollektive Gedächtnis eingebrannt.

Am besten ging es noch den Landwirten, deren Häuser und Nebengebäude den Krieg oft unzerstört überlebt hatten. Sie produzierten, was alle bitter nötig hatten: Lebensmittel von der Milch über Eier bis zu Kartoffeln und Kohl. Die ausgebombte Stadtbevölkerung und vor allem die 10-14 Millionen „Flüchtlinge", die aus dem Osten vor allem nach Bayern und nach Norddeutschland geströmt waren, hatten meist kein Geld, um sich mit dem Nötigsten zu versorgen. Also wurde getauscht, und zwar mitunter in einem krassen Verhältnis zueinander: Armbanduhr gegen einen Sack Kartoffen zum Bespiel. In Schleswig-Holstein gab es Bauern, die ihre Kuhställe mit eingetauschten Teppichen auslegten. Die Mittellosen unter den Deutschen wurden in ungeheizten Dachkammern untergebracht und oft schikaniert. Den Höhepunkt erreichte die Misere im eisigen „Hungerwinter" 1947/48, in dem auch der „Kohlenklau" auf Hochtouren lief.

ORDNANCE PRODUCTION CONTROL
THIRD U.S. ARMY.

REF.NO. 93. DATE 28 July 1945

Subject: Authorization for production.

To : Bayerische Motorenwerke, Munich, Plant #1.
(Upper Bavaria)

1. You are hereby directed to start immediate production of the following listed items utilizing present stocks of material on hand:

Reference on Reverse side

2. A report in duplicate as of 1200 each Saturday properly enveloped and addressed to:

THIRD ARMY ORDNANCE OFFICER
A.P.O.NO.403 U.S.ARMY
ATTN. PRODUCTION CONTROL

Links oben: Kopie der ersten Produktionserlaubnis der US-amerikanischen Besatzungsbehörde für BMW vom 28.07.1945.

Rechts oben: Plakat mit BMW-Notprodukten nach 1945 – Kochtöpfe, Landmaschinen, Gußteile, Kompressoren, Bäckereimaschinen. Die R 24 war erst ab 1948 zu haben. Für Automobile wie den BMW 321, Werkzeugmaschinen oder Vorkriegs-Motorräder bot BMW Reparaturdienste an.

Kleines Bild: Für die Suppe, die sich die Deutschen eingebrockt hatten – Kochtopf aus Flugmotoraluminium 1945.

Links unten: Backwaren gehörten ab 1945 zu den elementar notwendigen Lebensmitteln. Die tonnenförmigen Teigknetmaschinen, die BMW aus Leichtmetall herstellte, trugen ein wenig zum Umsatz bei. Foto: 1947.

Rechts unten: Produktpalette der Notproduktion im Jahr 1946. Aus dem eingeschmolzenen Aluminium wurde alles Mögliche für Haus und Handwerk hergestellt – Töpfe und Behälter samt Deckel, Tür- und Fenstergriffe, Wandhaken, Beschläge. Sogar ein Schneebesen war dabei.

BMW stand mit dem Rücken zur Wand. Zwar hatte die amerikanische Militärverwaltung bereits am 25. Juli 1945 eine allgemeine Erlaubnis für eine Produktion auf Basis der noch vorhanden Materialbestände erteilt, doch was konnte man daraus fabrizieren? Die Entscheidung fiel schnell: Man stellte Haushaltswaren aus dem Leichtmetall eingeschmolzener Flugmotorteile wie Kochtöpfe samt Deckel, Behälter, Tür- und Fensterbeschläge her – und als Topprodukt mülltonnenähnliche Teigknetmaschinen für Bäckereien. Für die Bremsenfirma Knorr, der BMW 25 Jahre zuvor angehört hatte, produzierte das Werk 225 Bremsluft-Kompressoren. Ein lohnender Absatzmarkt war die weniger notleidende Landwirtschaft, für die BMW Acker- und Vielfachgeräte mit Pflugschar und sogar – unter dem Markennamen Raussendorf – die Dreschmaschine „K 25 Stahl-Kombinus" und die Strohpresse „Favorit-Leicht" herstellte. 1946 entstanden zudem elf Fahrräder aus Leichtmelall in Damen- und Herrenausführung. Doch es blieb bei diesen wenigen Prototypen.

Rechts: Aus den noch vorhandenen Aluminiumvorräten wurden formschöne Fahrräder hergestellt. Das Foto rechts zeigt einen BMW-Mitarbeiter im Sonntagsstaat 1946 mit dem Prototyp eines Damenfahrrads samt Beleuchtung vor dem beschädigten BMW-Verwaltungsgebäude mit Tarnanstrich.

Darunter: Protoyp 1946 eines BMW-Herrenfahrrads aus Aluminiumguß. Insgesamt sollen nur elf Fahrräder gebaut worden sein.

Links oben: „Der Zeit voraus!"; Strohpresse Favorit-Leicht Marke Raussendorf 1947 im BMW-Werk 1.

Links unten: Versuchsmuster in Rohrbauweise des BMW „Vielfachgeräts" von 1948.

Rechts unten: Fertigmontage von Lkw-Luft-Bremskompressoren für Knorr 1947.

1937-1940, 1945-1951*

R 35 342 cm³

Wiederbelebung in Eisenach

Zwei Fragen der BMW-Motorradgeschichte erfordern befriedigende Antworten. Erstens: War die von den Bayerischen Flugzeugwerken (BFW) 1921 bis 1923 produzierte Helios mit dem BMW-Boxermotor M 2 B 15 die erste BMW oder war es die R 32 von 1923? Zweitens: War die 1948 in München vorgestellte R 24 die erste Nachkriegs-BMW oder war es die ab 1945 in Eisenach unter sowjetrussischer Regie wieder produzierte R 35? In Fall eins haben sich die Historiker darauf geeinigt, daß der von Max Frix konstruierten R 32 die Ehre gebührt. Bei der R 35 ist es komplizierter.

* bis Mitte 1951 unverändert mit Tankschaltung, danach Modernisierung mit Fußschalthebel, gedämpfter Gabel etc.; 1952-1955 EMW R 35-3 mit Hinterradfederung.

Oben: Nachdem BMW den Rechtsstreit um das Markenemblem gewonnen hatte, mußte das „Eisenacher Motorenwerk" das Emblem ändern, wahrte aber grafische Bezüge zu BMW.

R 35: ab 1937 in München produziert

Schauen wir zunächst zurück. Nachdem die R 3 mit ihrem 300-cm³-Motor gefloppt hatte, brachte BMW 1937 mit der R 35 ein neues Einzylindermodell auf den Markt. Der Ohv-Motor war vom 400-cm³-Aggregat der R 4 abgeleitet und durch Verringerung der Bohrung auf 342 cm³ reduziert worden. Wie der 400er leistete auch die R 35 14 PS und erreichte ebenfalls eine Höchstgeschwindigkeit von 100 km/h. Das Fahrwerk aber hatte man modernisiert. Zwar besaß die R 35 als letzte BMW immer noch einen aus massigen Preßstahl-Profilen bestehenden Rahmen, doch hatte man die antiquierte Blattfeder am Vorderrad durch eine (allerdings ungedämpfte) Teleskopgabel abgelöst. Das Hinterrad war ungefedert. Die knapp 1000 RM teure Maschine war vor allem bei Polizei und Militär im Einsatz und wurde in Milbertshofen bis 1940 rund 15 000mal produziert.

Der Krieg beendete vorerst die Herstellung des robusten Knochenschüttlers. Doch nach der Übernahme des Werks Eisenach durch die Russen am 1. Juli 1945 erfuhr die R 35 eine fulminante Renaissance. Dies war vor allem deshalb möglich, weil es in Thüringen noch rund 1000 aus Bayern ausgelagerte Bausätze gab – abgesehen vom Rahmen, der neu hergestellt werden mußte. Die erforderlichen, neuwertigen Werkzeugmaschinen hatte BMW vor dem Einmarsch der Russen 450 Meter tief in einem Kalibergwerk bei Abterode direkt an der Zonengrenze versteckt. Sie wurden mit Hilfe von Seilwinden geborgen und im Werk installiert.

Die beiden Fotos zeigen die originale BMW R 35 von 1937 (Preis 995 RM, 5386 Stück), die nach dem Krieg unter russischer Regie in Eisenach weitergebaut wurde.

Massenproduktion in Eisenach auf russischen Befehl

Auf Befehl des sowjetischen Oberbefehlshabers Georgi K. Schukow begann noch 1945 die Produktion der R 35 *„reloaded"*: *„Ab 20.10.1945 ist die Produktion (...) der Motorräder Baumuster R 35 unter Ausnutzung der vorhandenen Teile-Vorräte (...) zu organisieren."* Zunächst verließen nur 16 Motorräder das Werk, aber immer mit dem stolzen BMW-Logo auf dem Tank. Bald konnten Tausende R 35 ausgeliefert werden, die kaputte Welt brauchte billige und robuste Transportmittel. Rund zwei Drittel der Motorräder verblieben in der „Sowjetischen Besatzungszone", die am 7. Oktober 1949 zur DDR mutierte, und wanderten vornehmlich in die Fuhrparks der staatlichen Behörden. Der Großteil des Exports ging an die Sowjetunion sowie an die benachbarten Länder des Ostblocks. Rund 5000 Fahrzeuge wurden zum Zweck der Devisenbeschaffung ins westliche Ausland geliefert, davon ganze sieben Stück nach Westdeutschland.

Mit dem BMW-Logo auf den Eisenacher Produkten war aber bald Schluß. Im Oktober 1949 wurde die ehemalige BMW Zweig-Niederlassung in Eisenach auf Antrag des Vorstands in München aus dem Handelsregister gelöscht. Offiziell war jetzt die russische „Awtowelo AG" der Werksbesitzer, der aber trotz der Namensänderung das weiß-blaue BMW Logo auf die Produkte pappte. Dagegen prozessierte BMW und setzte vor Gericht durch, daß Fahrzeuge aus Eisenach nicht mehr als BMW-Produkte im Ausland verkauft werden durften und mit einem neuen Markenzeichen ausgerüstet werden mußten. Zum 1. Januar 1952 zierten neue Plaketten die Fahrzeuge, bei denen die blauen durch rote Farbefelder mit einem Vierfachstern als Abgrenzung und der Beschriftung „Eisenacher Motoren Werke – EMW) ausgetauscht worden waren. Nur in der DDR durfte das originale BMW-Logo allerdings weiterhin verwendet werden.

BMW bekennt sich heute zur R 35 als erste Nachkriegs-BMW: *„Von der Nachkriegs- BMW bzw. -EMW R 35 und dem Nachfolgemodell R 35-3 (mit Hinterradfederung) wurden bis 1955 über 80 000 Exemplare produziert. Zählte man die Modelle aus München und Eisenach zusammen, so käme man auf eine Stückzahl von knapp 100 000 Exemplaren, die zwischen 1937 und 1955 produziert wurden. Somit wäre die R 35 das erfolgreichste Modell der BMW Motorradgeschichte."* Damit ist auch die zweite Frage umfassend beantwortet.

1947

R 10 125 cm³

Prototyp Zweitakt-Boxer

Die Frage nach dem ersten Nachkriegs-Motorrad von BMW haben wir auf der vorigen Seite zu beantworten versucht. Aber welche Maschine war der erste Boxer nach 1945? Man sollte meinen, daß es die R 51/2 war, die 1949 vorgestellt wurde. Aber weit gefehlt: Es war ein schmächtiger Mini-Boxer, der 1947 aus der Not heraus geboren wurde.

Fritz Trötsch hatte als ehemaliger Verkaufsleiter schon im Sommer 1945 alle Hebel für die Neukonstruktion eines Motorrads in Bewegung gesetzt. Und der frühere Flugmotorenmann Alfred Böning erhielt den Auftrag, den Plan umzusetzen. Er entwarf zunächst auf dem Papier einige Prototypen, die ein paar Jahrzehnte später eher als Mofas durchgegangen wären, sogar ein Holzmodell wurde fertiggestellt. Zunächst war der Rahmen oben stark nach unten gezogen, aber die typischen BMW-Merkmale wie quergestellter Boxermotor und Wellenantrieb waren bereits vorhanden. Das häßliche Entlein wurde schnell weiterentwickelt und sah nach einiger Zeit (fast) wie ein richtiges Motorrad aus. Als BMW R 10 ging der fahrfähige Prototyp, der nun sogar über eine Geradweg-Federung verfügte, in die Geschichte ein und überlebte sogar im Museum.

Beim zierlichen Boxer handelte es sich um einen Zweitaktmotor, der hinter den Fußrasten saß und bei 120 cm³ Hubraum etwa 5 PS entwickelt haben soll. Für dessen Konstruktion zeichneten die Böning-Mitarbeiter Biefang und Behringer verantwortlich. Ein größerer Hubraum war zunächst seitens der Alliierten nicht zulässig gewesen. Das Dreigangegtriebe saß über dem Kurbelgehäuse; von dort lief die Antriebswelle zum Hinterrad, das wie das vordere einen Durchmesser von nur 16 Zoll hatte. Die ungedämpfte Telegabel wurde durch eine Schraubenfeder vor dem Steuerkopf abgefedert.

Fotos rechts oben und darunter: BMW R 10 als voll gefederter Prototyp von 1947. Der Vergaser saß über dem Getriebe und versorgte die Zylinder über zwei lange Ansaugrohre und einen Plattendrehschieber mit Gemisch. Ganz vorn am Kurbelgehäuse war eine Noris-Zündanlage untergebracht. Der große Kasten unter dem Tank beherbergte Batterie und Werkzeug. Links: erster Entwurf von 1947, noch ohne Hinterradfederung. Links unten: Der Zweitakt-Boxer von hinten mit Ausgang für die Antriebswelle.

1948-1950: 12 020 Einheiten

R 24 247 cm³

Neuanfang in München

Graham Walker vom englischen Motorrad-Magazin *„Motor Cycling"* staunte nicht schlecht, als er am 23. Dezember 1948 das Werk Milbertshofen besuchte, um sich ein Bild von der soeben gestarteten Produktion der R 24 zu machen – dem ersten Nachkriegs-Motorrad von BMW im Westen: *„Der Wiederaufbau der BMW in München hat schnellere Fortschritte gemacht, als vorauszusehen war. Die Gesellschaft hat bereits mit der Serienproduktion ihrer 250-ccm-Motorräder begonnen, die eigentlich erst im Januar anlaufen sollte."* (zitiert bei Mönnich *„Der Turm"*). Er verstand nicht, daß die Alliierten in München die Entstehung einer sehr ernst zu nehmenden Konkurrenz der englischen Motorradindustrie zuließen und damit *„einen Kuckuck im Exportnest (Englands)"* zu hegen schienen, dem man rechtzeitig die Flügel beschneiden müsse.

Englands Furcht vor deutscher Konkurrenz

Nahezu prophetisch Walkers Befürchtung: *„England, dessen Leben jetzt von seinem Export abhängt, wird sich vielleicht in einer nicht allzu fernen Zukunft in Handelskonkurrenz mit derselben deutschen Industrie befinden, die jetzt zum Leben und Erblühen gebracht wird."* Dabei konnte er nicht ahnen, daß ausgerechnet BMW dereinst (im Jahr 2000) das Flaggschiff der seit den 1970er Jahren heruntergewirtschafteten englischen Autoindustrie, die Firma Rolls-Royce, übernehmen würde.

Nachdem der zwischen den USA und England ausgehandelte Morgenthau-Plan, nach dem Deutschland in einen industriefreien Acker verwandelt werden sollte, zu den Akten gelegt worden war, hatten die Alliierten eine Kehrtwendung um 180 Grad hingelegt. Ihnen war eingefallen, daß Europa künftig ein riesiger Absatzmarkt für US-Produkte sein könnte – und sich außerdem hervorragend als Bollwerk gegen den verhaßten Kommunismus der Stalin-Ära eignen würde. So brachten sie bereits 1947 den von US-Außenminister George Marshall entworfenen *„Marshall-Plan"* auf den Weg, der nun ganz im Gegensatz zum Morgenthau-Kahlschlag den Wiederaufbau Deutschlands und Europas zwischen 1948 und 1952 mit insgesamt 13,9 Milliarden Dollar aus dem „European Recovery Pro-

Links: Porträt Kurt Donath im Jahr 1944, als er Leiter der Flugmotorenfertigung im Werk Milbertshofen war.

Rechts: Donath am Rednerpult bei der Vorstellung der R 24 am 17. Dezember 1948. Er war maßgeblich am technischen Wiederaufbau der Werke in München, Allach und Berlin nach 1945 beteiligt und ab 1945 stellvertretendes Mitglied des BMW-Vorstands. Am 10. Juni 1947 wurde er zum ordentlichen Vorstandsmitglied bestellt. Er starb am 19. Februar 1973 in Icking.

Rechts: Abgesandte der Militärregierung bei der Vorstellung der BMW R 24 am 17. Dezember 1948. Vorn neben dem Offizier BMW-Treuhänder von Mangoldt-Reiboldt und Münchens OB Scharnagl.

Unten: R 23 von 1938; Motor und Getriebe sind komplett anders als bei der R 24 1948.

Blaupause aus der Vorkriegszeit: R 23 von 1938

Die bis 1940 in 8021 Einheiten gebaute R 23 war BMWs Antwort auf die damals neu geschaffene Führerscheinklasse bis 250 cm³. 1948 war sie die Basis für die R 24 und Vorbild für die folgenden 250er Modelle bis 1955. Motor und Getriebe wurden nicht übernommen. Der Ohv-Einzylinder leistete 10 PS.

gram" fördern sollte; 1,42 Milliarden davon flossen in die spätere Bundesrepublik. Davon profitierte auch BMW und war damit in der Lage, wie bereits erwähnt, die demontierten Maschinen durch nagelneue und moderne Anlagen zu ersetzen.

Dies hatte aber nur Sinn gemacht, weil die am 20. Juni 1948 von den Westalliierten durchgesetzte Währungsreform, bei der die Reichsmark um 10 : 1 auf die neue D-Mark abgewertet und jedem Westdeutschen eine *„Kopfquote"* von 40, später zusätzlich 20 DM gezahlt worden war, praktisch über Nacht die Wirtschaft wieder ankurbelte. Hersteller hatten zuvor ihre Produkte, Händler ihre Waren gehortet, jetzt brach der florierende Tausch- bzw. Schwarzmarkt zusammen, die Läden waren plötzlich wieder voll, die Leute konnten legal kaufen und die Waren jetzt mit echtem Geld bezahlen. Zum Beispiel auch eine BMW R 24, die für 1750 DM zu haben war. Daß die Russen auf die Währungsreform im Westen ab der Nacht zum 24. Juli 1948 und 300 Tage lang bis zum 12. Mai 1949 mit der Blockade Berlins antworteten, wurde von den Amerikanern und Engländern mit der legendären Luftbrücke beantwortet, über die *„Rosinenbomber"* täglich 4500 Tonnen Fracht in die nun endgültig geteilte ehemalige Reichshauptstadt flogen. Dies war auch eine perfekte Gelegenheit, um das lädierte Image der bis 1945 mit echten Bombern angerückten „Amis" und „Tommies" zu verbessern.

Alliiertes Okay für Motorräder mit 250 cm³

Daß BMW wieder Motorräder bauen konnte, ging letztlich auf einen Anordnung der Alliierten zurück – München hatte gar keine andere Wahl, denn an den Bau von Automobilen war mangels zahlungskräftiger Kundschaft noch gar nicht zu denken. Allerdings war der Hubraum der Motorräder 1947 auf maximal 250 cm³ angehoben worden – und in diesem Segment kannte BMW sich ja bestens aus. Kurt Donath und dem Generaltreuhänder für die Deutsche Bank und für BMW, Dr. Hans Karl von Mangoldt-Reiboldt, war diese Motorrad-Verordnung gerade recht, und sie hatten die Mittel für eine Produktion, weil (nach Mönnich) Oskar Kolk, der frühere Vorstandsassistent, noch wenige Tage vor der Kapitulation vom Reichsluftfahrtministerium eine Schuld über 63,5 Millionen RM hatte eintreiben und sichern können, die nach der Reform immer noch den beachtlichen Wert von 6,3 Millionen DM darstellten. Damit ließ sich etwas anfangen, damit konnte das Werk modern ausgestattet werden, was die rasche Serienfertigung der Einzylindermaschine ermöglichte.

Oben: der allererste, herausgeputzte Prototyp der R 24 1948, noch ohne Motorinnereien und mit Tank aus Holz.

Rechts: Vorstellung des R 24-Prototyps auf dem Genfer Salon vom 11. bis zum 21. März 1948, dem ersten Salon der Nachkriegszeit.

Unten: Die erste R 24-Serienmaschine wurde am 17. Dezember 1948 im Rahmen einer Feierstunde unter den BMW-Mitarbeitern verlost. Das Foto zeigt den Gewinner, der strahlt wie ein Honigkuchenpferd.

Arthur B. Bourne, der Herausgeber der englischen Motorrad-Zeitschrift *„Motorcycle"*, der im Juni 1949 Milbertshofen besichtigte, war beeindruckt: *„Sie zeigten mir neue Prüfmaschinen zur Materialbestimmung, Härtebestimmung usw. der fertigen Teile. (...) Beschädigte Werkstätten werden wieder aufgebaut, und wenn diese fertig sind und die neue Einrichtung gekommen ist, wird umgezogen, z.B. sollte letzten Monat ein Gebäude für den Zusammenbau am Fließband in Gebrauch genommen werden."* (Zitiert bei Mönnich).

Dabei hatte alles im Vorfeld sehr bescheiden angefangen. Nachdem die Alliierten grünes Licht gegeben hatte, war guter Rat zunächst teuer, denn BMW München besaß kein einziges brauchbares Motorrad mehr, das als Grundlage für einen Prototyp hätte dienen können. Der Legende nach stöberte der ehemalige Verkaufs- und Exportchef Fritz Trötsch bei einem Händler in Nürnberg ein *„ausgeglühtes Motorrad auf einem Schrotthaufen"* auf, packte dies in den Kofferraum seines Autos, und ließ es in München nach allen Regeln der Kunst wieder aufbauen – rein äußerlich nur, die Eingeweide fehlten. Stefan Knittel sagt es etwas anders: *„Trötsch (...) klapperte einige ehemalige Händler ab und brachte auf diese Weise wichtige Bestandteile für das 250-ccm-Modell R 24 zusammen."*

1947: Flugmotorenspezialist Böning entwirft die neue R 24

Diese Zeichnungen wurden von Alfred Böning, der als nun unabhängiger Konstrukteur bereits am 3. Juni 1946 von Kurt Donath mit der Konzeption eines neuen Motorrads beauftragt worden war, angefertigt. Er soll eine Zeitlang, unbemerkt von den alliierten Kontrolleuren, in einem versteckten Büro innerhalb des Werks 1 gesessen haben. Böning war vor und im Krieg maßgeblich an der Konstruktion der R 12, der R 5 und des Wehrmachtsgespanns R 75 beteiligt gewesen. Ab 1943 hatte er die Fertigungsoberleitung für Flugmotoren und die Überprüfung der Entwürfe von Raketen, Flugmotoren und Strahltriebwerken inne. Nach der Fertigstellung der R 24-Pläne leitete er die gesamte Entwicklung von Motor und Getriebe z.B. für die BMW-Kleinfahrzeuge Isetta, 600 und 700, sowie die Antriebsentwicklung von Motorrädern, Renn-Motorrädern und Industriemotoren.

Im Sommer 1947 lagen die sich an der Vorkriegs-R 23 orientierenden Konstruktionszeichnungen vor, im Herbst 1947 präsentierte Böning ein roll-, aber nicht fahrfähiges Ansichtsmuster, dessen Tank nur aus Holz bestand, dessen Motor und Getriebe allerdings neu konstruiert worden waren; es fehlten nur Getriebezahnräder und Kurbelwelle. Den R 24-Vorläufer stellte BMW dann im März 1948 auf dem Genfer Salon, dem ersten Autosalon der Nachkriegszeit, aus.

Die Reaktionen waren ausreichend positiv, so daß BMW sich ermutigt sah, nun einen richtigen Prototyp zu realisieren, und dies traditionell wieder mit einem aus einer Aluminium-Legierung bestehenden, aber moderneren Zylinderkopf als jener der R 23. Das Nachbar-Unternehmen Krauss-Maffei in Allach soll für dessen Bearbeitung ein Horizontalbohrwerk ausgeliehen haben.

Porträt: R 24-Konstrukteur Alfred Böning am 5. September 1953 bei der Präsentation des 100 000sten BMW-Motorrads nach dem Krieg, einer zweizylindrigen R 67/2. Böning war vor und im Krieg maßgeblich an der Konstruktion der Boxer-Modelle R 12, R 5 und R 75 beteiligt.

Das weiterentwickelte Fahrzeug (allerdings immer noch kurbelwellen- und getriebezahnlos), wurde im Mai 1948 auf der Exportmesse in Hannover ausgestellt und – man durfte das damals kaum laut sagen – schlug ein wie eine Bombe: BMW verbuchte 2500 Vorbestellungen – und hatte damit ein Problem: Wie sollte man eine solche Stückzahl auf die Schnelle produzieren? Und woher sollte – legal – das nötige Material kommen?

Es kam von unerwarteter Seite. Horst Mönnich schreibt: *„Ein beispielloser Solidaritätsakt befreundeter Motorradwerke, die schon gut florierten, brachte unerwartet Hilfe: NSU in Neckarsulm, Zündapp in Nürnberg traten BMW fast die Hälfte ihrer Eisenzuteilung ab (sicher nur auf Anordnung der Militärverwaltung – Anm. d. Red.), und die Maschinenverteilungsstelle des Landes Bayern veranlaßte von der Demontage verschonte Betriebe, alte Drehbänke, Werkzeugmaschinen und Zurichtgeräte abzugeben, lieh oder schenkte diese dem bedrängten Werk".*

Knittel fand heraus, daß es die Geschäftsführer Walter Egon Niegtsch von NSU und Hans-Friedrich Neumeyer von Zündapp waren, die einen Teil ihrer Rohmaterial-Zuteilungen für BMW freigaben. Leichtmetall war bei BMW noch reichlich vorhanden: Die Zylinderköpfe und Kurbelgehäuse der Sternmotoren vom Typ 801 z.B. hatten die Alliierten nicht beschlagnahmt.

Milbertshofen war nach der Zuteilung der benötigten Maschinen und des erforderlichen Materials imstande, das Motorradprojekt zu starten. So konnte Trötsch am 21. Oktober 1948 die ersten Vor-

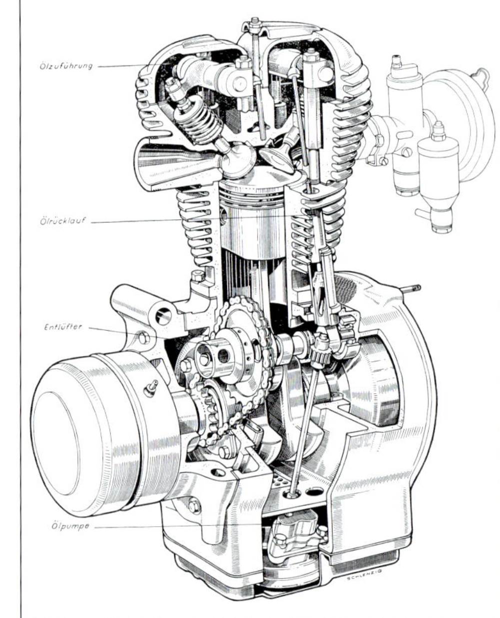

Links: Serienmodell der R 24 zum Produktionsbeginn 1948.

Rechts: Der R 24-Motor, hier in der Schnittzeichnung von 1948, war komplett neu konstruiert worden.

Oben: So sah der Fahrer die R 24 beim „Anwerfen"; die Kickanlage verlief parallel zur Kurbelwelle. Foto: 1948.

Links: Verpacken der R 24 vor dem Versand 1949 mit viel Pappe und Papier. 12 020 Einheiten wurden gebaut.

Unten: Verkaufsleiter Fritz Trötsch trieb das R 24-Projekt maßgeblich voran. Hier ist er mit der Maschine 1949 auf einer Ausstellung in New York zu sehen.

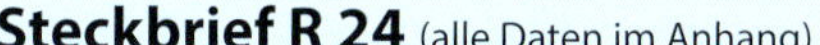

Steckbrief R 24 (alle Daten im Anhang)

Bauzeit	1948-1950
Typ intern, Ventile	224/1, 2 ohv
Einheiten	12 020
Hubraum	247 cm^3
Leistung	12 PS bei 5600/min^{-1}
Vergaser	1 Bing AJ1/22/140b
Getriebe	4-Gang
Rahmen	Stahlrohr, verschraubt
Vorderradführung	Teleskopgabel
Hinterradführung	starr
Bremsen vorn/hinten	Trommel 160 mm
Reifen vorn/hinten	3,00 x 19 / 3,00 x 19
Leergewicht	130 kg
Höchstgeschwindigkeit	95 km/h
Preis	1750 DM

serienexemplare für Testzwecke an Journalisten aushändigen. Am 17. Dezember 1948 wurde die erste Serien-R 24 im Rahmen einer Feierstunde fertigmontiert und, nachdem Kurt Donath und andere Verantwortliche das Ereignis in ihren Ansprachen gewürdigt hatten, sogleich unter der Belegschaft verlost. Eine Delegation der amerikanischen Militärregierung und Münchens Oberbürgermeister Dr. Karl Scharnagl (übrigens Mitbegründer der CSU) wohnten dem denkwürdigen Ereignis wohlwollend bei.

Denkwürdig war die Präsentation weniger wegen der technischen Auslegung als vielmehr wegen der Signalwirkung, die in alle Welt abstrahlte: BMW, direkt nach dem Krieg schon totgesagt, war wieder da, und es würde nicht bei diesem ersten Modell bleiben.

1948: Serienanlauf; 1949: Auslieferung R 24

Vor diesem Hintergrund trieb BMW mit rund 800 Facharbeitern, teilweise vom alten Stamm, die Vervielfältigung des Hoffnungsträgers R 24 voran. Die ersten 230 Maschinen kamen im Januar 1949 auf den Markt, am 10. Mai 1949 wurde bereits die 1000ste Maschine ausgeliefert. Bald waren es 1000 Exemplare pro Monat, darunter unzählige für Polizei und andere Behörden, auch für die Motorradeskorte des 1949 zum ersten Bundespräsidenten gewählten FDP-Politikers Theodor Heuss. Allein 1949 konnte BMW 9144 R 24 absetzen, bis zur Ablösung durch die R 25 im Jahr 1950 waren es dann 12 020 Einheiten.

Rund 3000 Maschinen gingen in den Export, was die Engländer schockte: Wie brachten es die Teutonen fertig, in so kurzer Zeit den Schutt wegzuräumen und wieder aufzuerstehen wie Phönix aus der Asche?

R 24: modernisierte Vorkriegstechnik

Die erste 250er BMW der Nachkriegsära war, nüchtern betrachtet, ein knochiges und mangels Hinterradfederung unkomfortables Motorrad mit einem neu konstruierten, aber etwas poltrigen Ohv-Einzylinder-Motor. Sie war nicht die von vielen Freunden der Marke erwartete Sensation, sondern kam als bieder-nützlicher Gebrauchsgegenstand ohne jeden überflüssigen Zierrat daher. BMW-typisch waren die weißen, akurat von Frauenhand auf Tank und Kotflügel gemalten Zierlinien. Der Fahrer saß auf einem spiralgefederten Schwingsattel mit Gummidecke.

Das Fahrwerk mit seinem vorn und hinten verschraubten Doppelschleifen-Rohrrahmen entsprach genau dem des Vorkriegsmodells R 23 und dessen Vorläuferin R 20. Wie dort funktionierte die schmalbrüstige Vorderradführung nach dem Teleskopgabelprinzip, hatte lange Schraubenfedern und eine simple Ölhydraulik für die Dämpfung der gröbsten Fahrbahngemeinheiten.

Gegen Aufpreis gab es einen Soziussattel mit separater Federung, Zusatzfußrasten und eine Luftpumpe für unterwegs. Die beiden 19-Zoll-Speichenräder mit den 160 mm großen Halbnaben-Trommelbremsen ließen sich untereinander austauschen; so konnte das Profil der Reifen, das sich naturgemäß hinten stärker abnutzte als vorn, wechselseitig bis auf den letzten Millimeter abgewetzt werden. Sparen, sparen und nochmals sparen war angesagt, als ein Arbeiter 42 Pfennige die Stunde verdiente, bei 48 Stunden pro Woche letztlich nur gut 80 Mark im Monat nach Hause brachte und so ein Motorrad wie die R 24 1750 Mark kostete und damit rund 22 Monatslöhne. Der „einfache Mann" mußte um ein Vielfaches länger für ein Motorrad schuften als heute ein Automobilwerker etwa für einen nagelneuen VW Golf.

Neu konstruiert: Motor und Getriebe

Was die R 24 von anderen Motorrädern ihrer Klasse unterschied und entscheidend zum Erfolg beitrug, war die bei BMW schon 1923 eingeführte Kardanwelle, die über eine (knarrende) Hardyscheibe und ein gekapseltes Kreuzgelenk zum Hinterradantrieb führte. Eine Kette, an der man sich beim Spannen, Ölen und Wechseln die Finger schmutzig machen mußte, gab es nicht.

Immerhin hatten die Ingenieure den Ohv-Einzylindermotor vom Typ 224/1, diesen halbierten Boxer, für die R 24 komplett neu konstruiert. Motor- und Getriebegehäuse zeigten sich in moderner, glattflächiger Form. Auch hatten sich die Fertigungsme-

thoden dank neuer Maschinen spürbar verbessert. Moderne Prüfstände und innovative Prüfverfahren führten zu mehr Präzision und geringeren Toleranzen.

Wichtigste Änderung war der komplett neu konstruierte Zylinderkopf aus Alu-Legierung, der eine auf 6,75 : 1 erhöhte Verdichtung brachte. Er hatte dank günstigerer Ventilwinkel einen besseren Durchlaß und verfügte wie das Wehrmachtsgespann R 75 über geteilte, perfekt abdichtende Ventildeckel, die zentral fixiert waren und nach Abnahme das Einstellen der Ventile erleichterten. Befestigt war der Zylinderkopf mit Bolzen, die durch die Kipphebelböcke führten und in Gewinde oben am Grauguß-Zylinder eingeschraubt aren. In der Konsequenz hatte man auch die Stößelstangenführung radikal geändert; sie lief jetzt außen in kurzen, verchromten Hülsen.

Mit nur 12 PS bis 95 km/h schnell; spürbare Vibrationen

Die Höchstleistung des kompakten 247-cm^3-Motors betrug jetzt 12 PS bei 5600/min^{-1}, die Höchstgeschwindigkeit lag bei 95 km/h. Auch die verbesserte Elektrik mit 6-Volt-Batteriezündung und gut zugänglichem Unterbrecher war wartungsfreundlich. Das Benzin kam aus dem tropfenförmigen 12-Liter-Tank mit integriertem Werkzeugfach und wurde von einem Bing-Schiebervergaser mit 22 mm Durchlaß aufbereitet. Dem schmalen Budget der Besitzer angepaßt war der niedrige Verbrauch von 3,0 bis 3,5 l/100 km.

Daß die 130 kg schwere R 24 bei Vollgas aber merklich vibrierte, war nicht zu ändern. Wie bei ihr traten auch bei den Folgemodellen R 25 und R 25/2 häufig Rahmenbrüche auf, die mit eingeschweißten Muffen repariert wurden.

Völlig neu an der R 24 war das über die traditionellen BMW-Einscheiben-Trockenkupplung betätigte Getriebe, das jetzt auch in der 250er-Klasse über vier Gänge verfügte, einen kurz übersetzten ersten Gang und einen zusätzlichen Hilfsschalthebel rechts am Gehäuse aufwies; beides war auf den seinerzeit oft unverzichtbaren Betrieb mit Seitenwagen zugeschnitten. Innovativ war ein gefederter Stoßdämpfer im Getriebegehäuse, der die Kraftübertragung elastischer machte. Historisch war die R 24 das gelungene Vorspiel zu Größerem – den ersten Nachkriegs-Boxermodellen, die ab 1950 international den Motorradmarkt aufmischten.

Professionelle Tester wie Helmut Werner Bönsch (Zeitschrift *„Das Auto"*) oder Gustav Mueller (*„Das Motorrad"*) sahen großzügig über einige Unzulänglichkeiten hinweg, lobten das *„sehr gut abgestimmte Getriebe"*, die *„sehr gut ansprechende Telegabel"*, die *„hohen Reisedurchschnitte"* und den *„geringen Benzinverbrauch"*, der im Test nur bei Dauertempo ab 70 km/h über 3,0 l/100 km lag. Bönsch: *„Es ist gelungen, an die vielgerühmte Qualität der früheren BMW-Erzeugnisse nahtlos anzuschließen."* Mit 1750 DM war die R 24 zwar um mehr als 200 Mark teurer als die technisch veraltete Konkurrenz (NSU 251 OSL, Triumph BDG 250, Victoria KR 250) doch war sie in puncto Leistung und Fahrverhalten überlegen.

Oben: Eskorte des ersten deutschen Bundespräsidenten Theodor Heuss auf Motorrädern des Typs R 24 in seinem Antrittsjahr 1949.

Links unten: Werbemotiv 1948; „Das Qualitäts-Motorrad 250 ccm". Die stilisierte Bergkulisse weist den Weg.

Rechts: Eine schöne Frau als Eyecatcher auf der R 24 bei einer Messe 1949 in New York. Slogan auf dem Messestand: „BMW is here again"– BMW ist wieder da.

Unten : In der Saison 1947 traf Schorsch Meier (Startnummer 50, hier beim Rennen in München) auf wenig Konkurrenz, darunter Heiner Fleischmann (NSU), Karl Rührschneck (DKW), Walter Lohmann und Ernst Hoske (beide auf BMW R 51 RS). Der alte Kämpe gewann alle von ihm bestrittenen sechs Rennen. In München jubeltem ihm 70 000 Zuschauer zu.

Kapitel 4
1947-1949: The show must go on

Als wäre nichts gewesen

Nicht nur Deutschland und BMW reckten sich nach dem Krieg aus den Ruinen, auch die alten Kämpen des Motorrad-Rennsports holten ihre Maschinen aus den Verstecken, setzten sich drauf und gingen ab 1947 bei zahlreichen Wettbewerben im Land wieder an den Start: Georg „Schorsch" Meier, Ludwig „Wiggerl" Kraus oder Max Klankermeier, aber auch Neulinge wie Walter Zeller. Sie fuhren mit dem BMW Boxer, der bis 1950 noch seinen Kompressor behalten durfte, zahlreiche Siege ein. Das Publikum, oft auf Vorkriegs-Motorrädern unterwegs, strömte zu Hunderttausenden an die Strecken und vergaß hier seine Alltagssorgen.

Unten: Max Klankermeier und sein Artist Hermann Wolz hielten schon 1947 in der Gespannklasse die Farben von BMW wieder hoch. Die 600er Kompressor-BMW hat hier bereits die neue Telegabel.

1947-1949
Boxer-Revival
1949 wieder BMW-Werksteam

Nach all dem Elend, nach allen Verlusten will die deutsche Bevölkerung wieder normal leben, das Zerstörte wieder aufbauen, die Wunden heilen, die Gräben überwinden. Und die Sieger wollen die Verantwortlichen zur Rechenschaft ziehen: Am 5. Januar 1946 beginnt der erste Nürnberger Kriegsverbrecherprozeß gegen 23 ehemalige KZ-Ärzte. Auch Grenzen werden neu gezogen: Am 17. Juli gibt die britische Militärregierung die beabsichtigte Zusammenlegung der nördlichen Rheinprovinz mit der Provinz Westfalen bekannt. Hauptstadt des neuen Landes Nordrhein-Westfalen wird Düsseldorf. Es folgt die Gründung von Schleswig-Holstein und in der französischen Besatzungszone die Bildung des Landes Rheinland-Pfalz. Zum 1. Januar 1947 werden die britische und die amerikanische Besatzungszone zur „Bizone" zusammengeschlossen, kurz darauf gliedert man die französische Zone ein – das flächendeckende Gebilde zwischen Nord und Süd ist der Kern der künftigen Bundesrepublik Deutschland.

1946: Vorkriegsmaschinen flott gemacht

Von gesetzlichen Regelungen und der Politik im Allgemeinen hatten die meisten Menschen die Nase voll: Sie wollten sich endlich wieder sattessen können, und sie wollten Abwechslung, um das im Krieg Erlittene zu verdrängen. Der Rennsport war dazu ein perfektes Mittel: Zu Hunderttausenden strömten die Menschen zu den ersten Rennveranstaltungen im Osten und im Westen. Die ersten Motorradrennen fanden bereits 1946 auf lokaler Ebene statt, mit Maschinen, die den Krieg überdauert hatten, oder mit „frisierten" Motorrädern aus Beständen der aufgelösten Wehrmacht, oft mit präparierten Triebwerken ausrangierter Gespann-Maschinen vom Typ R 75.

Treffend beschreibt Wikipedia die Nachkriegssituation: *„Viele der Fahrer, die schon vor dem Krieg erfolgreich waren und von denen einige erst Ende der 1940er Jahre aus Haft oder Kriegsgefangenschaft entlassen wurden, nahmen wieder teil. In den ersten Jahren starteten die Piloten auf teils völlig veralteten Vorkriegsmaschinen, die man ‚gerettet', wiederentdeckt oder mühsam aus noch vorhandenen Ersatzteilen aufgebaut hatte. Auch die rennsportbegeisterten Zuschauer strömten wieder an die Strecken; so wurde der letzte gesamtdeutsche Meisterschaftslauf 1950 auf dem Sachsenring von ca. 400 000 Zuschauern besucht."*

Im Münchener BMW-Werk Allach, jetzt als Reparaturbetrieb für kaputte Fahrzeuge der US Army un-

Oben: 1946, ein Jahr nach Kriegsende wurden am Ruhestein, in Braunschweig, Neuwied, Karlsruhe und München wieder Motorradrennen ausgetragen. Schorsch Meier war 1946 noch als Funktionär tätig, in der ersten neuen Meisterschaftssaison 1947 jedoch wieder im Sattel der Kompressor-BMW dabei. Unten: Leo Burkhardt fuhr beim Saisonauftakt am 11. April 1948 zum ersten Mal die Werks-BMW und wurde Zweiter hinter Bruno Ziemer auf NSU.

ter dem Namen „Karlsfeld Ordnance Depot" firmierend, arbeitete ein Mann als Chef der Werkspolizei, der den Motorradfans international bestens bekannt war: Schorsch Meier, Europameister von 1938 und TT-Sieger von 1939 – kurz: die BMW-Rennsportlegende schlechthin. Der staunte nicht schlecht, als sein alter Freund Joe Craig, früher Rennleiter von Norton, nun als englischer Offizier erschien und barsch die Herausgabe von Meiers 1939er Kompressor-BMW verlangte. Die aber war unauffindbar: Nach der Legende hatte der Schorsch seinen Renner gut in einem Heustadel auf dem Karlsfelder Hofgut versteckt; in Wirklichkeit hatte der BMW-Treuhänder sie dem alten Rennleiter Josef Hopf ausgeliehen, der sie dann privat wieder einsatzfähig machte. Ein wütender Craig mußte sich mit den Konstruktionsplänen begnügen, die für die Engländer letztlich ziemlich nutzlos waren.

Oben links: Schorsch Meier gewann 1947 die Deutsche Meisterschaft und fuhr deshalb 1948 mit der Startnummer Eins, wie hier am 15. August in Schotten.
Oben rechts: Nach einem ersten Versuch im Vorjahr sammelte Walter Zeller aus Hammerau mit seiner selbst zurechtgemachten R 51 in Ulm, Braunschweig, Hamburg, Nürnberg, München und Rosenheim Siege in den Rennen der Ausweisfahrer. Er war der kommende Mann.

1947: Meier Meister auf Kompressor-BMW

1946 mußte sich Meier bei den ersten Rennen am Ruhestein, in Braunschweig, Neuwied, Karlsruhe und München noch mit der Rolle eines Funktionärs begnügen, doch 1947 wollte er es wieder wissen, setzte sich auf seine 39er BMW und gab in der Deutschen Meisterschaft, die in diesem Jahr erstmals wieder ausgetragen wurde, unbarmherzig Gas. Premiere für ihn war nach acht Jahren Pause am 8. Juni 1947 bei „Rund um Bavaria" in München. Zu seinen Konkurrenten gehörten Heiner Fleischmann auf NSU, Karl Rührschneck auf DKW sowie Walter Lohmann und Ernst

Rechts: Unter den Augen der BMW-Verantwortlichen absolvierten die Werksfahrer Testfahrten; das Foto entstand 1949. Im Bild von links: Versuchsleiter Eberhard Wolff, Chefkonstrukteur Alfred Böning, Werksleiter Kurt Deby, Ludwig Kraus, Schorsch Meier, Vorstand Kurt Donath (vom 10. Juni 1947 bis zum 28. Februar 1957 Vorstandsmitglied der BMW AG), Max Klankermeier, Hermann Wolz und Josef Hopf, der nun in der Serienentwicklung tätig war.

Hoske auf BMW R 51 RS. Hoske machte sich später einen Namen u.a. mit vergrößerten Tanks.

Meier gewann dieses und alle weiteren fünf Rennen, an denen er teilnahm, und durfte sich am Ende Deutscher Meister nennen. Deutscher Junioren-Gespann-Meister in der Klasse bis 600cm³ wurde Max Klankermeier (Ingenieur bei BMW seit 1923, seit 1934 aktiver Geländefahrer und 1939 in Hamburg in beiden Gespannklassen siegreich) mit Schmiermaxe Hermann Wolz. In der Klasse bis 1000 cm³ holten sich Josef Müller/Josef Wenzhofer den Sieg – auf einem BMW-Gespann mit getuntem R 75-Motor.

1948: Meier wieder Deutscher Meister

Für die Saison 1948 gingen zwei weitere Kompressor-BMW an den Start, darunter die auf Laderbetrieb umgebaute R 51 RS von Leo Burkhardt aus Mainleus, der nach einigen Erfolgen in Hockenheim tödlich verunglückte. Vorkriegsheld Ludwig „Wiggerl" Kraus drehte ab 1948 ebenfalls wieder am Gasgriff, und in der Gespannklasse traten abermals Klankermeier/Wolz an (Sieg bei „Rund um Schotten").

Schorsch Meier war auf seiner Kompressor-BMW, der er als Vorjahresmeister nun die Startnummer 1 verpassen durfte, auch 1948 unschlagbar, gewann in dieser Saison sage und schreibe 15 Rennen, darunter das Eröffnungsrennen auf dem Grenzlandring am 19. September. Der Meistertitel in der 500er Soloklasse war ihm danach wieder sicher. Es sollten noch drei weitere Meistertitel folgen: 1949, 1950 und 1953.

Wie bereits 1947 trat der künftige Stern am BMW-Himmel, Walter Zeller, auch 1948 wieder als Ausweisfahrer an und errang in dieser Kategorie auf einer neu aufgebauten R 51 die Rennen in Ulm, Braunschweig, Hamburg, Nürnberg, München und Rosenheim.

1949: BMW geht wieder mit Werksteam an den Start

Nachdem BMW Ende 1948 die Einzylindermaschine R 24 erfolgreich auf den Weg gebracht hatte, stand einem offiziellen Engagement des Werks in der Meisterschaftssaison 1949 nichts mehr entgegen. Als Werksfahrer wurden – wie nicht anders zu erwarten – Schorsch Meier, Ludwig Kraus und das Team Klankermeier/Wolz verpflichtet. Die Kompressor 500er wurde mit neuer Faltenbalg-Telegabel samt Versteifungsbügeln, vorversetzen Gabel-Klemmfäusten und rückwärtigen Stützstreben an Motorblock und Federung aktualisiert. Die per Handrad einstellbaren Reibscheiben-Stoßdämpfer an den hinteren Federbeinen kannte man schon aus der Saison 1939. Mit einem verbesserten Kompressor und Alkoholtreibstoff brachte es der 500er Boxer jetzt auf phänomenale 75 PS.

Meisterehren für Meier, Müller, Rührschneck

Titelverteidiger Meier gewann 14 Rennen und setzte sich 1949 damit zum dritten Mal hintereinander die Meisterkrone auf. Klankermeier/Wolz fuhren bei manchen Rennen hintereinander in der 600er und 1200er Klasse (in der großen Kategorie mit einem präparierten R 75-Triebwerk), waren bei sechs Wettbewerben erfolgreich und holten den Titel in der 600er-Klasse. Bei den großen Gespannen wurden Josef Müller/Karl Rührschneck Deutsche Meister, nach den Erfolgen 1947 und 1948 mit wechselnden Passagieren. Am 15. August 1949 ging Hans Meier, der jüngere Bruder von Schorsch, mit einer R 75-betriebenen BMW in Ingolstadt an den Start und wurde Dritter. Ludwig Kraus blieb im Schatten von Meier und hatte teilweise mit technischen Problemen zu kämpfen.

Obwohl die Motorradrennen bis 1949 ohne internationale Beteiligung ausgetragen werden mußten, blieb das Zuschauerinteresse ungebrochen: Beim Rennen „Rund um die Solitude" am 18. September 1949 strömten rund 400 000 Zuschauer an die Stuttgarter Strecke. Und das war erst der Anfang. Mit Erscheinen der R 51/2 im Jahr 1950, dem ersten Serien-Boxer nach dem Krieg, flammte die BMW-Begeisterung noch einmal zusätzlich auf.

Unten links: Beim Rennen „Rund um die Schanz" am 15. August 1949 in Ingolstadt fuhr Hans, der 21jährige Bruder von Schorsch Meier, sein erstes Rennen in der AusweisfahrerKategorie und wurde Dritter. Das Motorrad hatte Josef Hopf mit einem Werks-Fahrgestell und einem auf 500 cm³ Hubraum reduzierten R 75-Motor aufgebaut.

Unten rechts: Ob beim Solitude-Rennen oder wie hier in Karlsruhe – Schorsch Meier setzte seine Siegesserie fort. Nur ein einziger Ausfall war in der Saisonbilanz zu verzeichnen. Die Motorradrennen zogen in Deutschland nach dem Krieg die Massen an. Am 18. September 1949 waren beim Rennen Rund um die Solitude 400 000 Zuschauer an der Strecke!

Deutsche Straßenmeisterschaft

Jahr	Klasse	Gewinner	Marke
Solo-Motorräder Deutschland			
1947	500 cm³	Georg Meier	BMW
1948	500 cm³	Georg Meier	BMW
1949	500 cm³	Georg Meier	BMW
Gespanne Deutschland			
1947	600 cm³	Hermann Böhm, Karl Fuchs	NSU
	1200 cm³	Sepp Müller, Josef Wenzhofer	BMW
1948	600 cm³	Hermann Böhm, Karl Fuchs	NSU
	1200 cm³	Sepp Müller, Karl Fuchs/Karl Rührschneck	BMW
1949	600 cm³	Max Klankermeier, Hermann Wolz	BMW
	1200 cm³	Sepp Müller, Karl Rührschneck	BMW

Mitte links: Obwohl Max Klankermeier 1949 in der 1200er Klasse Siege gelangen, konnten Josef Müller/ Karl Rührschneck den Titel in dieser Klasse verteidigen. Darunter: Auch Sandbahnrennen wurden bereits 1949 wieder mit BMW-Gespannen ausgetragen, hier mit einer Vorkriegs-R 51 S, die beim Oster-Sandbahnrennen in Pfarrkirchen den Klassensieg holte.

Unten: Nachdem im Dezember 1948 mit der R 24 die Motorradproduktion wieder aufgenommen worden war, stand dem offiziellen Auftritt einer BMW-Werksmannschaft für die neue Saison nichts mehr entgegen. Der Kompressor-Boxer wies eine neue Telegabel mit vorversetzter Achsklemmung und Versteifungsbügeln auf. Alkohol-Treibstoff und ein effektiverer Lader führten zur Leistungssteigerung auf damals phänomenale 75 PS.

Rechts: Max Klankermeier und Hermann Wolz fuhren bei einigen Rennen nacheinander mit zwei Gespannen in der 600er- und in der 1200-cm³-Klasse. Hier fahren sie 1949 mit dem größeren Motor, der mit 50 PS dem Kompressor-Boxer, der 80 PS bei 584 cm³ lieferte, unterlegen war.

Werbung für die R 51/2 im Jahr 1951. Die Maschine war im Kern die alte R 51 von 1938, wies aber bei Zylinderköpfen und Getriebe moderne Lösungen auf. Von der späteren R 51/3 unterschied sie sich u.a. durch die tiefer heruntergezogenen Kotflügel und die geteilten Ventildeckel.

Kapitel 5: 1950-1951: R 51/2

Der Boxer ist wieder da

Fast ein Jahrzehnt lang hatten BMW-begeisterte Motorradfahrer auf ein neues Boxermodell warten müssen, das für den zivilen Markt vorgesehen war. Ab Januar 1950 rollte die R 51/2 in die Läden, die nach und nach im ganzen Land wieder aufmachten. Die Sporterfolge der über den Krieg hinweggeretteten Kompressor-Boxer hatten den Leuten schon ab 1947 wieder kräftig Appetit gemacht. Wer es sich leisten konnte, für den war der Kauf des ersten Nachkriegsboxers die Erfüllung eines Traums. Und BMW spielte als Motorradproduzent endlich wieder in der ersten Liga.

Die R 51/2 wurde im Januar 1950 öffentlich präsentiert. Für die ersten Pressefotos mußte noch eine Vorserienmaschine herhalten, die sich in einigen Details vom Serienmodell unterschied. Die Zylinder basierten weitgehend auf denen der 1948 lancierten R 24.

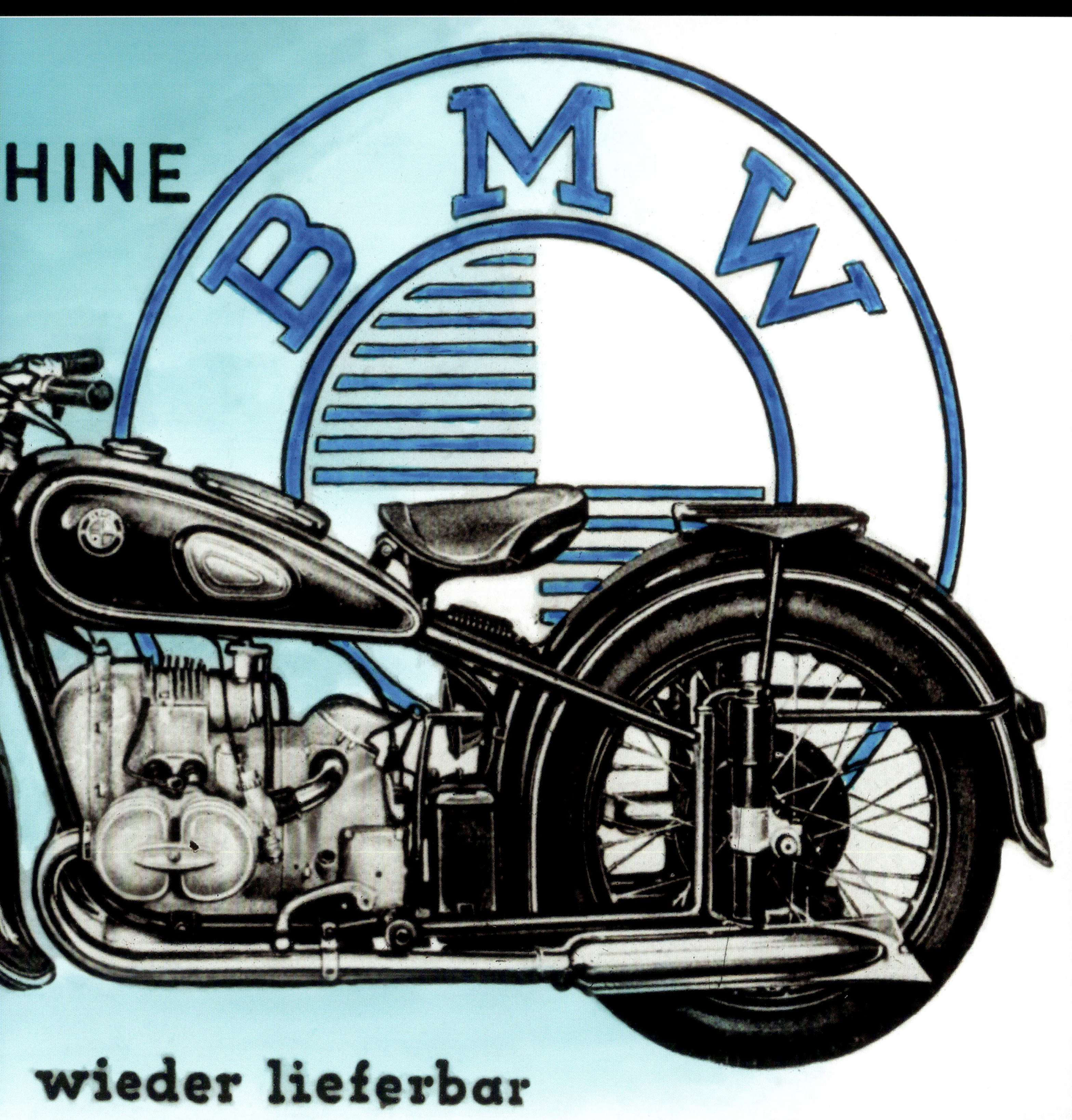
HINE
BMW
wieder lieferbar

1950-1951: 5000 Einheiten

R 51/2 494 cm³

Neuauflage der Vorkriegs-R 51

Im Jahr 1949 wirkte der Schock von Niederlage und Zerstörung zwar noch nach, doch der Wiederaufbau hatte bereits mächtig an Fahrt aufgenommen. In Deutschland und der Welt fielen Entscheidungen, die bis heute nachwirken. Die Amerikaner hatten verstanden, daß ihnen nur ein wiedererstarkendes und abgesichertes Deutschland als Bollwerk gegen den verhaßten Kommunismus dienen konnte (was theoretisch der Linie der Nationalsozialisten entsprach). Auch deshalb ließen sie den Marshallplan weiterlaufen, welcher der deutschen Industrie – und auch BMW – die zur Restrukturierung nötigen finanziellen Mittel bereitstellte. Den militärischen Rahmen des Bollwerks bildete die NATO, die am 4. April 1949 gegründet wurde und die im Mai 1955 im Warschauer Pakt ihren Gegenspieler bekam.

1949: Bundesrepublik, DDR, Europarat

Politische Interessen innerhalb Europas vertrat ab dem 5. Mai der Europarat, dem zunächst nur zehn Staaten angehörten. Kurz zuvor hatte die Sowjetunion die Westberlin-Blockade aufgehoben; die Luftbrücke, über die 2,1 Millionen Tonnen Güter in die geteilte Stadt geflogen worden waren, war Geschichte. Am 12. Mai veröffentlichten die drei westlichen Militärgouverneure das Besatzungsstatut,

Rechts das Plakat „Motorräder aus München" von Ende 1950 zeigt die R 24-Nachfolgerin R 25, jetzt mit Hinterradfederung und geschwungenem Schutzblech vorn sowie die R 51/2 mit ihrem deutlich wuchtigeren Erscheinungsbild und dem langgestreckten 14-Liter-Tank. „Allradfederung" war damals noch nicht überall Motorrad-Standard. Die Bezeichnung „Touren-Sport" für die R 51/2 war allerdings etwas vollmundig, denn nur 24 PS konnten keine Wunder vollbringen.

Links: Motor, Tank und Vorbau einer R 51/2-Vorserienmaschine, abgelichtet bereits im Spätherbst 1949.

Rechts: Schnappschuß vom 18. Oktober 1949 anläßlich einer ersten Pressevorstellung im Hotel Bayerischer Hof. Rennfahrerlegende Georg „Schorsch" Meier (Mitte) im Gespräch mit Hugo Geiger,, damals Staatssekretär im Bayerischen Wirtschaftsministerium. 1950 präsentierte Meier die R 51/2 auf einem Stand in der Dachauer Straße in München. Er betrieb 1949 bereits ein Motorradgeschäft mit den Marken Imme, Lambretta und BMW (noch ohne Händlervertrag); diesen erhielt er erst 1950.

das der entstehenden Bundesrepublik Deutschland begrenzte Souveränität zugestand. Am 23. Mai verkündete der Parlamentarische Rat das Grundgesetz, das am nächsten Tag in Kraft trat.

Führungsduo: Adenauer und Heuss

Höhepunkt auf dem (von den Alliierten verordneten) Weg zur Demokratie waren die Wahlen zum ersten Deutschen Bundestag am 4. August, bei denen die Union aus CDU und CSU 139 von den 402 Mandaten erringen konnte (SPD 131, FDP 52, KPD 15). Am 7. September konstituierte sich der erste deutsche Bundestag. Erster Bundespräsident wurde am 12. September Theodor Heuss. Am 15. September wählte das Parlament Konrad Adenauer zum ersten Bundeskanzler der Bundesrepublik Deutschland. Hauptstadt wurde Bonn und stach damit Frankfurt am Main aus. Wie praktisch für Adenauer: Er wohnte nur ein paar Kilometer entfernt auf der anderen Rheinseite, in Rhöndorf.

Rechts: ein Anfang 1950 fotografierter Prototyp der R 51/2, ausgerüstet noch mit Armaturen, Motordetails und Kotflügeln der R 51, die von 1938 bis 1941 in München gebaut worden war.

Beide Fotos links unten: Motor, Getriebe und Wellenantrieb einer Vorserienmaschine 1949. Man beachte den Zusatzschalthebel rechts für Beiwagenbetrieb.

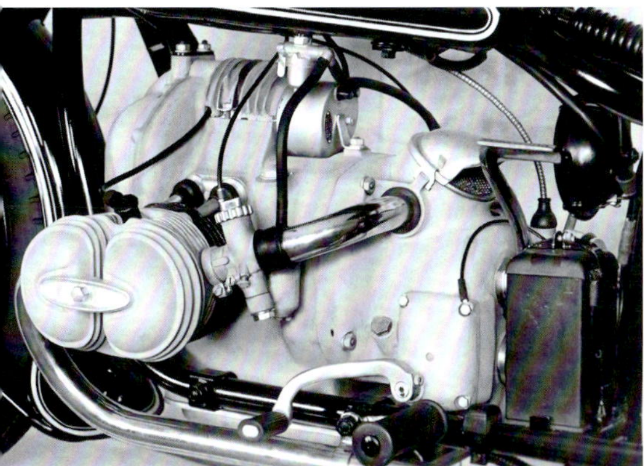

Oben: So sah die Serienversion der R 51/2 aus, die bis Herbst 1951 in 5000 Exemplaren von den neu eingerichteteten Bändern in Milbertshofen lief und 2750 DM kostete. Von der Vorserie unterschied sie sich durch den breiten Kotflügel vorn. Die beiden Bing-Vergaser waren schräg angeordnet.

Weltweit erstarkte der Kommunismus. Die Volksrepublik China wurde am 1. Oktober 1949 ausgerufen, der 7. Oktober war Gründungstag der DDR, deren erster Ministerpräsident Otto Grotewohl hieß. Und die atomare Bedrohung nahm – nach dem Atombomben-Abwürfen 1945 durch die Amerikaner im August 1945 auf Nagasaki und Hiroshima – Gestalt an: Die Sowjets zündeten am 29. August 1949 ihre erste eigene Atombombe (möglich auch dank erfolgreicher Spionage), Großbritannien folgte am 2. Oktober 1952, Frankreich am 13. Februar 1960. Der Kalte Krieg nahm nun richtig Fahrt auf.

Hubraumbeschränkung für Motorräder aufgehoben

Etwas elementar Wichtiges für die deutsche Industrie passierte am 22. November: Bundeskanzler Konrad Adenauer und die Alliierten Hohen Kommissare unterzeichneten das Petersberger Abkommen, in dem sich die neue Bundesregierung u.a. zu einer Kartellgesetzgebung verpflichtete und dazu, jeder Form von Totalitarismus entgegenzutreten. Im Gegenzug gewährten die Alliierten der Bundesrepublik den Beitritt zum Europarat, das Recht zur Aufnahme von konsularischen und Handelsbeziehungen zu anderen Staaten, die Fortsetzung der Marshallplan-Hilfe und die Einstellung der Demontagen. Das war aber noch nicht alles. BMW-Chronist Manfred Grunert: *„Im Sommer 1949 heben die Alliierten die Baubeschränkungen auf, deutsche Unternehmen können nun wieder schwere Motorräder produzieren."* Und hier begann die Fortsetzung der Boxer-Saga nach dem Krieg.

Links: Die Werbung von 1950 mit dem Straßenkarten-Ausschnitt weist auf die Bstimmung des ersten Nachkriegs-Boxers hin: fahren, fahren, fahren!

Darunter: Schnittzeichnung der bereits vor dem Krieg mit der R 51 eingeführten Geradweg-Hinterradfederung. Für die Dämpfung mußten Anschlagpuffer genügen.

Auf die Freigabe hatte BMW nur gewartet, waren die Bayern doch aufgrund ihres reichen Erfahrungsschatzes prädestiniert dazu, große Motorräder nicht nur zu entwickeln und zu produzieren, sondern auch weltweit erfolgreich zu vermarkten. Auf vielen Ebenen konnte man an die Vorkriegserfahrungen anknüpfen.

Pläne für einen neuen Boxer bereits 1947

Im Vorgriff auf eine Lockerung der Restriktionen hatte man bereits ab 1947 (parallel zur Entwicklung der R 24) Pläne für den ersten Nachkriegsboxer geschmiedet. Voraussetzung für die Umsetzung des Konzepts war natürlich das Vorhandensein der nötigen Fertigungseinrichtungen, die ab 1949 auch zur Verfügung standen. Und auch die Erfolge im Motorsport, erzielt seit 1947 von den alten Assen Schorsch Meier, Ludwig Kraus, Max Klankermeier, Sepp Müller und Walter Zeller, trieben die Dinge voran (s. Kapitel 4). Die eingefleischten BMW-Fans wollten endlich wieder ein Boxer-Motorrad fahren können!

Wie die Bayern reagierten auch die Franken schnell auf die Aufhebung der Beschränkungen:

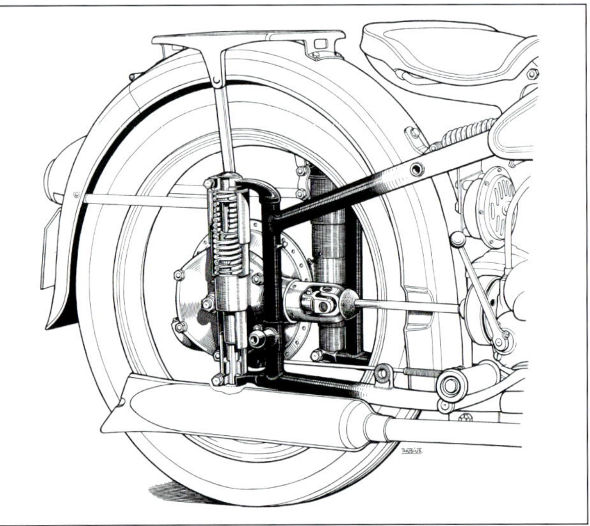

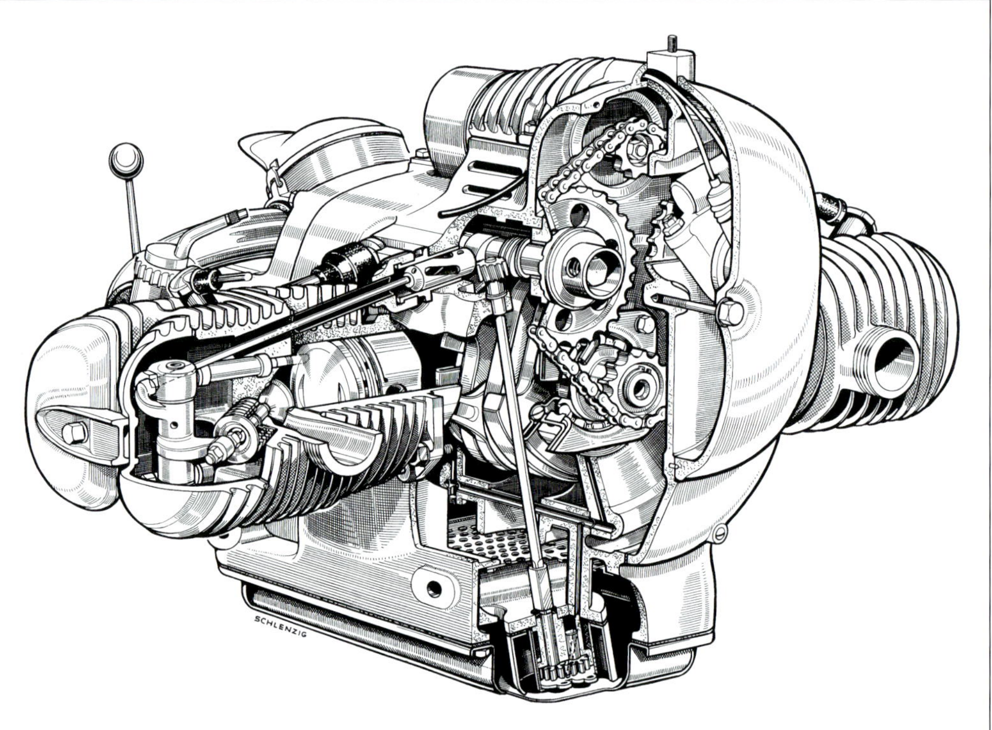

Steckbrief R 51/2 (alle Daten im Anhang)

Bauzeit	1950-1951
Typ intern, Ventile	254/3, 2 ohv
Einheiten, Produktionszeit	5000, 1950-1951
Hubraum	496 cm^3
Leistung	24 PS bei 5800/min^{-1}
Vergaser	Bing 1/22/39 u. 1/22/40
Getriebe	4-Gang
Rahmen	Stahlrohr, verschweißt
Vorderradführung	Teleskopgabel
Hinterradführung	Geradweg, ungedämpft
Bremsen vorn/hinten	Trommel 200 mm
Reifen vorn/hinten	3,50 x 19 / 3,50 x 19
Leergewicht	185 kg
Höchstgeschwindigkeit	135 km/h
Preis	2750 DM

Die detailreiche Motorzeichnung der R 51/2 zeigt den komplizierten, von der R 51 übernommenen Ventiltrieb mit zwei kettengetriebenen Nockenwellen, langen Stösselstangen und Kipphebeln.

Zündapp in Nürnberg ließ 1950 mit der 28 PS starken KS 601 die hauseigene Boxer-Tradition wieder aufleben. Die lindgrün lackierte Maschine wurde von der Zeitschrift *„Das Motorrad"* als *„grüner Elefant"* tituliert – ein Beiname, der sich im kollektiven Biker-Gedächtnis bis heute erhalten hat. BMW war also in jeder Hinsicht gefordert – und konterte im Januar 1950 (Produktionsbeginn) mit dem Boxer-Modell R 51/2, einem Motorrad, das weitgehend dem Vorkriegsmodell R 51 (1938-1940) entsprach, jenem ersten Motorrad aus München, das Hinterradfederung besessen hatte.

Ausgewählte Journalisten bekamen Vorserienmodelle der R 51/2 bereits im Herbst 1949 zu sehen. Am 4. Januar 1950 dann gab BMW eine *„Presse-Benachrichtigung“* heraus (*„Sehr geehrter Herr Schriftleiter! (...) Mit vorzüglicher Hochachtung!“*), mit der man den Neustart offiziell verkündete: *„Es handelt sich um die aus der Vorkriegs-Fertigung bekannte und bewährte kopfgesteuerte Sportmaschine, die jetzt unter der Bezeichnung ‚R 51/2‘ erscheint.“* Der querliegende, *„besonders geräuscharme“* Zweizylindermotor leistete bei unverändertem Hubraum (494 cm^3) wieder 24 PS, dies aber bei leicht erhöhter Drehzahl von 5800/min^{-1}. Wie bei der R 51 steuerten auch bei der R 51/2 zwei kettengetriebene Nockenwellen über Stößelstangen und Kipphebel die Ventile.

Oben links: Die „Allradfederung“ wurde stark beworben. Darunter: Lenker, Armaturen, Scheinwerfer mit Tacho. Oben rechts: Motorradartisten der Berliner Polizei 1950 bei einer Vorführung auf einer BMW R 51/2 im Berliner Olympiastadion. Rechts: Am 29. November 1950 verließ die 25 000ste BMW nach dem Krieg das Fließband – eine R 51/2.

Äußerlich und in wichtigen technischen Details wies der Boxer von 1950 indes merkliche Unterschiede auf. Neu beim quadratisch ausgelegten Motortyp 254/3 waren die von der R 24 her bereits bekannten Zylinderköpfe mit unterteilten Ventilkammern, kurzen, obenliegenden Chromhülsen für die Stößelstangen und von Zugankern gehaltene Kipphebelböcke. Die Ventile wurden nun durch Schrauben- statt Haarnadelfedern geschlossen. Die glattflächigen Ventildeckel waren – wie bei der R 75 und der R 24 – je zwei halbmondförmigen Deckeln mit Spannbrücke gewichen. Die beiden erstmals schräg angeordneten Vergaser der Typen Bing 1/22/39 und 1/22/40 samt neu gestaltetem Luftfiltergehäuse bewirkten einen besseren Füllungsgrad, das Verdichtungsverhältnis betrug 6,4 : 1. Die Gehäuse von Motor, Getriebe und Hinterradantrieb bestanden traditionell aus gegossener Aluminium-Legierung.

Das Viergang-Getriebe besaß nun einen federbewehrten Ruckdämpfer auf der Hauptwelle, auch den Fußschalt-Mechanismus hatte man verbessert. Die Teleskopfedergabel wies – wie bei der R 75 – eine doppelt wirkende Öldruck-

Oben: rank und schlank, mittendrin der markante Boxer – eine R 51/2 mit verchromten Armaturen, vermutlich aus der Vorserie von 1949 mit verchromten Armaturen.

dämpfung auf, die Geradweg-Hinterradfederung entsprach der Vorkriegsausführung. Charakteristisch für die R 51/2 waren die seitlich weit heruntergezogenen „Schutzbleche". Der geschweißte Doppelschleifen-Rohrrahmen war fast unverändert von der 1938er R 51 übernommen worden und besaß angeschweißte Kugelköpfe für den Anschluß eines Seitenwagens.

Auf Anhieb Marktführerschaft

BMW Classic setzt den Punkt: *„Mit der R 51/2 hatte BMW den Nerv der Zeit getroffen, in der einjährigen Produktionszeit wurden 5000 Exemplare gefertigt. BMW nahm bei den deutschen Motorrädern über 350 cm³ mit 90 % Marktanteil den ersten Platz ein, obwohl die R 51/2 mit einem Preis von 2750 DM teurer war als die hubraum- und PS-stärkere Zündapp KS 601."* Auch die Polizei entschied sich wieder für die schweren BMW-Maschinen. Und die Eskorte von Bundespräsident Heuss konnte die kleine R 24 gegen sechs Exemplare der neu angelaufenen Boxer-Fertigung tauschen. Die französische Gendarmerie hatte es ebenfalls kaum erwarten können und orderte sogleich 1000 Exemplare des neuen Bayern-Boxers, die 1950 und 1951 in feldgrauer Lackierung geliefert wurden.

R 51/2: Sehnsuchtsmaschine der ausgepowerten Menschen

Auch auf dem zivilen Markt war endlich wieder an einträgliche Exportgeschäfte zu denken. BMW schickte die R 51/2 auf Messen in Paris und Chicago. Die Resonanz in der französisch- und englischsprachigen Presse war uneingeschränkt positiv. In Deutschland lobte „Startester" Helmut Werner Bönsch die neue BMW im ersten April-Heft von *„Das Motorrad".* Im Test hatte er eine Höchstgeschwindigkeit von 140 km/h erreicht und festgestellt, daß der Benzinverbrauch auf 100 km mit rund 4,0 Litern kaum höher war als bei dem Einzylindermodell. BMW konnte die prognostizierten Motorrad-Verkaufszahlen für das Jahr 1951 von 20 000 auf 50 000 Exemplare korrigieren. Ein Tester der führenden Fachzeitschrift Englands *„The Motor-Cycle"* urteilte wohlwollend: *„Die Elastizität der Maschine hat mich besonders beeindruckt. Ich habe festgestellt, daß man im vierten Gang bis auf 16 Meilen/Stunde (25,6 km/h) bei voller Frühzündung heruntergehen und dann weich beschleunigen kann. Der Kickstarter ist im rechten Winkel zur Fahrtrichtung zu bedienen. Ich persönlich ziehe es vor, den Motor vom Sattel aus anzuwerfen (...)."*

Auf den ersten Fahrzeugmessen im Frühjahr 1950, dem Genfer Salon im März und der ersten Frankfurter Motorradausstellung im gleichen Monat, war die R 51/2 dicht umlagert. Sie war die Sehnsuchtsmaschine der ausgehungerten und ausgepowerten Menschen, die raus wollten aus der Trübsal des Alltags und vom unbeschwerten Fahren über endlose Straßen im Boxersound träumten. Die R 51/2 blieb bis Anfang 1951 im BMW Programm. Heute gehört der erste Nachkriegs-Boxer zu den besonders seltenen Sammlermodellen und wird teuer gehandelt – vorausgesetzt, sie befindet sich in erstklassigem Zustand und verfügt über den Original-„Ketten"-Motor.

R 25: verbesserter Einzylinder 1950

Im Mai 1950 stellte BMW mit der R 25 ein verbessertes, nach wie vor 12 PS starkes Einzylindermodell vor. Augenfälligste Änderungen: Geradwegfederung, schmaler und geschwungener Vorderrad-Kotflügel, Zentralfeder für den Schwingsattel. Die Maschine sah insgesamt gefälliger aus und verkaufte sich bis 1951 in 23 400 Einheiten – zum Stückpreis von 1750 DM.

1950-1951:

R 51/2-Gespann

Nach dem Krieg, als Autos noch teure Mangelware waren, mußte ein Motorrad mit Seitenwagen allen möglichen Transportzwecken im privaten wie gewerblichen Bereich dienen. Geschenkt war ein Boxergespann keineswegs. Kostete schon die R 51/2 2750 DM, mußte der Kunde für den Schwingachs-Seitenwagen „Spezial" mit „bereiftem Lauf- und Reserverad", aufklappbarem Windschutz, Staubdecke, Gepäckträger samt Halterungen noch 750 DM drauflegen. Für 33 DM extra gab es einen „Soziusschwingsattel Marke Pegusa mit Gummidecke (Sportschwinger)". Auch Soziusfußrasten für 6,95 DM und Knieschutzbleche für 28,50 DM bot BMW an.

Beide Fotos zeigen das ab Werk gelieferte R 51/2-Gespann, das vor allem mit voller Ausstattung wie Reserverad und Wetterschutz eine beeindruckende Erscheinung war.

Im Neuzustand präsentiert sich 1993 diese R 51/3 vermutlich aus 1953, noch mit Halbnaben-Duplex-Trommelbremsen, aber bereits mit Faltenbälgen an der Telegabel. Ins Auge fallen vor allem der glattflächige Motor, die einteiligen und sechsfach verrippten Ventildeckel sowie die Schwalbenschwanz-Schalldämpfer.

Kapitel 6
1951-1954: R 51/3 bis R 67/3

Zeitlose Schönheit

Nach dem gelungenen Anlauf der Motorradproduktion mußte BMW schnell mit fortschrittlichen Lösungen nachlegen. Den Halbliter-Motor des Boxers grundlegend neu zu konstruieren und wieder eine 600er-Version zu entwickeln, war dabei der richtige Weg: Mit 24 824 Exemplaren, die zwischen Anfang 1951 und Ende 1954 gebaut und verkauft wurden, erwiesen sich die neuen Boxer R 51/3, R 67, R 67/2 und R 67/3 als großer Erfolg. Vor allem die 600er machten auch als Beiwagen-Zugmaschinen Karriere. Die Ästhetik der 24 bis 28 PS starken Modelle kann noch heute begeistern.

Das Luftfiltersystem der Modelle R 51/3, R 67/2 und R 67/3 wurde im Laufe der Jahre mehrmals geändert. Das Foto stammt von 1954. Der Motor-/Getriebeblock besticht durch sein klares Design, die hochwertige Verarbeitung und die Verchromung wichtiger Details.

1951-1954: 18 420 Einheiten

R 51/3 494 cm³

Neu konstruierter Boxermotor

Nach dem Krieg ist vor dem Krieg. Diese bittere Erfahrung mußte die Menschheit machen, als 1950, nur fünf Jahre nach dem Weltkriegs-Desaster, in Korea ein neuer Krieg ausbrach, der bis 1953 wohl über vier Millionen Menschen das Leben kostete (eine Million Südkoreaner militärisch und zivil, ca. 2,5 Millionen Nordkoreaner, ca. eine Million Chinesen, dazu 40 000 gefallene UN-Soldaten (meist US-Amerikaner). 450 000 Tonnen Bomben wurden vor allem von der US Air Force abgeworfen, darunter 33 000 Tonnen Sprengkörper mit Napalm. Aus dem Kalten Krieg war ein blutiger Stellvertreterkrieg geworden, bei dem sich Nordkorea und China auf der einen und Südkorea sowie Truppen der UN unter Führung der Amerikaner grausam bekämpften. Massaker auf beiden Seiten erhöhten die Bilanz des Schreckens.

Wie nahe die Welt einem erneuten Flächenbrand gekommen war (in Deutschland hatte man Angst vor einem „Dritten Weltkrieg"), zeigte der Plan des US-Oberbefehlshabers Douglas MacArthur, der die chinesischen Nachschubwege durch Atombomben zerstören wollte. US-Präsident Harry S. Truman aber, 1945 verantwortlich für die Atombombenabwürfe auf Hiroshima und Nagasaki, fürchtete nun um den Weltfrieden und ließ MacArthur durch Matthew B. Ridgway ablösen. Truman wollte keinen offenen (Atom-)Krieg der USA gegen China. Dies wäre seiner Ansicht nach der *„falsche Krieg am falschen Ort, zur falschen Zeit und mit dem falschen Gegner"* gewesen. Der Korea-Krieg wirkt bis heute nach. Das Land ist seit dem Waffenstillstandsabkommen vom 27. Juli 1953 zweigeteilt. Und Nordkoreas Diktator Kim Jong-un zündelt immer noch mit seinen unablässigen Raketentests.

Die nach dem Koreakrieg weiter zunehmenden Feindseligkeiten zwischen Ostblock und dem Westen legten sich wie eine dumpfe Glocke über die Nachkriegszeit in Europa. Mit trotzigem Mut und fortschreitender Neubewaffnung stemmten sich die Deutschen gegen die Bedrohung. Und sie verdrängten die dunkle Vergangenheit und die bedrohliche Gegenwart, indem sie sich mit voller Kraft in den Wiederaufbau stürzten – und auf den Konsum. Mobilität war gefragt wie nie zuvor – auf dem Weg zur Arbeit, auf der Baustelle oder in der wiedererstarkenden Industrie, zum Büro oder zu Schulen, Behörden und sozialen Einrichtungen.

Die Vorserienausführung des BMW 501, hier aufgenommen 1951 vor dem Nymphenburger Schloss, besaß noch nicht die verchromten Eintrittsgitter für die Innenraumbelüftung, sondern Blechschlitze ähnlich wie bei der Version 501 B von 1954.

BMW 501: erster Münchner Nachkriegswagen 1951

Es war mehr als gewagt, daß BMW nur drei Jahre nach Anlauf der Motorradproduktion den Automobilbau gleich mit einer Luxuslimousine wieder aufnahm. Das Design war bieder-barrock mit amerikanischem Einschlag, der Sechszylinder-Stoßstangenmotor stammte aus der Vorkriegszeit und war mit 65 PS viel zu schwach. Foto: Vorserienmodell 1951 ohne Alu-Lüftungsgitter.

Armut und Protz, Rollermobile und Luxuslimousinen

Ein Auto konnten sich nur jene leisten, die reich waren oder in den Chefetagen in verantwortlichen Position arbeiteten. Nicht selten war der VW Käfer, bis 1953 noch mit geteilter Heckscheibe, der von einem Chauffeur gelenkte Wagen eines Fabrikbesitzers. Einen Mercedes zu fahren oder chauffieren zu lassen, war fast eine Provokation – oder eine Prestigefrage für hochrangige Regierungsmitglieder. Kanzler Konrad Adenauer und Bundespräsident Theodor Heuss rollten im Mercedes 300 durch die Lande, wo sie nicht selten noch auf Pferdefuhrwerke trafen oder auf Behelfsautos wie den dreirädrigen Messerschmitt Kabinenroller („Schneewittchensarg"). Man sah dem ab 1953 produzierten Zweitakt-Vehikel (Sachs-Einzylinder, 10 PS) aus Regensburg an, daß sein Konstrukteur früher Jagd- und Bombenflugzeuge entworfen hatte. Jetzt war das Dreirad eine Notlösung für den abgewrackten Rüstungsbetrieb in Regensburg. Heinkel machte es mit einem verglasten Kabinenroller ähnlich, BMW folgte 1955 mit der Isetta.

Vorher aber hoben die Bayerischen Motoren Werke mit einem fast größenwahnsinnigen Kraftakt eine Luxuslimousine aus der Taufe, den 501, einen mächtigen Viertürer mit amerikanisch-barockem Design und solidem (von Alfred Böning konstruiertem) Kastenrahmen, zunächst aber nur vom leicht geänderten Zweiliter-Sechszylinder der Vorkriegszeit (Modell 326) angetrieben. Der (noch unfertige) Prototyp wurde 1951 vorgestellt, 1952 ging der 501 in Serie. Erst der 1954 neu konzipierte, aus Leichtmetall bestehende und innovative V8-Motor verschaffte dem Wagen als 502 2,6- und ab 1955 als 3,2-Liter-Modell das gewünschte Prestige und überragende Fahrleistungen.

NSU, DKW, Horex, Victoria und Zündapp fluten den Motorradmarkt

Die Motorradindustrie, die sich in Deutschland, Italien und England auf einem Höhenflug befand, lieferte eine Fülle von Neukonstruktionen, die natürlich in krassem Gegensatz zu den Automodellen standen, bei denen Größe, Gewicht und Leistung ständig zunahmen. Am unteren Ende der Skala standen Mopeds wie die NSU Quickly, die 1953 erschien und bis 1966 1,1millionenmal vom Band rollte. Victoria Avanti oder Kreidler Florett sind heute noch klingende Namen. Bei den Motorrädern verkauften sich die kleinen Hubräume hundertausendfach. DKW flutete ab 1949 zunächst mit den Typen RT 125, RT 175 und RT 200 den Markt, NSU war 1949 mit der Viertakt-Fox dabei und schob 1951 eine zweitaktende Fox nach, brachte im gleichen Jahr die Modelle Lux (Zweitakt) und Konsul (Viertakt) heraus, ließ 1952 die legendäre 250er Viertaktmaschine Max folgen, die sich zur Hauptkonkurrentin der Einzylinder-Typen der R 25-Serie von BMW entwickelte. Außerdem verkaufte NSU erfolgreich Motorroller, die auf der italie-

Oben: Erstversion der R 51/3 Anfang 1951, vermutlich Vorserie, mit teiloffenem, lackiertem Luftfiltergehäuse, Simplex-Trommelbremsen und Schutzrohren an der Gabel.

Links: Der Boxermotor von BMW R 51/3 und R 67 war grundlegend neu konstruiert worden und präsentierte sich vollkommen glattflächig; Aufnahmedatum: 1951.

Darunter: Hinterradantrieb mit Hardyscheibe, Welle und Gehäuse. Die Federung war ungedämpft, die Luftpumpe aber war serienmäßig.

Rechts: 1951 führte BMW mit der R 51/3 „Versuche zur Fahrerhaltung". Das Foto mit dem zeitgenössisch gekleideten Piloten zeigt, daß die 500er auch für sportliche Fahrweise gedacht war.

nischen Lambretta fußten und vor allem mit der seit 1950 in Deutschland nachgebauten Vespa konkurrierten. Luxuriös und teuer waren die ebenfalls ab 1950 hergestellten Regina-Modelle von Horex (340 bis 400 cm³) und die leichteren Typen von Tornax. Zündapp produzierte ab 1950 mit den Zweitaktern DB 201, DB 204 Norma oder 200 S vorwiegend für den Massenbedarf, setzte bis 1958 aber mit der exklusiven KS 601 seine Boxertradition fort.

In dieses Wespennest von Herstellern und Modellen, die sich im harten Wettbewerb gegenseitig bekämpften, stach BMW im Herbst 1951 mit einem gründlich renovierten Boxer-Modell, der R 51/3. Sie war praktisch die Hornisse in der Welt der brummenden Zweiräder, galt schnell (wieder wie vor dem Krieg) als

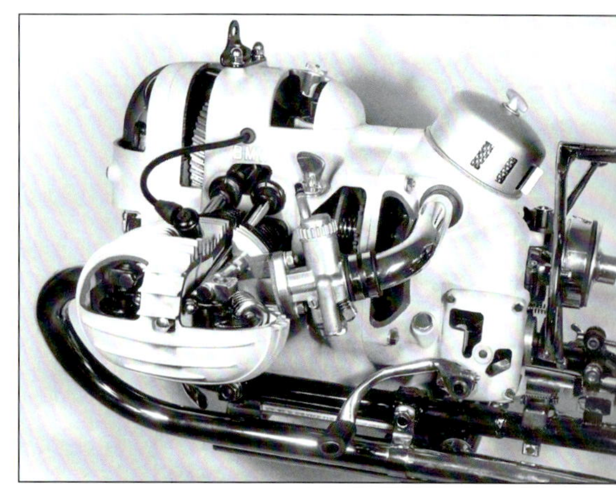

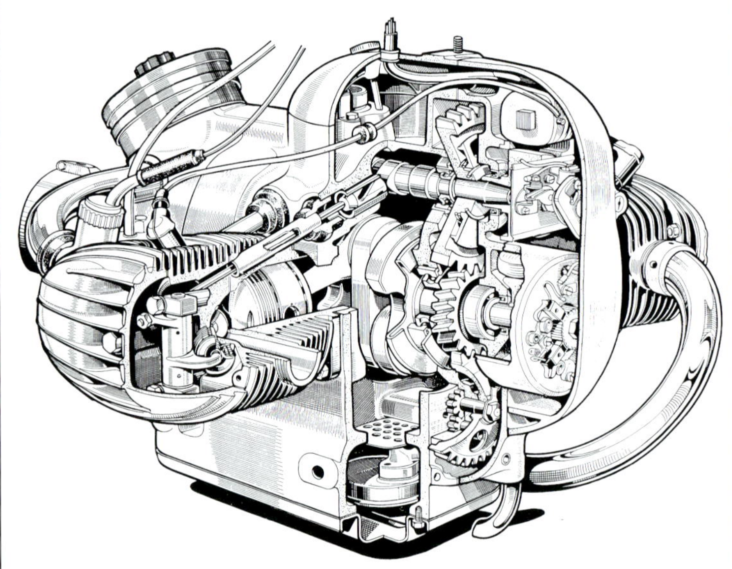

Oben: R 51/3 und R 67/2 von 1952 besaßen Duplex-Trommelbremsen und waren äußerlich nicht voneinander zu unterscheiden. Die Gabel besaß bis 1952 Schutzrohre.

Oben rechts: Das 1951 angefertigte Schnittmodell von von Motor und Getriebe zeigt den neu entwickelten, vereinfachten Ventiltrieb.

Zeichnung rechts: Schnittzeichnung des R 51/3-Vierganggetriebes mit Tachoantrieb und Zusatzschalthebel auf der rechten Seite.

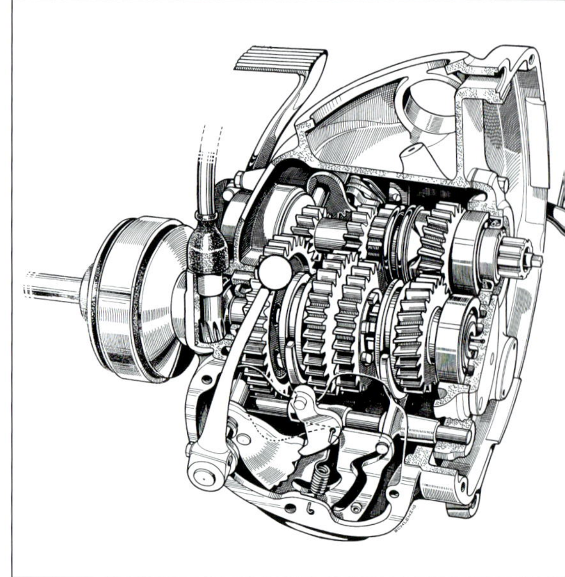

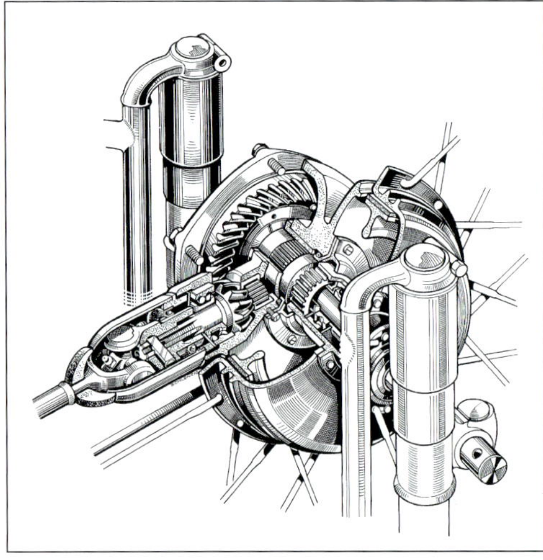

Oben: Schnittzeichnung des Boxermotors 1952 mit zentraler, stirnradgetriebener Nockenwelle, langen Stößelstangen und abgedeckter Noris-Lichtmaschine.

Links: Schnittzeichnung Hinterradantrieb der Modelle BMW R 51/3 bzw. R 67 von 1951; zu sehen sind Welle mit Kreuzgelenk, Kegel- und Tellerrad, Lager, Steckachse und Trommelbremse.

Maßstab in puncto Qualität, Wartungsfreundlichkeit, Prestige und Vielseitigkeit. Die Ein- und Zweizylinder der englischen Marken BSA, Norton oder Velocette zum Beispiel waren zu teuer und zu kapriziös, um die BMW bedrohen zu können.

Inzwischen arbeiteten wieder nahezu 9000 Menschen bei BMW in München, und durch den Verkauf von 17 000 Motorrädern allein 1950 hatte das Werk einen Überschuß von einer Million DM erwirtschaften können. Die Nachfolgerin der R 51/2 war vom unverzichtbaren Allroundkonstrukteur Alfred Böning und seinen Mitarbeitern, darunter der Motorenspezialist Eberhard Wolff, entwickelt worden. Bis Ende 1950 hatten Sepp Hopf und Max Klankermeier Versuchsfahrten durchführen können, die zur Zufriedenheit aller ausgefallen waren.

So konnte BMW die neue R 51/3 im Februar 1951 auf der Motorradausstellung in Amsterdam offiziell präsentieren. Gleichzeitig zeigte man auch wieder ein (vorwiegend für den Gespannbetrieb gedachtes) 600er Modell – die R 67. Sie war äußerlich nicht vom 500er Modell zu unterscheiden, besaß aber andere Zylinder mit längerem Hub und größerer Bohrung (weitere Details und Fotos weiter unten). Bei beiden Motoren handelte es sich um komplett neu konstru-

Steckbrief R 51/3 (alle Daten im Anhang)	
Bauzeit	1951-1954
Typ intern, Ventile	252/1, 2 ohv
Einheiten	18 420
Hubraum	494 cm^3
Leistung	12 PS bei 5800/min^{-1}
Vergaser	2 Bing 1/22/41 od. 1/22/61
Getriebe	4-Gang
Rahmen	Stahlrohr, geschweißt
Vorderradführung	Teleskopgabel
Hinterradführung	Geradweg oh. Dämpfung
Bremsen vorn/hinten	Trommel 200 mm
Reifen vorn/hinten	3,50 x 19 / 3,50 x 19
Leergewicht	190 kg
Höchstgeschwindigkeit	135 km/h
Preis	2750 DM

ierte Triebwerke. Wichtigste Innovation: Die je zwei in den Zylinderköpfen hängenden Ventile wurden jetzt nur noch von einer einzigen Nockenwelle – nebst entsprechend verlängerten Stößelstangen – betätigt. Die Nockenwelle lag zentral über der Kurbelwelle, Stirnzahnräder besorgten den Antrieb.

Stefan Knittel geht in seinem Standardwerk *„BMW Motorräder"* von 1984 näher auf die neue Technik ein: *„Man war bei diesem neuen Motor wieder*

Rechts: Die R 51/3 (hier Modell 1952) war ein Traum für junge Leute (die es sich leisten konnten) – und sie ist es heute noch für Boxer-Liebhaber. Das Foto entstand in Zürich, Schweiz.

Unten links: Bei R 51/3 und R 67 waren Armaturen, Scheinwerfer, Bordelektrik und 17-Liter Tank mit integriertem Werkzeugfach gleich. Neu war die grüne Leerlaufanzeige.

Rechts unten: „Jede Fahrt ein frohes Erlebnis". Die Werbung von 1951 versprach nicht zu viel, wenn es mit dem Boxer über kurvenreiche Straßen in die Berge ging.

zum Vorbild der R 67/R 66 zurückgekehrt und hatte damit den Kettenantrieb für Nockenwellen, Zündung und Lichtmaschine endgültig ad acta gelegt. Die Nachteile dieser Bauart hatten zuletzt überwogen: der geringe Umschlingungswinkel der Kette auf den einzelnen Antriebsrädern, ein gewisses Schwingen der Kette beim Lastwechsel (...) und natürlich der erhöhte Bauaufwand mit zwei Nockenwellen.“ Und weiter: *„Die nun wieder zentral sitzende einzelne Nockenwelle wurde über schrägverzahnte Räder von der Kurbelwelle aus angetrieben, wobei man aus Gründen der Laufruhe (...) auf der Kurbelwelle ein Stahl-Zahnrad und auf der Nockenwelle ein solches aus Aluminium wählte. (...) Mittels einer Verlängerung nach vorne trieb die Nockenwelle auch die neu konstruierte Magnetzündung an. (...) Die 6-Volt-Lichtmaschine saß nun auf dem vorderen Kurbelwellenstumpf, und die gesamte Elektrik war damit gut geschützt unter dem Stirndeckel verborgen.“*

Eine neu entwickelte Magnetzündanlage von Noris löste die Bosch-Batteriezündung ab und machte den Motor unabhängig von Lichtmaschine und Batterie. Sie sorgte mit ihrer automatischen Fliehkraft-Zündverstellung und der entsprechenden drehzahlabhängigen Verstellkurve für einen sanfteren Motorlauf. Und sie war robust. Dazu Hans-Joachim Mai 1971 in seinem Buch *„1000 Tricks für schnelle BMWs“*: *„Da konnte alles Mögliche verschmort sein ohne daß man tagsüber auf die Weiterfahrt hätte verzichten müssen.“*

Optisch bestachen die Motoren durch ihre glatten Flächen und die einteilig ausgeführten Ventildeckel mit den sechs markanten, auf Jahre hinaus stilprägenden Rippen. Dadurch, daß Zündmagnet und Lichtmaschine nun hinter den vorderen Motordeckel gewandert waren, wirkte der Motor kompakter als bei der R 51/2.

Der Boxer vom Typ 252/1 leistete bei einem Hubraum von 494 cm^3 mit quadratischer Auslegung von Bohrung und Hub (68/68 mm) sowie einem Verdichtungsverhältnis von 6,3 : 1 weiterhin 24 PS, dies aber bei leicht auf 5800 min/-1 erhöhter Drehzahl. Zwei Bing-Schrägstrom-Vergaser mit je 22 mm Durchlaß sorgten für die Aufbereitung des Gemischs, der Treibstoff kam aus dem langgezogenen 17-Liter-Tank.

Einige Kunden waren enttäuscht darüber, daß BMW dem Boxer gegenüber der Vorläuferin keine

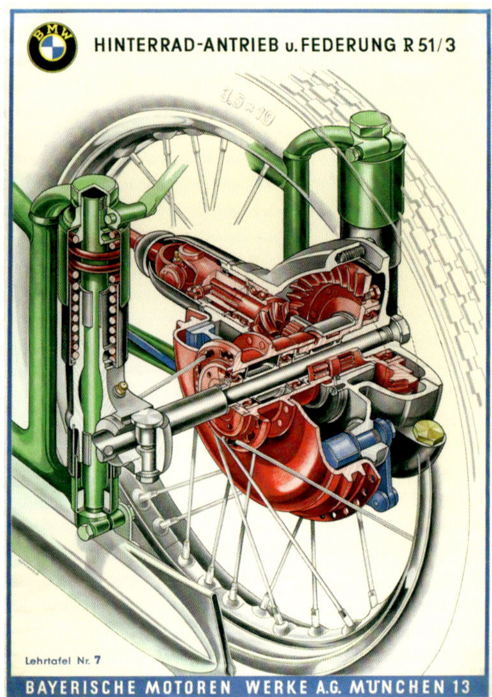

Links oben: Die „Lehrtafel Nr. 5“ von 1951 zeigt besonders klar den neu konstruierten Ventiltrieb der R 51/3 mit zentraler Nockenwelle und endlos langen Stößelstangen.

Rechts oben: „Lehrtafel Nr. 7“ von 1951 mit Hinterrad-Antrieb, Simplex-Trommel, Radführung und Federung.

Unten: werksrestaurierte R 51/3 von 1952 mit Faltenbalg-Gabel; Foto von 1973.

Rechte Seite oben: Missionar auf seiner R 51/3 aus der ersten Serie mit Dorfbewohnern 1951 in Portugiesisch-Ostafrika, dem heutigen Mosambik.

Rechte Seite unten: R 51/3 (oder R 67/2) der dritten Serie 1953/54 mit Faltenbälgen, Vollnaben-Trommelbremsen und zigarrenförmigen Schalldämpfern.

zusätzlichen PS entlockt hatte. Der Grund dafür war vermutlich, daß die Zeit, den Motor über das Erwähnte hinaus zu verbessern, einfach gefehlt hatte. Vorrangig war gewesen, schnellstmöglich den anfälligen Kettenantrieb der beiden Nockenwellen im Vorläufermodell R 51/2 durch eine zuverlässigere und langlebigere Lösung zu ersetzen.

Unverändert waren geschweißter Doppelschleifen-Rohrrahmen, Teleskopgabel vorne mit einfachen Schutzrohren und Geradwegfederung hinten. Die veralteten Halbnaben-Bremsen mit 200 mm Durchmesser hatte man zunächst übernommen, dies allerdings in verstärkter Ausführung. Die 190 kg schwere R 51/3 (320 kg als Gespann) rollte auf den bekannten Tiefbett-Stahlfelgen, die einheitlich in 3,5 x 19 bereift und untereinander austauschbar waren.

R 51/3: „Sehr schnelle Reisemaschine"

Bei der Fachpresse kam die Ablösung des „Kettenhundes" R 51/2 gut an. Hans Werner Bönsch lobte den Wechsel beim Ventiltrieb von Kette auf Stirnrad sibillynisch: *„Es ist ein alter Ingenieursgrundsatz, daß von zwei Konstruktionen diejenige überlegen ist, die die gleiche Leistung mit dem geringeren Aufwand erreicht..."* Die Fahrleistungen? *„Aufrecht sitzend im schweren Ledermantel knapp 120 km/h"*, lang liegend *„bei bockigem Wind"* 130 km/h, absoluter Spitzenwert 135 km/h. Fazit: *„Die R 51/3 ist kein Sportmodell, sondern eine schnelle, sehr schnelle Reisemaschine, (...) eine 100 000-km-Maschine für höchste Ansprüche."*

Vorsicht war allerdings in Kurven geboten – wegen der tiefliegenden Zylinder: *„Ich hatte ein etwas unbehagliches Gefühl, als ich nach einer sehr scharfen Vergleichsfahrt an der Ventilkappe des linken Zylinders und am Kippständerarm unverkennbare Schleifspuren feststellte..."* In kritischen Situationen hingegen erwies sich die Boxer-BMW als sehr gutmütig. Bönsch: *„Plötzlich beschlug mir auf der Autobahn in der Rauhen Alb die Brille; ich brauste mit guten 110 unvermutet in bös zerfahrenen Harschschnee hinein. Gewiß, ich hab' auch mit der R 51/3 heftig rudern müssen, aber wie sie sich nach 100 Metern wieder fangen ließ, das war schon beeindruckend..."* Zufrieden war er auch mit dem Verbrauch von 4,0 bis 4,5 l/100 km. Praktisch: die neue, grün leuchtende Leerlaufanzeige im Scheinwerfer. Geänderte Schalldämpfer (Schwalben- statt Fischschwanz) und kleinere Modifikationen an Tank, Rücklicht und Gepäckträger rundeten das (überschaubare) Modernisierungspaket ab.

1952 und 1954: gezielte Modellpflege

Modellpflege wurde groß geschrieben in den folgenden Jahren. In wichtigen Details überarbeitet starteten die beiden Boxer ins Modelljahr 1952, nun als R 51/3 Modell 1952, R 67/2. Das Vierganggetriebe bekam generell einen kürzer übersetzten ersten Gang, die 200-mm-Halbnabenbremsen wurden am Vorderrad durch gleich große, aber feiner dosierbare Duplex-Bremsen mit je zwei Bremsnocken ersetzt.

Teilweise schon 1952, generell ab 1954 zeigten die Motorräder – bei unveränderten Typbezeichnungen – eine optimierte Telegabel, bei denen man die Schutzrohre durch Gummimanschetten ersetzt hatte. Radial zur Kühlung verrippte Vollnaben-Trommelbremsen aus Aluminium-Legierung mit breiteren Belägen an beiden Rädern (aber weiterhin 200 mm Innendurchmesser) brachten

Rechts: BMW R 51/3 (oder R 67/2) mit Vollnabenbremsen 1954 bei einem Händler auf Formosa (Republik China auf Taiwan), umringt von Beobachtern. Das Bild entstammt dem „BMW Bilder Dienst", Folge 1/1955.

Unten: Das „frohe Erlebnis" beim Fahren mit dem Boxer wurde häufig in der Werbung versprochen. Das Motiv von 1951 zeigt eine am Straßenrand abgestellte BMW R 51/3 mit einer Gebirgslandschaft im Hintergrund.

Oben: Zwei BMW R 51/3 bzw. R 67/2 als Begleitfahrzeuge bei der Tour de France. Nach dem Krieg und bis in die heutige Zeit prägten auch die Boxer das Profil der Frankreich-Rundfahrt. Das Motiv stammt aus dem „BMW Bilder Dienst", Folge 8/1954.

Rechts: Auch als Polizeimaschinen wurden R 51/3 und R 67/2 bekannt, hier zu sehen bei der 9. Internationalen Polizei-Sternfahrt 1954. Foto: „BMW Bilder Dienst", Folge 7/1954.

bessere Verzögerungswerte und ließen die Maschinen ganz nebenbei wuchtiger und moderner erscheinen. Die bisher zweifarbig lackierten Stahlfelgen wichen polierten Leichtmetallfelgen. Neu waren 1954 auch die Schalldämpfer in Zigarrenform.

Die von sportlich eingestellten Fahrern gern gekaufte R 51/3 war trotz des ansehnlichen Grundpreises von 2750 DM ein großer Erfolg. Bis 1955 konnte BMW (international und verstärkt auch bei Behörden) 18 420 Exemplare absetzen. Oldtimer-Freunde schätzen die R 51/3 noch heute als Freizeit-Motorrad, weil sie unverwüstlich, komfortabel und im Rahmen ihrer Möglichkeiten voll alltagstauglich ist.

1951: **1470 Einheiten**

R 67 594 cm³

Ideal für den Gespannbetrieb

Äußerlich weitgehend mit der 500er identisch war die R 67, die wie die R 51/2 im Februar 1951 auf dem Amsterdamer Salon präsentiert wurde. Bei einem Hubraum von 594 cm^3 (Bohrung/Hub 72/73 mm) produzierte die schwere Tourenmaschine bei 5500/min^{-1} 26 PS. Mit ihrer gutmütigen Charakteristik und ihrem hervorragenden Drehmomentverlauf war die R 67 prädestiniert als Zugpferd und fand entsprechend häufig als Gespann-Maschine Verwendung. Die Kompression war auf niedrige 5,6 : 1 herabgesetzt worden, damit auch im schweren Gespannbetrieb keine Klingelerscheinungen auftreten konnten. Für die Gemischaufbereitung sorgten zwei Bing-Vergaser 1/24/15 bzw. 1/24/16.

Der Hilfsschalthebel am Block des im ersten Gang speziell übersetzten Vierganggetriebes konnte vom Beiwagen-Passagier betätigt werden, wenn es in schwierigen Situationen hakte. Der Hinterradantrieb war statt 1 : 3,56 mit 1 : 4,38 übersetzt, wenn die Maschine ab Werk mit Seitenwagen ausgeliefert wurde. Wie die R 51/3 rollte die R 67 auf Reifen der Größe 3,50 x 19, auch die Bremstrommeln waren mit 200 mm Durchmesser gleich groß.

Leer wog die R 67 192 kg, mit originalem BMW-Seitenwagen 320 kg. Die Tragfähigkeit der Solomaschine betrug 355 kg, die des kompletten Gespanns 600 kg. Ohne Beiwagen erreichte die R 67 eine Spitze von 140 km/h, mit Boot waren es maximal 110 km/h.

Oben: R 67-Gespann von 1951 mit Seitenwagen „Spezial", wie er ab Werk geliefert wurde. Der Luftfilter ist bereits ein Eberspächer-Fabrikat. Die Telegabel besitzt noch die einfachen Schutzrohre, die kurz darauf durch Faltenbälge abgelöst wurden.

Schon 1951 rüstete der ADAC seine Pannenhelfer mit R 67-Gespannen aus. Von da an gehörten die BMW-Gespanne der „Gelben Engel" zum vertrauten Bild auf deutschen Autobahnen und Landstraßen.

Auch der damalige *„Motorrad"*-Chefredakteur Carl Hertweck schwor auf die R 67 als Zugpferd: *„Eine 600er vollends solo zu fahren, wäre eine absolute Bier-Idee, es gibt einfach keine vernünftige Begründung dafür."* Die Fahreigenschaften des zwölf Zentner schweren R 67-Gespanns waren vergleichsweise unproblematisch: *„Beginnendes Pendeln läßt sich gut in den Armen abfangen, ganz speziell bei der R 67, die von allen mir bekannten Gespannen weitaus am wenigsten zum Pendeln neigt."* Was machte es da schon aus, daß *„man sich beim Herunterschalten jedes Mal das Schienbein am Ansaugkrümmer haut."* Aber: *„Auf Schmiere darf man keinesfalls mit eingeschlagenem Vorderrad voll beschleunigen, es schiebt sonst weg."* Toll: *„Die listenmäßig zugesagten 105 km/h Spitze sind ein Klacks, man ist in 30 Sekunden oben..."*

Steckbrief R 67 (alle Daten im Anhang)

Bauzeit	1951
Typ intern, Ventile	267/1, 2 ohv
Einheiten	1470
Hubraum	594 cm^3
Leistung	26 PS bei 5500/min^{-1}
Vergaser	2 Bing 1/24/15-1/24/16
Getriebe	4-Gang
Rahmen	Stahlrohr, geschweißt
Vorderradführung	Teleskopgabel
Hinterradführung	Geradweg oh. Dämpfung
Bremsen vorn/hinten	Trommel 200 mm
Reifen vorn/hinten	3,50 x 19 / 3,50 x 19
Leergewicht solo/Gespann	192/320 kg
Höchstgeschwindigkeit	140/115 km/h
Preis	2875 DM

Links: R 67 in der ersten Ausführung von 1951 mit Gabel-Schutzrohren und lackiertem Luftfiltergehäuse von Knecht, das noch 1951 durch einen Eberspächer-Filter ersetzt wurde. Optisch war die 600er nicht von der 500er zu unterscheiden.

1951-1954, 1951:

R 51/3-, R 67-Gespanne

Während die R 51/3 nur in seltenen Fällen mit einem Seitenwagen kombiniert wurde, war die bullige 600er des ebenfalls 1951 eingeführten Typs R 67 für Gespannfahrer die erste Wahl. Die Maschine war entweder ab Werk mit dem Beiwagen „Spezial" zu haben oder konnte dank der angeschweißten Kugelköpfe später mit Booten ausgerüstet werden, wie sie in unterschiedlicher Auslegung beispielsweise von Steib angeboten wurden. Für den Export in Länder, in denen links gefahren wurde, rüstete BMW Motorräder mit links angesetzten Kugelköpfen aus. Der zierliche Doppelschleifenrahmen geriet mitunter an seine Belastungsgrenze und wäre im Gespannbetrieb mit höheren Motorleistungen überfordert gewesen.

Die R 67 war in der Gespannversion auch wegen ihres niedrigen Benzinverbrauchs von durchschnittlich 4,5 bis 5,0 l/100 km beliebt. Daß der Boxermotor auch Öl konsumiertre, etwa 0,7 Liter auf 1000 Kilometer, war damals normal.

Auch im Motorsport zeigte BMW mit der neuzen 600er Flagge. So nahm Fritz Linhardt, Silbervasengewinner bei den Six Days 1939 auf R 51, im Juni 1951 mit einer sorgsam aufgebauten Solo-R 67 erfolgreich an der 3. Internationalen Alpenfahrt teil. Auch die Motorradartisten von Polizeieinheiten verschiedener Länder bedienten sich der R 67-Gespanne gerne, um damit bei großen Veranstaltungen zirkusreife Kunststücke vorzuführen; gezeigt wurden z.B. fliegende Radwechsel am hochgekippten Seitenwagen.

Die Fotos zeigen die mit den neu konstruierten 24- bzw. 26-PS-Motoren ausgerüsteten Gespanne des Jahrgangs 1951/52. Unten links: R 51/3 oder R 67 mit BMW-Seitenwagen „Spezial", wie es ihn ab Werk Ende 1951 gab. Oben rechts: R 51/3 oder R 67 mit Steib-Boot. Unten rechts: R 51/3 von 1952 mit Steib-Beiwagen S 350.

1952-1954: **4234 Einheiten**

R 67/2 594 cm³

Mehr Leistung, bessere Bremsen

Nachdem die R 67 auf dem Markt der sportlichen 600er mit und ohne Seitenwagen in nur einem Jahr fast 1500 Liebhaber gefunden hatte, reagierte BMW auf bestimmte Kritikpunkte, besserte schon im Dezember 1951 die Maschine nach und ließ sie im Januar 1952 als R 67/2 vom Stapel. In dieser Version wurde sie bis 1954 ausgeliefert und entwickelte sich – dank reichlicher Behördenaufträge – mit über 4200 verkauften Einheiten zum erfolgreichsten Modell der neuen 600er-Baureihe.

Wichtigste Maßnahme war eine Leistungserhöhung auf 28 PS bei leicht auf 5600/min⁻¹ erhöhter Drehzahl, erreicht u.a. durch Vergaser mit vergrössertem Querschnitt. Die Höchstgeschwindigkeit erhöhte sich laut Werk solo um 5 auf 145 km/h. Wie die R 51/3 bekam auch die R 67/2 für 1952 einen neuen Luftfilter von Eberspächer, weil sich das Gehäuse des anfangs verwendeten Filters von Knecht als nicht verschmutzungssicher erwiesen hatte.

Bei der R 67 hatten Fahrer immer wieder moniert, daß die Simplex-Vorderradbremse vor allem im Gespannbetrieb zu schwach war und erhebliche Handkraft erforderte. BMW trug der Kritik Rechnung und rüstete die R 67/2 im Vorderrad mit einer wirkungsvolleren Duplex-Trommelbremse aus. Für das Modelljahr 1954 wurden später (wie bei der R 67/3) auch Vollnabenbremsen aus Leichtmetall verbaut. Der Motor war nun deutlich höher verdichtet und leistete mit 28 nun 2 PS mehr als das Vorgängermodell. 1953 erhielt die Telegabel Gummi-Faltenbälge statt der bisher verwendeten Metallhülsen. 1954 wurden die Fischschwanz-Auspufftöpfe durch die gestrecktere Zigarrenform abgelöst.

Oben: R 67/2 in der zweiten Ausführung von 1953 mit Gummi-Faltenbälgen an der Gabel, neuem Luftfiltergehäuse von Eberspächer und wirksameren Duplex-Trommelbremsen, die aber immer noch Halbnabenbremsen waren. Die Fischwanz-Schalldämpfer wurden 1954 durch Dämpfer in Zigarrenform ersetzt.

Links: Schnittmodell von Motor, Getriebe und Antrieb der Modelle R 51/3 und R 67 bis R 67/3, angefertigt für die Präsentation 1951. Schnittmodelle dienten auch der Mechanikerausbildung. Für die R 67/2 erhöhte BMW die Leistung von 26 auf 28 PS, was vor allem im Gespannbetrieb von Vorteil war.

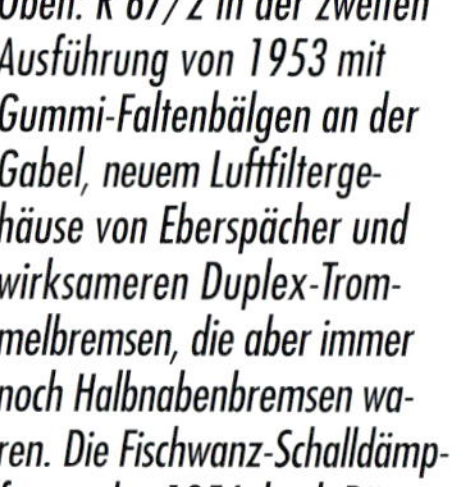

Steckbrief R 67/2 (alle Daten im Anhang)

Bauzeit	1951-1954
Typ intern, Ventile	267/2, 2 ohv
Einheiten	4234
Hubraum	594 cm³
Leistung	28 PS bei 5600/min⁻¹
Vergaser	2 Bing 1/24/25-1/24/26
Getriebe	4-Gang
Rahmen	Stahlrohr, geschweißt
Vorderradführung	Teleskopgabel
Hinterradführung	Geradweg oh. Dämpfung
Bremsen vorn/hinten	Trommel 200 mm
Reifen vorn/hinten	3,50 x 19 / 3,50 x 19
Leergewicht solo/Gespann	192/320 kg
Höchstgeschwindigkeit	145/120 km/h
Preis	2875 DM

1951: verbesserter Einzylinder R 25/2

Die von Oktober 1951 bis 1953 produzierte R 25/2 toppte die Einzylinderverkaufszahlen auf fast das Doppelte: Allein von diesem Modell setzte BMW 38 651 Exemplare ab. Die robuste und bis 105 km/h schnelle Maschine war nur in Details wie liegender Sattel-Zugfeder und Schwalbenschwanz-Schalldämpfer modifiziert worden. Die Behördenausführung (Bild) war einfarbig lackiert.

1951-1954:
R 67/2-Gespanne

Die R 67/2 fand eine noch größere Verbreitung als Gespann-Zugmaschine als die Erstversion. Die auf 28 PS erhöhte Leistung ging mit einem bulligen Drehmoment einher, das eine zufriedenstellende Beschleunigung auch bei beladenem Seitenwagen ermöglichte.

Sowohl in der Solo-, als auch in der Gespannversion fuhr die R 67/2 erfolgreich im Geländesport. Die Fotos auf der folgenden Seite zeigen die beiden Varianten, die von der BMW-Rennabteilung offiziell bei Offroad-Wettbewerben wie der „Fahrt durch Bayerns Berge" oder bei den prestigeträchtigen Six Days eingesetzt wurden. Dafür hatte man die Maschinen mit hochgelegten Zwei-in-eins-Auspuffanlagen, Geländereifen und Ölwannenschutzplatten ausgerüstet. Schmalere Vorderrad-Kotflügel verhinderten, daß sich der Schlamm allzusehr festsetzen konnte. Auch bestimmte Behördern-Ausführungen des R 67/2-Gespanns (Foto unten) kamen im Geländelook daher.

Rechts: Polizisten mit R 67/2-Gespannen 1954 in Stuttgart. Für den Schäferhund scheint das Beifahren die normalste Sache der Welt zu sein; es sieht so aus, als würde er den Tachometer beobachten.

Unten: R 67/2-Gespann von 1953 in Behördenausführung mit hochgelegter und mittig angeordneter Doppel-Auspuffanlage, Faltenbälgen an der Telegabel, Funkanlage, Suchscheinwerfer, Ölwannenschutz, großer Batterie.

Links: R 67/2-Gespann auf einem steilem Bergaufstück bei der Dreitagefahrt 1955.

Rechts oben: das Duo Klankermeier/Prütting mit dem R 67/2-Geländesport-Gespann bei der „Fahrt durch Bayerns Berge“ 1954 mit Zwangswasserkühlung der Zylinder im Flußbett der Isar.

Foto unten: Zwei für die Six Days 1953 präparierte R 67/2, einmal als Solomaschine und einmal als Gespann. Die Maschinen besaßen u.a. hochgelegte Auspuffanlagen, Geländereifen und Ölwannenschutz.

1955-1956: 700 Einheiten

R 67/3 594 cm³

Meist für ADAC und Polizei

Das Jahr 1955 stand für BMW Motorrad ganz im Zeichen der hinsichtlich Design und Chassis komplett neu entwickelten Boxer-Generation mit Vollschwingenfahrwerk – wir berichten später ausführlich über die neuen Modelle. Präsentiert wurden zunächst das 500er Tourenmodell R 50 und das 600er Sportmodel R 69. Für Kunden, die an Gespannen interessiert waren, ließ BMW allerdings noch die Baureihe R 67 im Programm und stellte eine überarbeitete Version vor – die R 67/3.

Gegenüber der zuvor bereits auf LM-Vollnabenbremsen umgestellten und auf 28 PS getrimmten R 67/2 gab es kaum Änderungen, allerdings wurde die R 67/3 ab Werk in der Regel nur noch als Gespann angeboten. Ins Auge fielen vor allem die zigarrenförmigen Schalldämpfer und die Stahlfelgen, die nicht mehr zweifarbig lackiert, sindern verchromt waren. Besonders Behörden wie die Polizei und Verbände, allen voran der ADAC, hielten der R 67-Baureihe auch im letzten Produktionsjahr noch die Treue. Mit dem Auslaufen der R 67/3 nach nur noch 700 gebauten Exemplaren 1956 verabschiedete sich BMW vom geradweggefederten Design, das seit 1938 das Erscheinen der BMW-Motorräder geprägt hatte.

Rechts oben: Mit dem Werbemotiv „BMW Motorräder in aller Welt" unterstrich BMW schon in den frühen 1950ern seine Ambitionen, Motorräder weltweit zu verkaufen, was dann auch hervorragend funktionierte. Die Maschine steht stellvertretend für die Typen R 51/3 und R 67/3 (Vollnaben-Trommelbremsen).

Unten: Während die R 51/3 ab 1953 die neuen Vollnabentrommelbremsen aus Leichtmetall besaß, verfügte die R 67/3 ab 1955 über verchromte Stahlfelgen. Die Gabel-Faltenbälge waren schon früher eingeführt worden. Auch wenn das Foto eine Solomaschine zeigt, wurde die R 67/3 ab Werk meist nur noch in Verbindung mit einem Seitenwagen angeboten.

1955-1956:

R 67/3-Gespanne

Die R 67/3 war ein exklusives Fahrzeug und wurde fast zu hundert Prozent als Gespann ausgeliefert. Sie war vor allem für den Einsatz bei Polizei und anderen Behörden zugeschnitten, fand aber auch in großem Stil als Straßenwacht-Fahrzeug beim ADAC Verwendung. Die Dreiräder der „Gelben Engel" verfügten über einen stabilen Wind- und Wetterschutz, der großvolumige Seitenwagen war eine Spezialkonstruktion mit viel Platz für Werkzeug und Unfallabsicherung. Auch die Deutsche Bundespost griff zwischen 1955 und 1957 auf R 67/3-Gespanne zurück. Die Motorräder verfügten über Hand- und Beinschutz, der Paket-Seitenwagen war ein weiterentwickeltes Modell, wie es Royal bereits vor dem Krieg gefertigt hatte.

Auch die Globetrotter der 1950er Jahre sahen im R 67/3-Gespann das ideale Fahrzeug für die Bewältigung langer Strecken und kamen damit selbst auf rauhen Pisten gut zurecht. Manche Besatzungen wagten sich mit dem BMW-Dreirad in die Anden oder besuchten Länder in Afrika oder dem Nahen Osten, die heute teilweise wegen der unklaren Sicherheitslage nicht mehr so ohne weiteres zum Reisen einladen. Im Geländesport spielte die R 67/3 neben den stärkeren R 68-Gespannen noch eine Zeitlang eine Rolle.

Oben: Nach einer Expeditionsreise über 30 000 km durch die halbe Welt bis nach Saudi Arabien trafen die Gebrüder Abmeier mit ihrem unverwüstlichen R 67/3-Gespann im Frühjahr 1956 wieder in München ein.

Steckbrief R 67/3 (alle Daten im Anhang)

Bauzeit	1955-1956
Typ intern, Ventile	267/2, 2 ohv
Einheiten	700
Hubraum	594 cm^3
Leistung	28 PS bei 5600/min^{-1}
Vergaser	2 Bing 1/24/25-1/24/26
Getriebe	4-Gang
Rahmen	Stahlrohr, geschweißt
Vorderradführung	Teleskopgabel
Hinterradführung	Geradweg oh. Dämpfung
Bremsen vorn/hinten	Vollnabe Trommel 200 mm
Reifen vo./hi./m. Beiwagen	3,50x19/3,50x19/4,00x18
Leergewicht solo/Gespann	192/320 kg
Höchstgeschwindigkeit	145/120 km/h
Preis	3235 DM

Rechts: Die ADAC-Straßenwacht setzte voll und ganz auf die schweren Boxer-Gespanne von BMW und kaufte die Dreiräder in großen Stückzahlen. Hier sind R 67/2- und R 67/3-Gespanne für den Fotografen ordentlich aufgereiht. In den Beiwagen waren Werkzeug und Absicherungsmaterial untergebracht. Die Pannenhilfsfahrzeuge der „Gelben Engel" trugen erheblich zum exzellenten Image des Boxers bei.

Unten links: R 67/3-Gespann von 1955. Die R 67/3, die nur noch als Gespann ab Werk angeboten wurde, hatte mit 4,00 x 18 einen breiteren Hinterreifen als die R 67/2.

R 25/3: letzte Einzylinder-BMW mit Normal-Telegabel

Mit der von 1953 bis 1956 produzierten R 25/3 erreichte die erste Einzylinder-Nachkriegsserie mit konventioneller Telegabel ihren Höhepunkt; diese war nun allerdings hydraulisch gedämpft. Auch ansonsten hatte man das Modell technisch wesentlich verbessert. So leistete der 247-cm^3-Motor dank höherer Kompression und neuer 24er-Vergaser nun 13 PS, was eine Spitze von 120 km/h ermöglichte. Zu den Neuerungen gehörten ferner der neu gestaltete 12-Liter-Tank sowie die Vollnabenbremsen und die Felgen aus Leichtmetall. Mit 47 700 Exemplaren war die R 25/3 bis in die 1990er Jahre hinein das erfolgreichste Motorradmodell der BMW Geschichte.

Oben: R 67/3-Gespann der Deutschen Bundespost mit Hand- und Beinschutz, wie es von 1955 bis 1957 eingesetzt wurde. Der Paket-Seitenwagen ist ein weiterentwickeltes Vorkriegsmodell von Royal.

Walter Zeller pilotiert hier am 26. August 1951 die kompressorlose Werksmaschine des Typs 255 mit der Startnummer 21 auf der Stuttgarter Solitude. Er und Schorsch Meier hatten aber gegenüber den Norton-Werksfahrern das Nachsehen und belegten nur die Ränge Fünf und Sechs. Zeller wurde auf der 21 Dritter in der 1950er Meisterschaft.

Kapitel 7
1950-1951: die Karten neu gemischt

Ende der Kompressor-Ära

Während 1950 im Rennsport noch Motoren mit Kompressor eingesetzt werden durften, war 1951 Schluß damit. Immerhin durfte Deutschland jetzt wieder an internationalen Wettbewerben teilnehmen. In der gesamtdeutschen Meisterschaft 1950 trumpfte Schorsch Meier mit der „alten" Kompressor-BMW vom Typ 255 noch einmal auf und gewann das Championat. 1951 läutete der Newcomer Walter Zeller auf einer 255er Saugmotorversion eine neue Ära ein und wurde Meister. BMW hatte nebenbei für die 1951er Saison den Renn-Boxer Typ 253 mit kompakterem Saugmotor und leichterem Fahrwerk entwickelt.

1950 waren deutsche Rennen, Fahrer und Motorräder wieder international zugelassen, aber ab 1951 waren aufgeladene Motoren verboten. Der Königswellen-Saugmotor des Typs 255 mit zwei Vergasern kam zunächst auf 48 PS bei 7800/min^{-1}. Den Kompressor hatte man für 1951 demontieren müssen, stattdessen verschloß ein rundum verschraubter Deckel vorne das Motorgehäuse.

1950-1951

Weiter am Ball

1950 dominierten die Boxer mit, 1951 auch ohne Kompressor.

Die Teilung Deutschlands in die westlich orientierte Bundesrepublik im September 1949 und in die einen Monat später gegründete DDR hatte auch fundamentale Auswirkungen auf den nationalen Rennsport. So wurden die Läufe zur deutschen Motorrad-Straßenmeisterschaft sowohl in den Solo- als auch in den Gespannklassen von 1947 bis 1949 und dann sogar noch 1950 (nach der Teilung) gesamtdeutsch ausgetragen. Der letzte gesamtdeutsche Meisterschaftslauf 1950 fand auf dem Sachsenring bei Hohenstein-Ernsthal statt und wurde (wie bereits zuvor erwähnt) von etwa 400 000 Zuschauern besucht. Daß es so nicht weitergehen würde, zeichnete sich bereits 1950 ab, als die DDR parallel zu den gesamtdeutschen Rennen eine eigene Meisterschaft austrug. 1951 war mit der Eintracht dann komplett Schluß: Das Programm spaltete sich in west- und in ostdeutsche Veranstaltungen auf.

1950: Meier auf BMW 500 wieder Meister
In der Bundesrepublik Deutschland fanden die Rennen nach dem Krieg in Hockenheim und Karlsruhe, auf dem Norisring in Nürnberg (an der Tribüne des ehemaligen Reichsparteitagsgeländes vorbei), bis 1952 auf dem Stadtkurs von Neuwied und dem Grenzlandring, rund um Schotten, auf der Stuttgarter Solitude, der Berliner Avus, beim Feldbergrennen bei Freiburg, auf der Nürburgring-Südschleife (Eifelrennen) oder im Park von Hannover-Eilenriede statt. Gefahren wurde in den Soloklassen 125, 250, 350 und 500 cm^3. 1950 holten Motorräder von DKW, Parilla, NSU – und bei den 500ern – BMW mit Meier – den Meistertitel. 1951 hatten am Ende Mondial, Moto Guzzi, Parilla und wieder BMW die Nase vorn.

Oben: Am 10. September 1950 traten Kraus, Meier und Klankermeier in Nürnberg zum letzten Mal auf BMW-Kompressor-Boxern an. Im Bild Kraus mit der Nr. 3.

Links: Zylinderkopf des Kompressor-Motors Typ 255 mit Haarnadelfedern; oben das Kegelrad der Königswelle.

Rechts: Die Sandbahnrennen der Nachkriegszeit waren extrem spektakulär. Das Foto zeigt Ernst Kussin mit Beifahrer Hallein am 20. März 1950 beim Sandbahnrennen in Baden, bei dem das Team in drei Läufen siegte. Das Schwenkergespann (mit Lenkrad!) ist eine Vorkriegs-R 5 mit getuntem R 75-Motor.

Oben: 1951 behielten die rassigen BMW-Werksrennmaschinen ihr gewohntes Erscheinungsbild, sah man vom fehlenden Kopmpressor ab. Man hatte die Kompressoren einfach von den noch verhandenen Motoren abgeschraubt und die Öffnungen mit Deckeln abgedichtet. So konnten die Rennmotorräder des Typs 255 1951 wieder an den Start gehen. Die 1951er Rennmaschine mit Saugmotor und zwei Vergasern unterschied sich durch ihren klaren technischen Aufbau stark von den Einzylindern der Konkurrenz. Walter Zeller rückte nun an die Seite von Schorsch Meier als zweiter Werksfahrer, da sich Ludwig Kraus auf die Seitenwagen-Kategorie konzentrieren wollte. Unten: Ludwig Kraus fuhr mit Bernhard Huser 1951 den „amputierten" 500-cm³-Motor im Gespann und wurde Deutscher Meister.

Die Gespanne fuhren bis 1950 in den Klassen 600 und 1200 cm^3, in denen Hermann Böhm/Karl Fuchs auf NSU und Wiggerl Kraus/Bernhard Huser siegten. 1951 wurden die Klassen auf 500 und 750 cm^3 herabgestuft, was BMW sehr gelegen kam: Ludwig „Wiggerl" Kraus/Bernhard Huser holten bei den 500ern und Sepp Müller/Hermann Huber bei den 750ern die meisten Punkte – beide mit Gespannen von BMW.

BMW anfangs auch in der DDR erfolgreich

Hier lohnt sich auch ein Blick auf die DDR-Meisterschaft ab 1950, bei der anfangs BMW-Motorräder eine nicht zu unterschätzende Rolle spielten. Ausgetragen wurden die Läufe auf dem Sachsenring, dem Schleizer Dreieck (Schleizer Dreieckrennen), beim Frohburger Dreieckrennen, beim Leipziger Stadtparkrennen, auf der Halle-Saale-Schleife, der Autobahnspinne Dresden, der Bernauer Schleife oder der Rennstrecke Dessau. Während in den Anfangsjahren viele Fahrer auf erhaltene oder wieder aufgebaute Vorkriegsmotorräder zurückgreifen mußten, kamen ab 1950 – mit dem Wachsen der östlichen Motorradindustrie – immer häufiger Maschinen von IFA, MZ,

AWO und später Simson zum Einsatz. Ab Mitte der 1950er Jahre traten vermehrt Werksmannschaften dieser Hersteller an, und dies auch international sehr erfolgreich in der Motorrad-Weltmeisterschaft. Unvergessen sind MZ-Werksfahrer wie Degner, Musiol, Fügner, Bischoff, Bartusch oder Rosner, die auf ihren Zweitaktern bis Anfang der 1970er-Jahre die Klassen bis 250 cm³ dominierten.

Harter Kampf mit NSU und Norton

Zurück zu BMW. 1950 war das letzte Jahr, in dem die Boxer von BMW mit Kompressor-Motoren an Rennen teilnehmen durften. Den Saisonauftakt bildete das Eilenriede-Rennen am 30. April, das mit jeder Runde an Dramatik gewann. Der Kampf um die Spitze wurde unter den beiden Kompressor-BMW vom Typ 255 mit Schorsch Meier (Startnummer 1) und Ludwig Kraus (Nummer 3) sowie der ebenfalls kompressoraufgeladenen NSU von Heiner Fleischmann (Nummer 11) ausgetragen. Nach mehrmaligem Führungswechsel setzte sich Fleischmann gegen Meier durch und ging zuletzt als Sieger durchs Ziel – die Sensation war perfekt. Das nächste Rennen am 14. Mai auf dem Hockenheimring brachte dann aber nicht eine Neuauflage des Duells. Thomas Reinwald formuliert es in seinem Werk *„Rennen, Ruhm, Rekorde"* so: *„Alle Erwartungen wurden schnell zunichte gemacht. Beide Fahrer (Meier, Fleischmann, Anm. d. Red.) legten ihre Maschinen auf den Asphalt. Dadurch reichte es endlich einmal zum Sieg für Ludwig ‚Wiggerl' Kraus."*

Bei den nächsten nationalen Rennen hatte Meier wieder die Nase vorn, siegte in Schotten, auf dem Schleizer Dreieck und in Hamburg. Die Rennen in Nürnberg und auf dem Grenzlandring am 10. und 17. September gewann zwar Fleischmann, doch am Ende war mit Meier der alte auch der neue Meister. Bei der Gespann-Meisterschaft mußten sich BMW-Werksfahrer Klankermeier/Wolz dem Team Böhm/Fuchs auf der Kompressor-NSU geschlagen geben.

Oben: Schorsch Meier und Walter Zeller mit den beiden Werksmaschinen des Typs 255 ohne Kompressor am 26. August 1951 auf der Solitude, wo sie aber den Norton-Werksfahrern unterlagen.

Links: der Saugmotor Typ 255 mit zwei Vergasern und 48 PS. Walter Zeller hatte die erste Versuchsmaschine ohne Lader bereits ab Mitte 1950 erfolgreich einsetzen können.
Rechts: Der Deutsche Meister 1951 Walter Zeller fährt mit Schorsch Meier als Sozius in Nürnberg die Ehrenrunde.

Nürnberg war übrigens auch der Ort, an dem die Kompressor-BMW zum letzten Mal an den Start ging. Damit endete eine Ära, die 1935 begonnen hatte.

1951: Deutschland wieder international

Deutsche Fahrer und Motorräder waren ab 1951 international wieder zugelassen, doch verbot das neue Reglement die Aufladung der Motoren mit Kompressoren. So hatte die BMW-Rennabteilung während des Winters 1950/51 alle Hände voll zu tun, um die BMW 255 von Kompressor auf Saugtechnik umzubauen und den Motor so abzustimmen, daß er konkurrenzfähig blieb. Welches Potential im Rennboxer mit Vergasermotor steckte, hatte während der Saison 1950 bereits der Newcomer Walter Zeller, 1927 im oberbayerischenn Ebersberg geboren, bewiesen: Er hatte ab der zweiten Saisonhälfte mit der Startnummer 21 eine Werks-Versuchsmaschine Typ 255 ohne Lader pilotiert und war damit auf den dritten Platz des Championats gefahren.

Die BMW-Techniker schraubten also den Kompressor vom Boxer-Typ 255 ab und verschlossen die Öffnung im Gehäuse mit einem rundum verschraubten

Der Motor des Typs 253 war kompakter, die vorderen Rahmen-Unterzüge waren schräger, der Radstand war kürzer. Die Achsklemmfäuste lagen vor den Gabelrohren. Der Tank saß merklich tiefer.

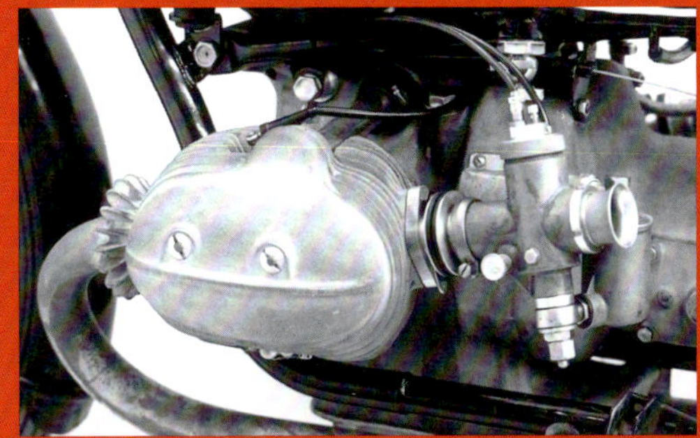

Links: Den neuen Motor mit der Typenbezeichnung 253 hatte Leonhard Ischinger entworfen. Die beiden Verschraubungen des Ventildeckels führten später zum Begriff „Zweibolzer".

Rechts: Unter dem vorderen Deckel trieb eine Kaskade von fünf Zahnrädern Ölpumpe, Zwischenwelle zu den Königswellen und Magnetzünder an. Die Motoraufhängung war deutlich steifer, die Ölwanne schmaler geworden; auch die Dohc-Zylinderköpfe waren nun merklich kleiner.

Deckel. Die Ladertechnik wurde durch zwei großvolumige Schrägstromvergaser ersetzt. Durch die Amputation büßte der Dohc-Königswellen-Motor rund 25 PS ein, es blieben aber dank Feinabstimmung noch 48 PS übrig, die bei 7800/min^{-1} zur Verfügung standen und die Rennmaschine nahe an die 200-

Deutsche Straßenmeisterschaft

Jahr	Klasse	Gewinner	Marke
Solo-Motorräder Bundesrep. Deutschland			
1950	500 cm^3	Georg Meier	BMW
1951	500 cm^3	Walter Zeller	BMW
Gespanne Bundesrepublik Deutschland			
1950	600 cm^3	Hermann Böhm, Karl Fuchs	NSU
	1200 cm^3	Wiggerl Kraus, Bernhard Huser	BMW
1951	500 cm^3	Wiggerl Kraus, Bernhard Huser	BMW
	750 cm^3	Sepp Müller, Hermann Huber	BMW
Solo-Motorräder DDR			
1950	500 cm^3	Erich Wünsche	Norton
1951	500 cm^3	Gerhard Mette	BMW
Gespanne DDR			
1950	---	---	---
1951	500 cm^3	Heinz Krause, Fritz Trinkhaus	BMW
	750 cm^3	Heinz Laue/Haase	BMW

Oben: Schorsch Meier beim Eifelrennen auf dem Nürburgring, das er mit dem Typ 253 gewinnen konnte. 1950 war er nach dem Krieg zum vierten Mal hintereinander Deutscher Meister geworden.

Links: Ludwig Kraus startete am 9. September 1951 auf dem Grenzlandring mit der noch als Versuchsmaschine deklarierten 253, wurde Vierter. In der Gespannklasse bis 500 cm³ holte Kraus 1951 zusammen mit Bernhard Huser den Titel „Deutscher Meister".

km/h-Grenze brachten. Ansonsten blieb die 1951er Standard-Rennmaschine mit Saugmotor auf Basis des bewährten Typs 255 weitgehend unverändert und behielt ihr gewohntes Erscheinungsbild.

Typ 253: neu konstruierter Boxer mit kompaktem Saugmotor

Doch die Rennabteilung beließ es nicht beim Amputieren. Leonard Ischinger und Ferdinand Jardin konstruierten einen komplett neuen Motor, der die Typkennung 253 bekam und zunächst im Versuch, dann parallel zu den amputierten 255er Boxern eingesetzt wurde. Das Dohc-Königswellen-Triebwerk mit Vergasertechnik war wesentlich kompakter und erlaubte so einen Rahmen mit schräger geführten vorderen Unterzügen, verkürztem Radstand und leichterem Heck. Der Tank wanderte weiter nach unten und senkte damit den Schwerpunkt der Maschine. Auffälligstes Unterscheidungsmerkmal waren die kleineren Zylinderköpfe mit zierlichen Zylinderkopfkappen, die mit jeweils zwei Schrauben befestigt waren (Spitzname „Zweibolzer"). Unter dem vorderen Motordeckel trieb eine Zahnradkaskade Ölpumpe, Magnetzünder und Zwischenwelle zu den Königswellen an. Die Motoraufhängung war deutlich steifer, die Ölwanne schmaler.

Beide Rennversionen wurden in der Saison 1951 eingesetzt. Schorsch Meier startete bereits beim Eilenriede-Rennen am 29. April auf der neuen Werksmaschine, siegte mit dieser beim Eifelrennen auf dem Nürburgring, wechselte später aber auf die vertraute 255er Saugversion. Ludwig Kraus fuhr am 9. September auf dem Grenzlandring mit der 253er Versuchsmaschine und wurde Vierter.

Walter Zeller blieb seinem gewohnten Motorrad des Typs 255 treu und bekam einen Vertrag als zweiter Werksfahrer, ersetzte damit Ludwig Kraus, der sich stärker auf die Gespannklasse konzentrierte. Zeller enttäuschte die Erwartungen nicht und setzte sich nicht nur gegen den amtierenden Meister Schorsch Meier, sondern auch gegen dessen Bruder Hans durch, der die dritte Werks-BMW, eine 253er, fuhr. Zeller besiegte die Meiers auf seiner 21 zum ersten Mal in Hannover, dann auch am Feldberg, in Hockenheim, in Nürnberg und auf dem Grenzlandring. Am 26. August auf der Solitude dagegen hatten die Boxer gegen die starken Einzylinder der erstmals antretenden Norton-Werksmannschaft keine Chance. Auf dem Flugplatz München-Riem berührten sich Georg Meier auf dem Boxer 253 und Zeller auf dem 255er Modell und stürzten. Hans Meier profitierte von dem Doppelausrutscher und siegte auf Boxer 253.

Links unten: Mit R 67-Geländegespannen gingen die BMW-Werksfahrer Ludwig Kraus/Bernhard Huser und Max Klankermeier/Hermann Wolz 1951 bei den Six Days in Varese an den Start.

NSU hatte sich mit einer komplett neu konstruierten, aber unausgereiften Vierzylinder-Maschine selbst ein Bein gestellt und kam damit 1951 nur mühsam in die Gänge. Das Debüt von Horex verlief völlig im Sande. In der Eifel siegte Schorsch Meier vor Zeller, und beim Rennen rund um Schotten kamen Meier und Zeller wieder hintereinander ins Ziel. Zu guter Letzt lag Zeller nach Punkten vorn und löste Meier als Deutscher Meister ab. Reinwald: *„Der junge Walter Zeller erreichte mit seinen Siegen (...) weit mehr, als alle Fachleute in den kühnsten Träumen von ihm erwartet hatten."* Der erst 24jährige stand auch für einen Generationswechsel in der deutschen Rennsportszene.

Bei den Gespannrennen holten Kraus/Huser 1951 das Letzte aus der „amputierten" BMW heraus, setzten sich gegen die starken Norton-Dreiräder durch und konnten sich am Ende als Deutsche Meister feiern lassen.

Goldmedaillen ab 1951 bei den Six Days

Zwischen den Straßenrennen trainierte Schorsch Meier auf einer R 51/3 in Geländeausführung für die internationale Sechstagefahrt im italienischen Varese. 1951 waren die Deutschen erstmals wieder bei den Six Days zugelassen. Sowohl hier als auch 1952 im österreichischen Bad Aussee traten BMW-Werksfahrer mit Boxermodellen an: Schorsch Meier und sein Bruder Hans, Walter Zeller, Hans Roth sowie die Seitenwagen-Teams Wiggerl Kraus/Bernhard Huser und Max Klankermeier/Hermann Wolz. An die früheren Gesamtsiege konnten die BMW-Fahrer bis 1954 zwar nicht mehr anknüpfen, aber für Goldmedaillen in den Einzelwertungen reichte es stets.

Die Six Days-Solo-Boxermodelle unterschieden sich deutlich von den Serienmodellen: von 19 auf 21 Zoll Durchmesser vergrößerte Vorderräder, hochgelegte Auspuffanlagen mit einem einzelnen Schalldämpfer auf der rechten Seite, Gummifaltenbälge an der Telegabel, ein als Werkzeugtasche dienendes Sitzkissen auf dem Hinterradschutzblech, eine Ölwannenschutzplatte sowie hier und da Sturzbügel vor den ausladenden Zylindern. In der Soloklasse wurde zunächst die 500 cm^3 große R 51/3, in der Seitenwagen-Kategorie das R 67-Gespann mit dem 600-cm^3-Motor eingesetzt. 1952 ersetzte die R 68 (wiederum 600 cm^3) die 500er. Insgesamt verwies der Geländelook bereits 1950 auf das Erscheinungsbild der R 68 hin, die als Prototyp 1951 vorgestellt wurde und ab 1952 die 500er Modelle im Geländesport ersetzte – s. folgende Kapitel.

An der ab 1949 ausgetragenen Motorrad-Weltmeisterschaft durfte BMW erst ab 1951 wieder teilnehmen. Das österreichische Team Siegfried Vogel/Leo Vinatzer belegte auf BMW-500-Gespann 1951 lediglich Platz 12. Norton, Velocette, AJS, Gilera und Moto Guzzi dominierten die WM in allen Klassen.

Rechts unten: Schorsch Meier blieb auch als erprobter Geländefahrer im Werkseinsatz aktiv; mit der R 51/3 trainierte er für die Sechstagefahrt in Varese/Italien.

Auch Frauen wagten sich an den „100-Meilen-Renner" R 68. Auf dem Foto vom April 1952 legt sich die belgische Motorjournalistin Marianne Weber in Stadtbekleidung (!) in die Kurve; die R 68 ist eine Erstversion mit Fischschwanz-Schalldämpfern. Bei einem späteren Test für die französische Zeitschrift „Motocycles" erreichte Weber mit der R 68 eine Geschwindigkeit von 162,895 km/h.

Kapitel 8
1952-1954: R 68

Sportliche Speerspitze

Das bewährte Baukastensystem von BMW trug mit dem Sportmodell R 68, das Ende 1951 präsentiert und ab 1952 verkauft wurde, besonders schöne Früchte. Die 600er Maschine basierte auf dem Tourenboxer R 67, war aber mit viel Know-how auf Höchstleistung getrimmt worden. Mit 35 PS und einer Spitze von über 160 km/h konnte sie den englischen Rennern Paroli bieten und brachte BMW international einen Imageschub, was sich auch als vorteilhaft für den Export in die USA auswirkte.

Unten: Der Zweizylinder-Ohv-Boxermotor der R 68 vom Typ 268/1 war ein sauberes und konsequent aufgeräumtes Beispiel bayerischen Maschinenbaus. Markentypisch waren alle Details perfekt zugänglich. Erkennungsmerkmal des R 68-Boxers waren die Zylinderkopfdeckel mit jeweils nur zwei Rippen.

1952-1954: **1452 Einheiten**

R 68 594 cm³

Exklusiv und teuer

Mit den Boxermodellen R 51/3 und der R 67-Serie hatte sich BMW 1951 erfolgreich auf dem Markt der schweren Tourenmotorräder zurückgemeldet, wobei das Attribut „schwer" nur in Relation zu der überwiegend von Leicht- und Einzylinder-Maschinen bis 350 cm³ geprägten Szene zu verstehen war. International hatten vor allem die Engländer mit 650er-Modellen wie der Triumph 6T Thunderbird und der BSA Golden Flash oder der 1000er Vincent Black Lightning hubraumstärkere Boliden zu bieten, vom US-amerikanischen 1,2-Liter-Harley-Davidson-Schwergewicht Hydra Glide ganz zu schweigen. Und Zündapp mischte mit der KS 600 nach dem Krieg auch wieder mit.

Mit der R 68 international auf Augenhöhe

BMW war also gefordert – und reagierte souverän: Parallel zu den 500er und 600er Allround-Motorrädern präsentierten die Bayern auf der Frankfurter IAA im Herbst 1951 mit dem Sportmodell R 68 eine Maschine, die in gerader Linie zu den Sport-Boxern der Vorkriegszeit stand und BMW auch international wieder den Anschluß an die Spitze des Motorradbaus finden ließ – auch wenn die R 68 keine grundsätzlich neue Entwicklung war, sondern eine gekonnte Verfeinerung der R 67/2 bzw. der R 67/3. Das BMW-Archiv liefert die Begründung für die Lancierung der R 68: *„BMW fehlte nach dem Krieg ein Sportmodell im Angebot. Um vor allem gegenüber den englischen Marken konkurrenzfähig zu bleiben, mußte auch BMW einen ‚100-Meilen-Renner', also ein Serienmodell mit einer Höchstgeschwindigkeit von mindestens 160 km/h, auf den Markt bringen."* Auch der US-Markt verlangte eine solche Maschine.

Die R 68 läutete sogar einen neuen Trend ein, wie BMW-Historiker Stefan Knittel festhält: *„Mit so schnellen Motorrädern war man nicht mehr im Alltagsverkehr unterwegs; die Beschäftigung mit ihnen wurde als sportliches Hobby betrachtet, nur mehr einen kleinen Schritt vom echten Rennsport entfernt."* Am 4. Dezember 1951 erteilte das Kraftfahrt-Bundesamt in Flensburg (KBA) die *„Allgemeine Betriebserlaubnis Nr. 817 für das Kraftrad Typ BMW R 68".*

Oben: Das Vorserienmodell der R 68 wurde auf der IFMA 1951 in Frankfurt präsentiert. Reifenlack und „Continental"-Schriftzüge gehörten zum Make-up. Zweiter von links: Vorstand Hans Grewenig, Fünfter von links: Vorstand Kurt Donath.

Links: Wie bei den 500er Modellen war die Teleskopgabel der R 68 anfangs nur mit lackierten Schutzrohren ausgerüstet. Foto: 1952.

Rechts: Der Boxermotor der R 68 zeigte sich glattflächig und aufgeräumt, verzichtete aber nicht auf verchromte Elemente. Stilbildend waren die beiden Ventildeckel mit jeweils nur zwei Rippen. Das Auspuffrohr des linken Zylinders führte in großem Bogen unter dem Tank hindurch zum rechts angebrachten Schalldämpfer. Foto: 1952.

Oben: Die R 68 wurde 1951 zunächst mit hochgelegter 2-in-1-Auspuffanlage präsentiert. Sie erinnerte an die zuvor eingesetzten Geländesportmodelle von BMW. Das Foto stammt von 1952. Mit der Auslieferung an die Händler 1952 wurde die Offroad-Ausrüstung nur noch auf Wunsch verkauft.

Rechts: 1951 machte BMW mit dem R 68-Prototyp Versuche zur Fahrerhaltung. Interessant ist die zeitgenössische Bekleidung.

Vorserienmodell mit Geländeauspuff

Bemerkenswert war, daß die neue Sportmaschine zunächst nicht in der Straßenversion, sondern als Vorserienmodell in Geländeausführung mit rechtsseitig hochgelegtem 2-in-1-Schalldämpfer samt Hitzeschutzblechen vorgestellt wurde; ähnlich waren die zuvor bereits von den Werksfahrern im Geländesport eingesetzten Boxer ausgerüstet gewesen. Die Straßenvariante mit normaler Doppel-Auspuffanlage in Fischwanz-Form folgte mit der (um einige Monate verspäteten) Auslieferung an die Händler 1952. Die 2-in-1-Anlage war weiter als Sonderzubehör erhältlich. Auf Wunsch gab es zusätzlich zum Haupt-Mittelständer einen Klappständer am Vorderrad.

35 PS Spitzenleistung durch viel Feinarbeit

Der Motor vom Typ 268/1 basierte auf dem des 600er Tourenmodells, war jedoch auf Höchstleistung getrimmt. Die beiden Zylinder hatten zusammen den gleichen Hubraum wie bei der R 67 (594 cm^3, Bohrung/Hub 72/73 mm), wurden aber durch zwei Bing-Vergaser mit größerem Durchlaß (26 mm) und durch größere Ventile (Einlaß 38 statt 34, Auslaß 34 statt 32 mm) beatmet. Eine Nockenwelle für längere Öffnungszeiten und eine höhere

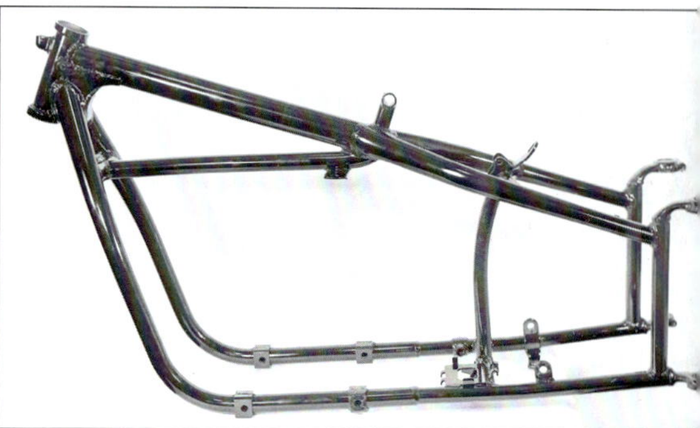

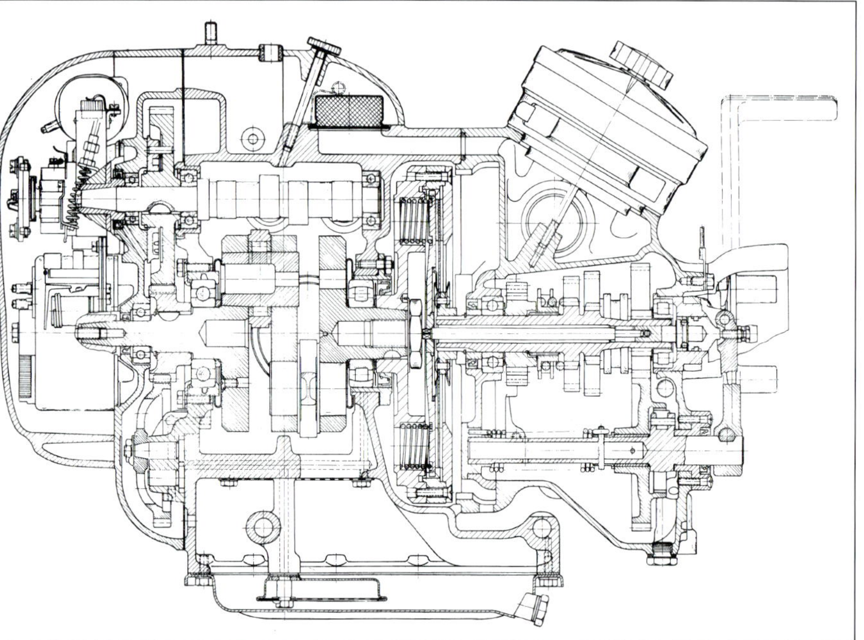

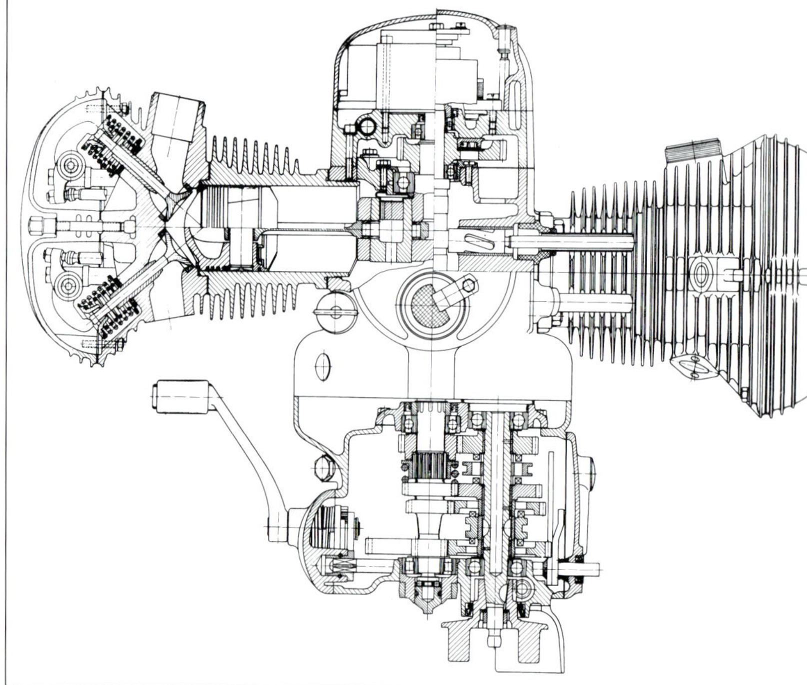

Oben links: Vorserienausführung der R 68 ohne Sitzkissen. Für die erste Bauserie war zusätzlich zum Haupt-Mittelständer ein Kippständer vorn lieferbar.
Oben rechts: der gänzlich geschweißte, zierliche Rohrrahmen mit Sattelstütze und Längsstrebe, wie er Standard war bei allen BMW-Motorrädern der frühen 1950er Jahre.
Mitte links: Längsschnitt des R 68-Boxers mit angeflanschtem, fußgeschaltetem Vierganggetriebe und großvolumigem Luftfiltergehäuse.
Mitte rechts: Schnittzeichnung von Motor und Getriebe in der Draufsicht; gut zu erkennen: der ohv-Ventltrieb und die Längsausrichtung der Getriebewellen.
Unten links: Die 26er Bing-Vergaser bezogen ihre Luft über verchromte Rohre. Auch die R 68 war für Beiwagenbetrieb geeignet; der Zusatzschalthebel fehlte nicht.
Alle Aufnahmen und Zeichnungen auf dieser Seite stammen aus dem Jahr 1952.

Steckbrief R 68 (alle Daten im Anhang)

Bauzeit	1952-1954
Typ intern, Ventile	268/1, 2 ohv
Einheiten	1452
Hubraum	594 cm^3
Leistung	35 PS bei 7000/min^{-1}
Vergaser	2 Bing 1/26/9 – 1/26/10
Getriebe	4-Gang
Rahmen	Stahlrohr, geschweißt
Vorderradführung	Teleskopgabel
Hinterradführung	Geradweg oh. Dämpfung
Bremsen vorn/hinten	Trommel 200 mm
Reifen vorn/hinten	3,50 x 19 / 3,50 x 19
Leergewicht	190 kg
Höchstgeschwindigkeit	160 km/h
Preis	3950 DM

Verdichtung (8,0 : 1) taten ein übriges, die Leistung auf beachtliche 35 PS bei 7000 Umdrehungen je Minute anzuheben. Die verstärkte Kurbelwelle lief vorn auf einem Kugellager, hinten auf einem neu konstruierten Lager mit leicht tonnenförmigen Rollen, das den Biegeschwingungen bei den hohen Drehzahlen entgegenwirkte. Von außen waren die beiden Zylinderköpfe durch neue Ventildeckel zu erkennen, die jeweils nur zwei Rippen aufwiesen.

Bei den ersten 300 ausgelieferten Maschinen traten indes unter hoher Belastung Probleme auf. Die Kipphebel wurden daher im Laufe des Jahres 1952 nadelgelagert, und die Schutzrohre an der Telegabel ersetzte man durch Gummimanschetten.

Die Motorrad-Fachpresse stürzte sich begeistert auf die schnellste deutsche Serienmaschine, *„Motorrad"* maß mit langliegendem Fahrer eine Spitzengeschwindigkeit von 164,5 km/h.

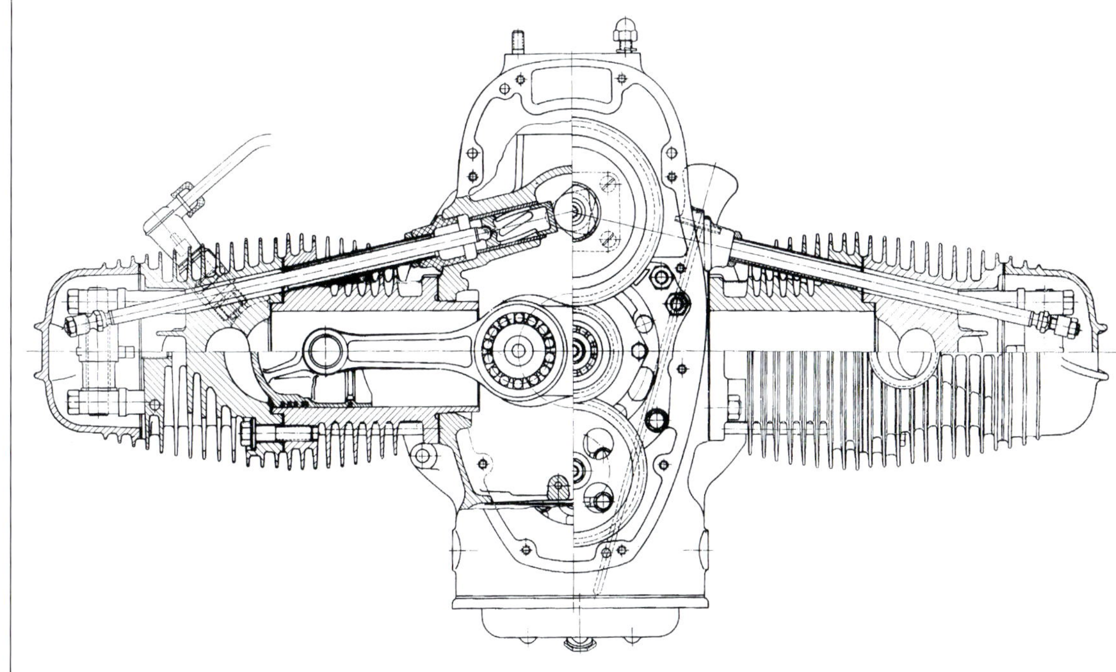

Oben: Wesentlichste Änderung der R 68 für das Jahr 1954 waren die Vollnabenbremsen aus Leichtmetallguß mit breiteren Bremsbelägen. Die Gummimanschetten an der Telegabel waren schon vorher eingeführt worden. Der Zusatzständer fehlte, die Schalldämpfer waren nun zigarren- statt fischschwanzförmig.

Mitte: Der Motor-Querschnitt von 1952 zeigt deutlich den Ventiltrieb mit den langen Stößelstangen und den Kipphebelwellen.

Unten: Die Geradwegfederung am Hinterrad blieb auch 1954 unverändert. Die Antriebswelle lief ungeschützt nach hinten.

Geschwingkeiten von mehr als 160 km/h

Die belgische Motorjournalistin Marianne Weber testete die R 68 für die französische Zeitschrift *„Motocycles"* vom 15. August 1954 und erreichte beim *„kilomètre lancé"* (beim fliegenden Start über 1 km) in der Nähe von Waterloo in Belgien eine Geschwindigkeit von 162,895 km/h und lieferte damit den Beweis, daß auch Frauen die R 68 sehr schnell und sicher bewegen konnten. Für BMW war es im Hinblick auf den Export vor allen nach England und in die USA wichtig, daß die R 68 den Anspruch „Hundert-Meilen-Renner" voll erfüllen konnte.

Links oben: Alle Bedienungselemente waren übersichtlich angeordnet. Man beachte den Lenkungsdämpfer mit der Flügelmutter hinter dem Steuerkopf. Foto: zweite R 68-Baureihe für 1954.

Rechts: „BMW – im Fahren zeigt sich der Wert" – wer hätte da widersprechen können. Man beachte den Hintergrund in Blau und Gelb beim Werbemotiv von 1951.

Rechte Seite oben: Das Studiofoto zeigt die zeitlose Eleganz und technische Schönheit des BMW-Sportmodells R 68, hier in der verbesserten Version für 1954 mit modifiziertem Sitzkissen.

Rechte Seite unten: Nicht nur die R 68 (hier ein Behördenmodell von 1953 mit Halbnabenbremsen, Fischschwanz-Töpfen und Gummimanschetten), sondern auch die 1955 vorgestellte Isetta tat bei der Polizei Dienst.

Der sportliche Charakter der 190 kg schweren R 68 wurde durch das schmale Vorderradschutzblech und ein gegen Aufpreis erhältliches Sitzkissen („Rennbrötchen") hinter dem Fahrersitz unterstrichen. Dieses Sitzkissen war weniger für den Soziusbetrieb gedacht, es sollte dem Fahrer – die Füße auf den hinteren Fußrasten – eine extrem flache und damit windschlüpfige Sitzposition ermöglichen. Für die (eher schlappe) Verzögerung sorgten bis 1954 die üblichen Duplex-Halbnabenbremsen mit 200 mm Durchmesser. Mutig war auch, mit Geradwegfederung hinten und Reifen der Größe 3,50 x 19 Geschwindigkeiten bis über 160 km/h zu fahren.

Helmut Werner Bönsch, bis 1958 freier Ingenieur, anschließend bis 1973 Direktor für Produktplanung und Marketing bei BMW, kommentierte: *„BMW baute bewußt keine Rennmaschine, wenn auch die Erfahrungen aus hundert heißen Schlachten im Motor und im Fahrwerk der R 68 ihren unverkennbaren Niederschlag fanden – aber es ist sicher auch keine Maschine für Anfänger."* Er wußte, wovon er sprach, denn er war bei einem Vollgastest an die Grenzen von Mann und Maschine gegangen: *„Die Zigarette schmeckte köstlich, aber das Feuerzeug zitterte doch ein bißchen: 145 km in 61 Minuten sind bei vollem Verkehr auch auf der Autobahn München-Stuttgart viel Wind. (...) Du zweifelst plötzlich an deiner Brille, die nicht mehr zugfrei sitzen will und verwünschst den Kragen der Lumberjack, der dir bretthart gegen das Kinn schlägt."* Die Männer, die in der Lage waren, auf den schlechten Straßen jener Zeit derartige Donnervögel sicher zu beherrschen, waren ganz gewiß aus besonders hartem Holz geschnitzt. Bönsch: *„Sie brauchen keinen Gegner. Sie fahren wie der schweigsame Finne gegen die Uhr, sie fahren um der brausenden Melodie des Hundertmeilenwindes willen, und sie reden nicht viel davon. Für diese Männer baute BMW die R 68..."*

Vollnabenbremsen zum Modelljahr 1954

Zum Modelljahr 1954 erfuhr die R 68 ein Update, das am 5. Januar 1954 vom KBA homologiert wurde. Die auffälligste Änderung war die Einführung von Vollbremstrommeln aus Leichtmetallguß mit Stahlinnenringen, die zusammen mit breiteren Bremsbacken eine merkliche Verbesserung der Verzögerung brachten. R 67/3 und R 25/3 kamen ebenfalls in den Genuß dieser Optimierung. Weitere Verbesserungen: geänderte Übersetzung der Kraftübertragung für Vorder- und Hinterradbremse, eine neu konzipierte Bremsschlußleuchte und eine neue Auspuffanlage mit zigarrenförmigen Schalldämpfern.

Die R 68 war damals die Spitze des deutschen Motorradbaus, und sie ist vielleicht die schönste BMW, die je gebaut wurde. Sie verließ von 1952 bis 1954 in nur 1452 Exemplaren die Produktionshallen in München-Milbertshofen, war von Anfang an ein begehrtes und exklusives Sport- und Freizeitgerät. 3950 DM mußte man für den 160 km/h schnellen Boxer auf den Tisch legen – ein kleines Vermögen damals. Die meisten Kleinwagen waren billiger, und der VW Käfer in der Standardausführung kaum teurer.

„Wir grüssen unsere Sechstagefahrt-Sieger": Die auf R 68- und R 67/3-Geländemaschinen angetretene Werksmannschaft kehrte von der Sechstagefahrt 1952 in Bad Aussee mit einigen Goldmedaillen nach München zurück; im Kampf um die Silbervase hatte es nur für Platz Drei gereicht. Von links: Schorsch Meier, Walter Zeller, Hans Roth, Hans Meier, Bernhard Huser, Ludwig Kraus, Hermann Wolz, Max Klankermeier.

Kapitel 9
1952-1953: Feinarbeit am Boxer

Zeit der Innovationen

BMW mußte den Boxer weiter verbessern, um der Konkrurrenz von AJS bis NSU und Norton weiter trotzen zu können. Die Rennmaschinen für die Rundstrecke erhielten 1952 erstmals moderne Hinterradschwingen. Auch die Motoren wurden optimiert 1953 betrat dann eine nahezu revolutionäre Renn-BMW den Plan: Sie besaß als erstes Motorrad aus München eine federbeingestützte Vorderradschwinge. Die Einführung der Benzineinpritzung brachte die Rennboxer weit nach vorn, Schorsch Meier wurde 1953 zum sechsten Mal Deutscher Meister. Aufwendig präpariert hatte BMW auch die Geländeboxer für die Six Days.

Für die Teilnahme an den internationalen Geländewettbewerben erhielt die 35 PS starke R 68 eine hochgelegte Auspuffanlage, einen Ölwannenschutz, schmale Schutzbleche, ein 21-Zoll-Vorderrad,Geländebereifung und eine Preßluftflasche zur Befüllung der Reifen.

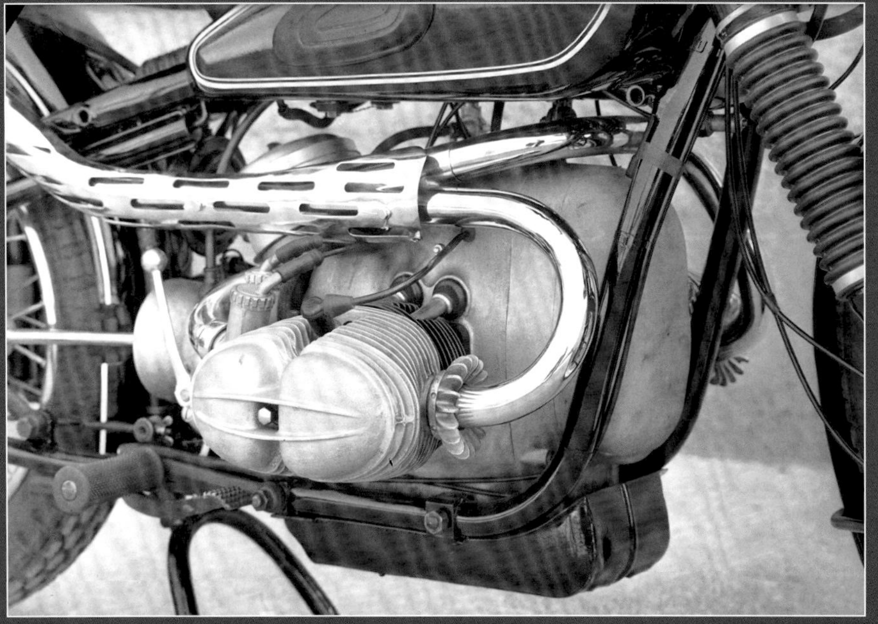

CHE MOTOREN
SSEN UNSERE
239
223
107
105

1952-1953

Off- und Onroad

BMW in allen Domänen aktiv

Während Deutschland 1952 mit dem Wiederaufbau beschäftigt war, tobte in Fernost der Korea-Krieg weiter, und die USA zündeten am 1. November (Ortszeit) auf dem Eniwetok-Atoll im Pazifischen Ozean die erste Wasserstoffbombe. Der Test unter dem Codenamen Ivy Mike führte nebenbei zur Entdeckung der chemischen Elemente Fermium und Einsteinium – der geniale Albert wird entzückt gewesen sein. Die Sportwelt berauschte die kriegsmüde Menschheit vom 14. bis zum 25. Februar mit den VI. Olympischen Winterspielen in Oslo und vom 19. Juli bis zum 3. August mit den XV. Olympischen Sommerspielen in Helsinki. Der Italiener Alberto Ascari wurde am 7. September auf Ferrari Formel 1-Weltmeister, und in Köln schlug Mittelgewichtler Peter Müller, genannt „de Aap", während eines Boxkampfes den Schiedsrichter k.o. So weit, so lustig.

Verkaufsrekorde bei BMW bis 1954

Bei BMW in München war die Stimmung gut: 1952 erreichten die Bayern mit 28 310 produzierten Motorrädern seit Anbeginn 1923 einen neuen Stückzahlrekord, der – nach einem leichten Einbruch 1953 – mit 29 699 Einheiten im Jahr 1954 noch einmal überboten wurde. Danach ging es zunächst schlagartig, dann im Sturzflug und in leichten Wellenbewegungen bergab – bis zum Nullpunkt 1969 mit nur noch 4701 gebauten Maschinen. Daß die BMW-Motorradsparte danach wieder emporstieg wie Phoenix aus der Asche, war nicht nur dem aus Amerika herüberschwappenden Trend zum Motorrad als Freizeitfahrzeug, sondern auch der Innovationskraft der Entwickler und der Cleverness der Marketingleute von BMW zu verdanken – aber das ist eine andere, sehr spannende Geschichte, die wir im kommenden Band unserer Boxer-Saga behandeln möchten.

Nach wie vor half der Motorrad-Rennsport dabei, BMW als fortschrittliche und leistungsfähige Marke darzustellen. Dies galt umso mehr, als BMW den Sport als Versuchsfeld für zukunftsweisende technische Lösungen wie Vollschwingentechnik und Benzineinspritzung nutzte. Kein anderer deutscher Hersteller konnte da mithalten, zumal München mit dem Boxer ein Eisen im Feuer hatte, neben dem die zumeist kleinen und mittleren Maschinen von DKW, NSU, Horex oder Zündapp oft wie Spielzeuge wirkten. Bei den Rennen ließ der sonore Klang des Boxermotors das Zwerchfell des Zuschauers vibrieren, und danach träumten alle davon, einmal selbst ein solch rassiges Motorrad zu besitzen.

Oben: Schorsch Meier auf der fürs Gelände präparierten R 68 bei der Internationalen Alpenfahrt 1952, die teilweise auf unbefestigten Wegen und Straßen stattfand.

Rechts: BMW-Urgestein Wiggerl Kraus und Bernd Huser bei den Six Days 1952 in Österreich mit ihrem R 68- bzw. R 67/3-Gespann.

Strategisch positionierte BMW den Boxer ab 1952 auf zwei Ebenen: Im Geländesport mit der neuen R 68 und bei den nationalen und internationalen Rundstreckenrennen mit den von Jahr zu Jahr verbesserten und teilweise neu konstruierten Renn-Boxern mit Dohc-Königswellen-Motoren.

1952: Six Days-Teilnahme mit der R 68

Wie berichtet, war die Präsentation des 35 PS starken Sportmodells R 68 auf der IAA 1951 ein Highlight der Markengeschichte. Nicht ohne Grund hatte BMW den Sportboxer in Frankfurt als Vorserienmodell in Geländeausführung gezeigt. Denn man hatte mit dem Motorrad Großes im Bereich des sehr populären Geländesports vor. Nachdem BMW 1951 mit Modellen der Typen R 51/3 und R 67/2 relativ erfolglos an den Six Days in Varese teilgenommen hatte, schickte das Werk 1952 gleich sechs Maschinen zur Sechstagefahrt ins österreichische Bad Aussee und durch die umgebenden Berge der Alpen. Sechs Tage lang wurden auf bis zu 461 km langen Etappen über meist unbefestigte Straßen Mensch und Maschine hart gefordert. Die Werksfahrer Schorsch Meier, Walter Zeller und Hans Roth nahmen diesmal auf den Solomaschinen des neuen Typs R 68 teil, Hans Meier fuhr

Diese Seite oben und unten: Für die prestigeträchtigen Geländefahrten wie die Internationale Sechstagefahrt und die Österreichische Alpenfahrt ab 1952 bekamen die BMW-Werksfahrer speziell ausgerüstete Motorräder auf Basis der 1951 vorgestellten R 68. Ins Auge fallen das auf 21 Zoll vergrößerte Vorderrad und die hochgezogene Zwei-in-eins-Auspuffanlage mit Hitzeschutzblechen. Zu erkennen ist auch der solide Ölwannenschutz und die Werkzeugtasche über dem Hinterrad.

eine präparierte R 51/3. Zwei Gespanne auf R 67/2-Basis wurden von den Teams Ludwig „Wiggerl" Kraus/Bernhard Huser und Max Klankermeier/Hermann Wolz bewegt. Doch es lief unglücklich für BMW: Im deutschen Silbervasen-Team – bis dahin strafpunktfrei in Führung liegend – kassierte Hans Roth im Abschlußrennen 60 Strafpunkte, womit die Mannschaft den sicher geglaubten ersten Platz an die Tschechen verlor und hinter den Niederlanden nur auf den Dritten Platz kam. Bis 1954 konnte BMW nicht an die früheren Gesamtsiege anknüpfen, doch zum Trost reichte es meist für Goldmedaillen in den Einzelwertungen, die gleichwohl von BMW als Siege gefeiert wurden.

Die bei den Six Days und der ebenso prestigeträchtigen Österreichischen Alpenfahrt eingesetzten R 68-Boxermodelle unterschieden sich deutlich vom ab Mitte 1952 verkauften Straßentyp. Sie besaßen von 19 auf 21 Zoll Durchmesser vergrößerte Vorderräder, Geländereifen, hochgelegte Auspuffanlagen mit einem einzelnen Schalldämpfer mit Hitzeschutz auf der rechten Seite, Gummifaltenbälge an der Telegabel, ein als Werkzeugtasche dienendes Sitzkissen auf dem Hinterradschutzblech und eine Ölwannenschutzplatte.

1952: Typ 253 erstmals mit Schwinge hinten

Für die Rennen um die deutsche Rundstreckenmeisterschaft überarbeitete BMW den Boxer vom Typ 253 vor allem hinsichtlich des Fahrwerks gründlich.

Oben: Für 1952 hatte BMW Hans Baltisberger als dritten Werksfahrer verpflichtet. Hier nimmt er auf einer 255er-Werksmaschine mit Saugmotor am Hamburger Stadtpark-Rennen teil. Auf der Solitude fuhr er dann privat eine Maschine des Typs 253 vom Vorjahr. BMW hatte offiziell abgesagt.

Links: Die Abstimmung des Einspritzmotors auf Basis des 253er Boxers von 1951 zögerte sich bis zum 13. Juli 1952 auf dem Schottenring hinaus. Zu sehen sind zahlreiche Modifikationen gegenüber dem Vergasermotor.

Während das Vorderrad wieder von der durch Gummimanschetten geschützten Telegabel mit vorgesetzten Achsklemmfäusten geführt wurde, waren Rahmen und Hinterradführung nicht wiederzuerkennen. Der deutlich verkürzte Rahmen besaß durchgehende Unterzüge und kam jetzt ohne Sattelstütze aus. Die jahrelang verwendete Geradwegfederung war einer querachsgelagerten Rohrschwinge mit zwei gedämpften Federbeinen gewichen, die Antriebswelle lief jetzt geschützt im rechten Schwingenrohr. Künftigen Lösungen für die Serienfertigung des Boxers war damit der Weg gewiesen. Der spiralgefederte Sattel und das „Rennbrötchen" waren durch eine kurzes, gepolstertes Sitzbrett mit Höcker ersetzt worden. Der vergrößerte Tank hatte eine gefälligere Form und war oben mit einer Platte abgepolstert.

Neu entwickelte Einspritzanlage führt zu verspätetem Start

Schon im Winter hatte man mit der Entwicklung einer Einspritzanlage für den Dohc-Motor begonnen, war damit aber zum Saisonbeginn noch nicht fertig geworden, was dazu führte, daß BMW sich erst beim fünften Lauf am 13. Juli 1952 auf dem Schottenring mit dem neuen Schwingenboxer der Konkurrenz stellte. Publikum und Veranstalter waren gleichermaßen verärgert über die große Verzögerung. Auch beim nächsten Rennen in München-Riem wurde der neue Racer eingesetzt, aber immer noch mit der bewährten Zweivergaseranlage; die Einspritzung war noch nicht einsatzreif.

Bewegt wurden die Werksboxer von Georg Meier, Walter Zeller und Hans Baltisberger. Reservisten waren Hans Meier und Ernst Riedelbauch. Schorsch Meier wurde mit der neuen Maschine Zweiter in Schotten, siegte in Hamburg. Walter Zeller gewann mit dem verbesserten Boxer 253 das Rennen in Riem und am 31. August auf dem Grenzlandring, vor Schorsch Meier wie 1951. An den Gewinn der Meisterschaft war aufgrund des Verzögerungsdebakels aber nicht zu denken gewesen. Bei den Gespannen siegten 1952 in letztmalig zwei Klassen (500 und 750 cm^3) die BMW-Teams Schorsch Eberlein/Ernst Sauer und Fritz Hillebrand/Georg Barth.

Der Grenzlandring, von den Nationalsozialisten 1938 und 1939 bei Wegberg an der holländischen Grenze als 9,0 km lange Aufmarschstraße für den Westfeldzug geplant, diente nur von 1948 bis 1952 als Rennstrecke. Den Run-

Beide Bilder: Der Rennboxer vom Typ 253 für 1952 besaß einen verkürzten Rahmen mit durchgehenden Unterzügen und erstmals eine querachsgelagerte Hinterradschwinge mit zwei gedämpften Federbeinen und gekapselter Antriebswelle.

Deutsche Straßenmeisterschaft

Jahr	Klasse	Gewinner	Marke
Solo-Motorräder Bundesrep. Deutschland			
1952	500 cm^3	Rudi Knees	Norton
1953	500 cm^3	Georg Meier	BMW
Gespanne Bundesrepublik Deutschland			
1952	500 cm^3	Schorsch Eberlein, Ernst Sauer	BMW
	750 cm^3	Fritz Hillebrand, Georg Barth	BMW
1953	500 cm^3	Wiggerl Kraus, Bernhard Huser	BMW
Solo-Motorräder DDR			
1952	500 cm^3	Gerhard Mette	BMW
1953	500 cm^3	Gottfried Pohlan	BMW
Gespanne DDR			
1952	500 cm^3	Fritz Bagge, Kurt Schönherr	Zündapp
	750 cm^3	Hans Fräbel, Jacobi	BMW
1953	500 cm^3	Rudolf Richter, Erwin Klim	BMW
	750 cm^3	Willy Krenkel, Perduß	BMW

Beide Bilder. Der Rennboxer für 1952 war niedriger und wirkte kompakter. Der spiralgefederte Sattel und das „Rennbrötchen" waren durch eine kurzes, gepolstertes Sitzbrett mit Höcker ersetzt worden. Neu war auch der Tank mit seiner Polsterung.

denrekord für Motorräder fuhr im September 1949 Schorsch Meier mit seiner BMW 500 Kompressor: 216 km/h. AuchAutomobilrennen wurden auf der Hochgeschwindigkeitsstrecke ausgetragen – zum letzten Mal am 31. August 1952. Bei 200 km/h kam Helmut Niedermayr mit seinem Reif-Veritas-Meteor-Zweisitzer von der Bahn ab und raste in die Zuschauer. 13 Menschen starben, 42 wurden verletzt. Danach wurde nie wieder Motorsport auf dem Grenzlandring getrieben.

In der DDR hatten private BMW-Boxer 1952 ebenfalls die Nase vorn: Gerhard Mette in der Solo-Königsklasse, Fräbel/Jacobi bei den 750er Gespannen. Der 500er Pokal ging an das Zündapp-Team Bagge/Schönherr.

Horex und NSU 1952 keine Konkurrenz

Aufsehen erregte 1952 eine neue 500er Zweizylinder-Horex, mit der Werksfahrer Friedel Schön den Saisonauftakt auf dem Hockenheimring am 11. Juli gewann. Pleiten, Pech und Pannen führten dann aber dazu, daß Horex die Werksmaschinen nach dem internationalen Lauf am 20. Juli auf der Solitude zurückzog. NSU fehlte 1952 völlig, mit dem neuen Vierzylindermotor hatte man erst gar nicht antreten wollen. In der Folge zog sich Neckarsulm ganz aus der Königsklasse zurück, um sich völlig auf die Achtel- und Viertelliterklasse konzentrieren zu können. Deutscher Meister 1952 bei den 500ern wurde sensationell der mit 45 Jahren bereits „betagte", private Norton-Fahrer Rudi Knees. Er siegte mit seinem „Production Racer" dreimal.

In der Motorrad-Weltmeisterschaft mischte BMW 1952 praktisch nur versuchsweise mit. Als einziger Boxerpilot kam Hans Beltisberger mit letztlich nur einem Punkt auf Platz 18. Wieder hatten die Engländer und Italiener die Nase vorn gehabt.

Oben: Kraus/Huser mit ihrem Gespann bei „Rund um Schotten" 1952. Der bewährte Königswellen-Boxer vom Typ 255 ohne Kompressor tat im Gespann länger Dienst als beim Soloboxer.

Unten links: Der Privatfahrer Gerold Klinger auf BMW R 68 beim Straßenrennen in Salzburg am 1. Mai 1953. Bis auf die ungedämpfte Doppelrohr-Auspuffanlage war die Maschine weitgehend serienmäßig. Es handelt sich um ein Modell der ersten Serie mit Halbnabenbremsen.

Unten rechts: Mike Krauser und Franz Peißl gingen 1952 mit ihrem Spezial-Gespann mit R 75-Motor auf der Sandbahn bis an Grenze des physikalisch Möglichen.

1953: verbesserte Rennsport-Motorräder

Das Jahr 1953 hatte es in vielerlei Hinsicht in sich: Am 1. Februar kostete eine Flutkatastrophe in den Niederlanden, Belgien und Großbritannien 2142 Menschen das Leben, am 5. März starb Russlands Diktator Josef Stalin, Nachfolger wurde im September Nikita Chruschtschow. Am 17. Juni begann in der DDR ein von den Russen letztlich niedergeschlagener Volksaufstand, und am 2. August zog die Sowjetunion mit der Zündung einer Wasserstoffbombe im Rüstungswettlauf mit den USA gleich.

In Westdeutschland nahm das „Wirtschaftswunder" weiter Fahrt auf. Am 2. Januar senkte Volkswagen zur Freude der Autofahrer die Preise für den VW Käfer von 4400 auf 4200 DM, was auch eine Kampfansage an überteuerte Kleinwagen und an schwere Motorräder war: Eine BMW R 68 war in der Soloausführung nicht unter 3950 DM zu haben und mit Seitenwagen fast 5000 DM teuer! Auch heute noch gern gezeigt wird der am 22. April uraufgeführte französische Abenteuerfilm „Lohn der Angst" von Henry-Georges Clouzot mit Yves Montand in der Hauptrolle des Fahrers eines mit Nitroglycerin beladenen Lkw – Grusel garantiert.

Beide Fotos: Für die Six Days 1953 hatte BMW für die Werksfahrer abermals spezielle Geländemotorräder aufgebaut. Ausgangsbasis war diesmal die R 67/2 aufgrund des besseren Durchzugs des Tourenmotors. Neu waren u.a. die Vollnaben-Bremsen und die Sturzbügel.

Bei den Six Days nur mäßig erfolgreich

Den Lohn der Beständig- und Einsatzfreudigkeit kassierten die BMW-Piloten vor allem im Straßenrennsport der Königsklassen; weniger gut lief es im Gelände. Für die Internationale Sechstagefahrt, die vom 15. bis 20. September in und um Gottwaldov in der Tschechoslowakei stattfand, hatte BMW 1953 wieder spezielle Geländemotorräder für die Werksfahrer präpariert. Statt der R 68 wurde diesmal die R 67/2 als Ausgangsbasis an den Start geschickt, weil der niedriger drehende Tourenmotor einen besseren Durchzug aus niedrigen Drehzahlen heraus garantierte, was im Gelände von großer Wichtigkeit war.

Die Geländemaschinen, deren Hubraum mit 590 cm^3 angegeben wurde, besaßen nun die dank breiterer Beläge wirksameren Vollnaben-Bremsen aus Leichtmetall, wie sie kurz danach auch bei den Serienmodellen eingeführt wurden. Auch durch die sechsfach verrippten Zylinderkopfdeckel unterschieden sich die Six Days-Maschinen von den Modellen des Vorjahres. Weitere Besonderheiten waren wieder die rechts hochgelegte Zwei-in-eins-Auspuffanlage, der Ölwannenschutz, das auf 21 Zoll vergrößerte Vorderrad, die Geländebereifung, der Werkzeugbehälter auf dem Hinterradkotflügel, eine Preßluftflasche hinten links am Rahmen, eine Vergitterung des Scheinwerfers und erstmals verchromte Schutzbügel vor den Zylindern.

Mit den Solomaschinen bildeten Schorsch Meier, Walter Zeller und Hans Roth, zusammen mit den Maico-Fahrern Pohl und Westphal, das deutsche Trophy-Team. Es waren Tagesetappen bis zu 479 km zu bewältigen. Die anfangs guten Erfolgsaussichten der Truppe machte aber ein Kardanschaden an Zellers BMW zunichte. Immerhin holten Schorsch und Hans Meier, Hans Roth und Kraus/Huser mit dem R 67/2-Gespann Goldmedaillen für BMW. In der World-Trophy reichte es für die Deutschen hinter dem Vereinten Königreich und der Tschechoslowakei nur für den Dritten Platz. Beim Kampf um die Silbervase landete das deutsche Team abgeschlagen auf Platz 12.

Revolutionäre Vorderradschwinge 1953

Für die Rundstreckensaison 1953 hatte BMW Rahmen und Motor der BMW-Werksrennmaschinen umfangreich überarbeitet. Geradezu revolutionär

Links oben: Der 253er-Motor, hier in der Vergaserausführung, hatte neue Ventildeckel bekommen; er leistete nun 53 PS bei 8500/min^{-1}.

Links unten: Die Benzineinspritzung, die 1953 im Rennen zum Einsatz kam, war eine BMW-Entwicklung. Etwa 56 PS bei 9000/min^{-1} waren das Ergebnis.

Oben: Mit der Nummer 4 fuhr Gerhard Mette beim Eifelrennen und am Feldberg (Foto) zur Vize-Meisterschaft.

Rechts: Hans Baltisberger kam mit der BMW nicht wie erhofft zurecht und ging 1954 als Werksfahrer für die 250-cm³-Klasse zu NSU.

war die Vorderradschwinge, die auf einer Konstruktion des Engländers Ernie Earles basierte. Statt von einer traditionellen Telegabel wurde das Vorderrad von einer geschobenen Langschwinge geführt, bei der zwei Federbeine für den Ausgleich der Fahrbahnunebenheiten sorgten. Zwei Jahre später würde diese Technik Einzug in den BMW-Serienmaschinenbau finden. Der Rohrrahmen war abermals verkürzt worden, die rückwärtigen Schleifen lagen jetzt vor dem hinteren Kotflügel. Tief angebrachte Lenkerstummel und weiter zurück versetzte Fußrasten entsprachen den Vorstellungen von Walter Zeller, der mit diesem Motorrad sein Ideal gefunden zu haben schien, wie sich bald zeigen sollte.

Erfolge mit Direkteinspritzung

Dem 253er-Motor hatte man neue, vierfach verschraubte und eleganter gestylte Ventildeckel verpaßt, der Boxer leistete in der Vergaserausführung nun 53 PS bei 8500/min^{-1}. Das Hinterachsgetriebe war komplett neu konstruiert worden, das Hinterradschutzblech war an dessen Gehäuse befestigt. Nach den ersten erfolgreichen Versu-

Oben: Für 1953 wurden Rahmen und Motor der BMW-Werksrennmaschinen umfangreich überarbeitet. Am noch weiter verkürzten Fahrgestell wurde eine Vorderradschwinge nach der Konstruktion des Engländers Ernie Earles verwendet.

Rechts: Mit der federbeingestützten Vorderradschwinge nahm die 1953er Rennmaschine die spätere Serienfertigung vorweg. Mit den tief angebrachten Lenkerstummeln und den weit zurück versetzten Fußrasten fanden groß gewachsene Fahrer nicht die ideale Sitzposition.

chen mit Saugrohreinspritzung im Vorjahr sollte die Einspritzung nun im Rennen zum Einsatz kommen, diesmal als Direkteinspritzung. Es handelte sich um eine eigene BMW-Entwicklung einschließlich der Pumpe, der Saugrohre und der Gasschieber. Etwa 56 PS bei 9000/min^{-1} waren das Ergebnis. Seine offizielle Premiere hatte der Einspritz-Racer am 19. Juli 1953 in Schotten.

Die Saison 1953 hatte am 10. Mai in Hockenheim begonnen. Thomas Reinwald: *„BMW hatte aus dem verzögerten Einsatz 1952 gelernt und schaffte es diesmal, die Rennmaschinen pünktlich einsatzferrtig zu machen."* An den Start ging eine Armada von fünf BMW-Werksfahrern: Georg Meier, sein Bruder Hans, Walter Zeller, Hans Baltisberger und der neu ver- pflichtete Gerhard Mette, der in der DDR Halblitermeister 1952 und 1953 gewesen war. Der geballten Bayern-Power hatte das Werksteam von Horex mit H. P. Müller und Friedel Schön mit Maschinen, die immer wieder Probleme bereiteten, nicht viel entgegenzusetzen.

Schorsch Meier 1953 zum 6. Mal Meister

So eilten denn die Boxer der Weiß-Blauen von Sieg zu Sieg. Walter Zeller gewann das Hochgeschwindigkeitsrennen auf der Berliner Avus, und zwar auf einem Typ 253 mit Heckverkleidung; auf der Geraden wurde er mit 210 km/h gestoppt. Schorsch Meier übertraf sich im Alter von 43 Jahren noch einmal selbst, siegte bei fünf der sechs Rennen, so etwa auf der Solitude, beim Eifel- und beim Feldbergrennen sowie beim letzten Lauf auf der Eilenriede in Hannover am 27. September, nach dem er seinen Rücktritt bekanntgab, nicht ohne seinen sechsten Titel als Deutscher Meister davongetragen zu haben. Vizemeister wurde Gerhard Mette, es folgten nach Punkten Hans Meier, Walter Zeller und Hans Baltisberger. Hans Bartl, der Mette 1954 ersetzen sollte, kam auf den sechsten Platz, teils auf Norton, teils auf BMW herausgefahren. H. P. Müller auf Horex folgte abgeschlagen auf Rang sieben.

Oben: Schorsch Meier beim Bergrekord-Rennen auf den Schauinsland bei Freiburg am 9. August 1953. Er gewann in dieser Saison fünf der sechs Läufe und holte damit seinen sechsten Titel als Deutscher Meister. Mit dem Eilenriede-Rennen am 27. September 1953 verabschiedete er sich vom Rennsport.

Rechts: Walter Zeller gewann mit einer Heckverkleidung auf der Avus und ging auch erstmals bei WM-Läufen im Ausland an den Start. Seine Werks-253 mit Einspritzmotor erwies sich hinsichtlich Leistung und Handling als konkurrenzfähig. Auf der Isle of Man lag Zeller nach der ersten Runde der Senior-TT auf Rang Neun, stürzte aber bei Signpost Corner und mußte aufgeben. Das Foto zeigt Zeller beim Rennen in Assen, wo er Siebter wurde.

BMW-Gespanne im Clinch mit Norton

Bei den Gespannen wurden 1953 neben Wiggerl Kraus/Bernhard Huser auch Wilhelm Noll/Fritz Cron als BMW-Werksfahrer eingesetzt und erreichten bei den Weltmeisterschaftsläufen in Spa (6. Platz) und Bern (3. Platz) gute Resultate. Wiggerl Kraus hatte als erster Gespann-Werksfahrer den 253er Motor mit Benzineinspritzung bekommen, was aber nicht auf Anhieb förderlich war. 1953 traten Oliver/Dibben auf Norton mehrmals in Deutschland auf und konnten das mit technischen Problemen kämpfende BMW-Team stets besiegen.

Beim internationalen Rheinpokalrennen 1953 in Hockenheim erlebten die Zuschauer einen überaus spannenden Kampf in der Seitenwagenklasse. Die Teams Oliver/Dippen auf Norton und Kraus/Huser auf der Werks-BMW bekämpften sich rundenlang, der Engländer konnte schließlich ganz knapp vor dem Deutschen ins Ziel gehen (Schnitt 145,4 km/h). In der WM 1953 belegten die BMW-Gespann-Teams Noll/Cron, Kraus/Huser und Hillebrand/Grunwald die Plätze 6, 8 und 13. In der Konstrukteurswertung kam BMW hinter Norton und vor BSA auf den Zweiten Platz.

Doch danach ging es steil nach oben, BMW würde künftig international äußerst erfolgreich in der Seitenwagenklasse sein: Über den Zeitraum von 21 Jahren hinweg (1954-1974) kamen die Weltmeister-Renngespanne und -Rennmotoren aus München.

Oben: Ludwig „Wiggerl" Kraus mit Bernhard Huser beim Eifelrennen auf ihrem Werksgespann mit konventioneller Telegabel. Sie fuhren den Einspritzmotor aus dem Vorjahr, bekamen dann aber die neue Version, ebenfalls wieder als Einspritzer, und gewannen die Deutsche Meisterschaft. Nach dem Eilenriede-Rennen beendete Kraus im Alter von 46 Jahren seine Karriere, die er 1928 als Beifahrer begonnen hatte. Unten: Nachfolger Wilhelm Noll fuhr mit Fritz Cron das von Kraus übernommene Werksgespann auf Rang Zwei.

Kapitel 10
1954: die RS 54 als neuer Joker

BMW RS 54: der große Wurf

Mit der im Herbst 1953 vorgestellten und ab 1954 im Rennsport eingesetzten RS 54 hatte BMW ein Eisen im Feuer, das der englischen Konkurrenz schwer zu schaffen machte. Erstmals vergab BMW einen Großteil der 24 produzierten Exemplare an Privatfahrer, die bei den Rennen dann die BMW-Präsenz erheblich verstärkten. Der RS-Boxermotor war für private Kunden als Langhuber mit Vergasern und 45 PS ausgelegt. Werksmotoren gab es auch als Kurzhuber mit Benzineinspritzung und 60 PS. Walter Zeller wurde auf der Werks-253 im Jahr 1954 Deutscher Meister, und Noll/Cron sicherten sich auf dem RS-Werksgespann erstmals die Weltmeisterschaft.

Die Nähe der RS 54 zu den Werksmaschinen von 1953 war nicht zu leugnen, die Unterschiede steckten im Detail. So war die Rohrführung von Rahmen und Vorderradgabel abgeändert worden, die Doppelschleife lief hinten bogenförmig aus.

Der Motor der BMW RS 54 war eine Variante des 253er-Werksmotors mit unveränderten Komponenten wie Königswellen und je zwei obenliegende Nockenwellen unter den Ventildeckeln. Das Bild zeigt den für Privatfahrer vorgesehenen Langhuber-Motor (Bohrung x Hub = 66 x 72 mm, 492 cm³) mit einem Verdichtungsverhältnis von 8 : 1 und 30 mm-Vergasern (Fischer-Amal). Die Höchstleistung ab Werk betrug 45 PS bei 8000/min^{-1}.

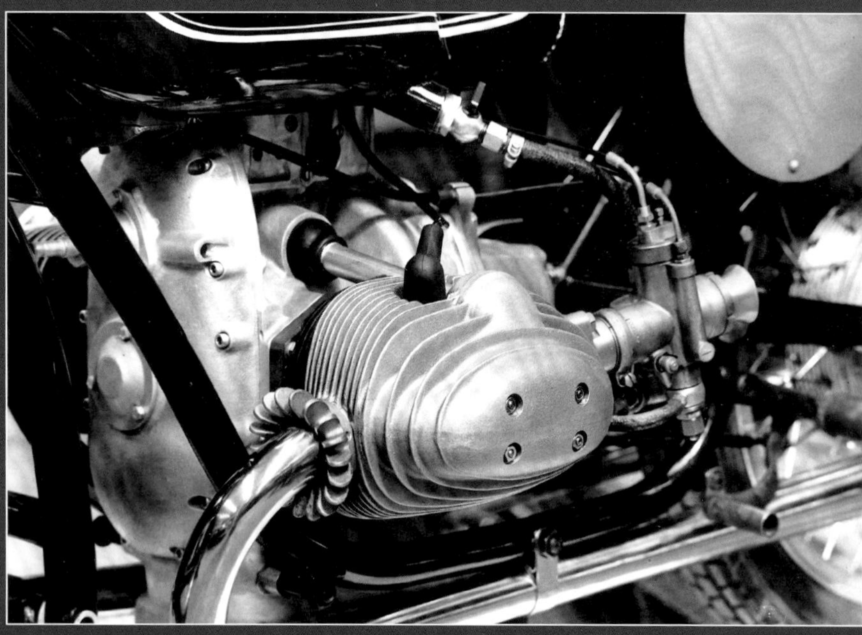

Das offizielle (retuschierte) Pressefoto rechts zeigt die endgültige Ausführung der RS 54; so ging sie schließlich dann auch an den Start. Zu sehen ist auf den Fotos rechts und unten die Vergaserversion mit 45 PS, wie sie an Privatfahrer vergeben wurde.

1954

Kampfansage RS 54

Rennmaschine für Privatfahrer

Wenn die Deutschen sich an etwas Konkretes aus dem Jahr 1954 erinnern, dann ist es der Gewinn der Fußball-Weltmeisterschaft in Bern. Radioreporter Herbert Zimmermann drehte völlig durch, als Helmut Rahn mit einem Linksschuß das 3:2 gegen Ungarn erzielte: *„Tor, Tor, Tor, Tor für Deutschland (...) aus, aus, aus, das Spiel ist aus!"* Der Triumph von Trainer Sepp Herberger und seiner Nationalmannschaft machte aus dem geächteten Deutschland auf einen Schlag ein Land, dem man wieder Respekt entgegenbringen konnte.

1954: Jahr politischer Entscheidungen

Anders sah es für Frankreich aus: Die Franzosen verloren am 8. Mai den Kampf um die Festung Điện Biên Phủ, was das Ende des französischen Kolonialreichs in Indochina besiegelte. Damit nicht genug: Am 1. November brach der Algerienkrieg aus, den Paris 1962 in politischer Hinsicht ebenfalls verlor. Rückblickend bemerkenswert ist, daß die Gründung der Europäischen Verteidigungsgemeinschaft (EVG) Ende August an der Ablehnung des entsprechenden Vertrags durch die französische Nationalversammlung scheiterte. Erst 70 Jahre später, und vor allem vor dem Hintergrund der russischen Invasion in der Ukraine, sollte dieses Thema wieder aktuell werden. Im Gegenzug wurde am 2. Oktober 1954 mit den Pariser Verträgen die Wiederbewaffnung der Bundesrepublik Deutschland und die Aufnahme des Landes in die NATO beschlossen.

Rechts: Walter Zeller (Zweiter von rechts) fuhr am 9. Mai 1954 in Hockenheim die neue 253er Werksmaschine mit dem 60 PS starken Einspritzmotor. Ganz links am Start: Robert Zeller aus Offenbach auf einer RS 54; daneben Nello Pagani auf MV Agusta, ganz rechts Ken Kavanagh auf Moto Guzzi. Zeller gewann das Rennen überlegen.

Unten: In dieser Ausführung mit Telegabel wurde die RS 54 auf der Internationalen Fahrrad- und Motorrad-Ausstellung in Frankfurt am Main im Oktober 1953 als Rennmotorrad für Privatfahrer präsentiert. Beim Motor handelte es sich noch um ein Dummy mit Holzgehäuse. Letztlich wurde keine RS mit Telegabel ausgeliefert.

Für Entspannung hingegen sorgte der junge US-Amerikaner Elvis Presley, der am 5. Juli in Memphis (Tennessee) den alten Blues-Song *„That's All Right"* aufnahm und damit seine atemberaubende Karriere als Rock-'n'-Roll-Idol startete. Gut drei Wochen später wurde in England der Fantasy-Roman *„Der Herr der Ringe"* von John Ronald Reuel Tolkien veröffentlicht. Und die Präsentation des legendären Flügeltüren-Sportwagens 300 SL von Mercedes-Benz ließ die Augen der Autofans leuchten.

RS 54: Rennmaschine für Privatfahrer

Von den Freunden des Motorrad-Rennsports wurde das Erscheinen der neuen BMW-Rennmaschine vom Typ RS 54 begeistert aufgenommen. Den Prototyp, noch mit konventioneller Telegabel und simulierter Motortechnik, hatte BMW bereits im Oktober 1953 auf der IAA in Frankfurt vorgestellt, in Anwesenheit des Bundesministers für Wirtschaft, Ludwig Erhard.

sein. Stefan Knittel: *„Gern wird das Märchen von ‚vorher vergebenen RS' kolportiert. In Wahrheit verkaufte sich die 8000 DM teure RS 54 ganz einfach recht schwer, denn sie war ja eine unbekannte Größe."* In jedem Fall handelte es sich bei der RS nicht um eine präparierte Serienmaschine, sondern um eine (weiterentwickelte) Kopie der 253er Werksrenner von 1953 mit Langschwinge vorn.

Zwei RS 54-Versionen: Lang- und Kurzhuber

Konzipiert worden war die RS 54 unabhängig von der Rennabteilung von einem Spezialistenteam unter Max Klankermeier, dem auch die beiden Monteure der Vorkriegsmannschaft Josef Achatz und Hans Plessl angehörten. Äußerlich und weitgehend technisch basierte der RS-Motor auf dem bewährten 253er-Dohc-Königswellen-Aggregat, doch wesentliche Bauteile waren von den Konstrukteuren Wolff und Ischinger neu entwickelt worden. Der von BMW mit 492 cm^3 Hubraum angegebene Motor wurde von zwei 30er Fischer-Amal-Vergasern beatmet. Der mit 8,0 : 1 verdichtete Langhuber (Bohrung x Hub 66 x 72 mm) leistete 45 PS bei 8000/min^{-1}, wurde in der Folgezeit aber auch gern getunt.

Links: Die Heckpartie der RS 54 unterschied sich deutlich vom Heck der 1953er Werksmaschine. Der Doppelschleifen-Rohrrahmen lief jetzt in zwei eleganten Bogen mit geänderter Schwingenaufnahme aus. Die Antriebswelle lief geschützt in einem Rohr – Markenzeichen von BMW.

Rechts: Der Arbeitsplatz der RS 54. Typisch waren die schmalen Lenker-Stummel, der schmale Knieschluß am Tank, die weit abstehenden Zylinder sowie die großvolumigen Spezial-Vergaser. Auf die Gestaltung hatte Walter Zeller Einfluß gehabt.

1954 wurde die RS 54 in kleinsten Einheiten produziert – ksrenner und als etwas leistungsschwächeres Modell, das sweise an besonders aussichtsreiche Privatfahrer abgegeürde. Von einem klassischen Verkauf konnte nicht die Rede

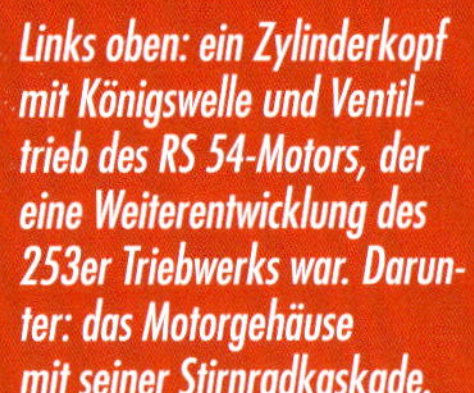

Links oben: ein Zylinderkopf mit Königswelle und Ventiltrieb des RS 54-Motors, der eine Weiterentwicklung des 253er Triebwerks war. Darunter: das Motorgehäuse mit seiner Stirnradkaskade.

Oben: Die Werksmaschine von 1954 mit Einspritzmotor für das Feldbergrennen und für Schotten mit Halbverkleidung und doppelseitiger Bremse im Vorderrad. Deutlich erkennbar sind eine andere Voderradschwinge mit geraden Rohren und steifer Lagerung sowie der andere Rohrverlauf am Rahmen zur Hinterradschwinge.

Rechts: Der Direkt-Einspritzer mit den Druckleitungen unten zum Zylinderkopf bereitete zunächst Sorgen; er brachte anfangs bei einem Verdichtungsverhältnis von 10,2 : 1 58, später mindestens 60 PS. Beim Kaltstart gab es gelegentlich Probleme durch einen abreißendem Schmierfilm an den Zylinderwänden.

Bereits 1953 hatte BMW Versuche mit einer Saugrohreinspritzung gemacht, bei der die Einspritzdüsen kurz vor dem Eintritt der Ansaugrohre in den Zylinderköpfen saßen. Die Einspritzpumpe befand sich an der Stirnseite des Motors und wurde von der Kurbelwelle über Stirnräder angetrieben. 1954 ging BMW zur Direkteinspritzung über, bei der die Einspritzdüsen an den Zylinderkopf-Unterseiten angebracht waren. Die Fahrer lobten die gute Elastizität, die gute Dosierbarkeit der Gasannahme und den um ca. 15 % geringeren Verbrauch.

Vollschwingenfahrwerk wie bereits 1953

Dem in die Werksrenner eingebauten 253er Motoren mit Einspritzung, die bevorzugt auf Hochgeschwindigkeitsstrecken wie Monza, Spa oder Hockenheim eingesetzt wurden, waren mit 10,2 : 1 verdichtet und entwickelten 60 PS bei 9500/min^{-1} (mindestens 65 PS in der letzten Ausbaustufe), was für Höchstgeschwindigkeiten über 230 km/h gut war. Eine private RS 54 kam auf gut 200 km/h. Die später im Jahr 1954 eingesetzten Werksmaschinen mit Vollverkleidung erreichten Spitzentempi bis über 240 km/h. Sowohl die Werksmotorräder als auch die RS 54 übertrugen die Kraft über Viergang-Getriebe aufs Hinterrad. Auf bergigen und kurvenreichen Strecken wurden oft Maschinen mit Vergasermotor eingesetzt, weil diese Triebwerke ein höheres Drehmoment bereitstellten als die hochdrehenden Einspritzer.

Das Fahrwerk der RS 54 ähnelte dem des 1953er Werksrenners mit Doppelschleifen-Rohrrahmen, Langarmschwinge mit Federbeinen vorn und Federbein-Hinterradschwinge. Der Rahmen war indes weiter verkürzt worden und endete hinten beidseitig in einem markanten Doppelbogen ohne Sattelstütze und einer modifizierten Schwingenaufnahme. Typisch waren die kurzen Lenkerstummel und der schmale Knieschluß am 24-Liter-Tank.

Bei der RS 54 und bei den Werksrennern lief die Antriebswelle wie bereits 1953 geschützt innerhalb des rechten Schwingenholms. Eine kräftig ausgelegte Duplex-Vollnabenbremse sorgte vorn, eine Vollnaben-Trommelbremse hinten für die nötige Verzögerung beim harten Anbremsen der Kurven. Das Trockengewicht der RS lag leicht über 130 kg. Der Radstand wurde mit sehr kurzen 1370 mm angegeben, was die Maschine handlich, aber auch sensibel machte. Walter

Oben: Walter Zeller auf der Einspritz-253er mit Halbverkleidung und Duplex-Bremse vorn beim Training zum Eifelrennen auf der Südschleife des Nürburgrings. Doch er stürzte und konnte daher nicht zum Rennstart antreten.

Rechts: Die Einspritzpumpe der Direkteinspritzung saß auf der Zwischenwelle zum Königswellenantrieb (s.a. Foto auf der vorigen Seite) und wurde 1954 von der Firma Bosch geliefert. 1953 hatte BMW mit einer Saugrohreinspritzung eigener Herstellung experimentiert. Gut zu ekennen sind Benzinzuführung rechts oben und die beiden Druckleitungen, die unten zu den Zylinderköpfen führen.

Zeller fuhr im Renneinsatz nie die RS 54, sondern immer die Werks-253, die für ihn maßgeschneidert war. Er kam mit der relativ nervösen Maschine gut zurecht, während andere Fahrer mit dem Fahrverhalten und auch der Sitzposition Schwierigkeiten hatten.

RS 54 bis in die 1970er konkurrenzfähig

Hinsichtlich der RS 54-Stückzahlen listet Stefan Knittel auf: *„Zwei Solomaschinen und zwei Gespann-Ausführungen wurden im April 1954 fertig. Es folgten bis zum Jahresende zwölf weitere Motorräder, sechs wurden 1955 fertig, 1957 nochmals zwei Gespann-Exemplare; insgesamt wurden 24 komplette RS 54 – 20 Solo- und vier Gespannversionen – gebaut."*

Bis in die 1970er Jahre hinein würde dieses Motorrad mit seinem Halbliter-Königswellen-Boxer auf den internationalen Rennstrecken von sich reden machen. BMW Classic präzisiert: *„Die meisten Maschinen wurden später von Privatfahrern zu Gespann-Motorrädern umgebaut, da der RS 54-Motor in verbesserter Form noch bis zu Beginn der 70er Jahre konkurrenzfähig war."* Stefan Knittel: *„Auf den Rennstrecken boten die schwarzen BMW RS nun für viele Jahre eine Abwechslung im Bild der anderen Serien-Rennmaschinen mit 500 cm³, der Norton Manx und der Matchless aus England. Es wurden unzählige nationale Meisterschaften mit der BMW gewonnen, nicht nur in Deutschland, sondern auch in Österreich, Kanada oder Australien."*

Der Wert einer originalen BMW RS 54 hat heute schon längst sechsstellige Bereiche erreicht. Bereits im Januar 2013 wurde ein Renn-Gespann von 1954 für

123 600 Euro versteigert. Kenner wissen indes, daß es inzwischen mehr RS-Exemplare gibt, als je gebaut wurden – Ergebnis von Nach- und Umbauten, die oft mehr als zweifelhaft sind.

Walter Zeller 1954 solo Deutscher Mesier

Daß BMW ab 1954 konkurrenzfähige Rennmaschinen auch an Privatfahrer abgab, mag auch einen wirtschaftlichen Hintergrund gehabt haben: Man mischte weiter vorne mit, konnte aber nun Rennabteilung und Werksteam verkleinern und damit erheblich Kosten sparen. Topfahrer war 1954 Walter Zeller, der im Rennen die Werks-253 mit Einspritzung pilotierte. Zwar wurde er mitunter durch Sturzverletzungen und technische Pannen ausgebremst, sicherte sich am Ende aber doch seine zweite Deutsche Meisterschaft. Bereits beim Frühjahrsrennen hatte er gezeigt, wo's langging: In Hockenheim schlug er am 9. Mai den Italiener Nello Pagani auf der vierzylindrigen MV Agusta und am 8. August beim Regenrennen in Schotten Ray Amm auf der Werks-Norton. Nachwuchstalent Hans Bartl und Hans Meier wurden auf der RS 54 vom Werk voll unterstützt, gehörten aber nicht zum offiziellen Team. Bartl siegte am 5. September in Hannover und sicherte BMW damit Platz 3 in der Konstrukteurswertung. Der private Horex-Fahrer Georg Braun hatte gegen die bajuwarische Phalanx einen schweren Stand, siegte aber beim Eifelrennen und auch später auf dem Norisring.

Oben: Beim Großen Preis von Italien in Monza am 12. September 1954 fuhr Walter Zeller mit dieser wuchtigen Vollverkleidung, die aber seitenwindempfindlich war.

Links unten: Zellers 253 am 25. Juli auf der Solitude mit modifizierter Verkleidung. Rechts unten: Ein Heckteil ergänzte versuchsweise die große Monza-Verkleidung.

Versuche mit Halb- und Vollverkleidungen

Ein zukunftsweisendes Novum war die Vollverkleidung an der RS, mit der Zeller am 12. September 1954 auf der Hochgeschwindigkeitsstrecke von Monza antrat. Auch das Gespann von Noll/Cron war dort erstmals vollverkleidet (s.a. weiter unten). Bei der Solomaschine brachte die Verkleidung zwar eine höhere Endgeschwindigkeit, machte das Motorrad aber auch deutlich seitenwindempfindlicher. Auf der Solitude fuhr Zeller eine RS mit einer deutlich modifizierten Vollverkleidung.

Für Schotten hatte BMW Zellers 253 mit einer schlanken Halbverkleidung versehen, die den Winddruck auf den Fahrer, aber auch die Seitenwindempfindlichkeit reduzierte. Versuchsweise wurde die Werks-Rennmaschine für die Saison 1955 zusätzlich mit einer Heckverkleidung ausgerüstet. Man testete das derart aerodynamisierte Motorrad auf der Autobahn, setzte es aber nicht im Rennen und auch nicht bei Rekordversuchen ein.

Noll/Cron 1954 Gespann-Weltmeister

Zusammen mit der Seitenwagenfirma Watsonian hatte der Engländer Cyril Smith 1953/54 eine Stromlinien-Verkleidung für sein Norton-Gespann entwickelt. Daraufhin machten auch Eric Oliver und Wilhelm Noll windschnittige

Abdeckungen einsatzreif. Nachdem Noll 1954 in Monza mit einer Vollverkleidung erstmals für Aufsehen gesorgt hatte, wurden (mehr oder weniger abgewandelt) aerodynamische, individuell angepaßte Verschalungen in den nächsten Saisons zum Standard für die Spitzengespanne.

Wilhelm Noll und Fritz Cron waren seit ihrem ersten Erfolg 1950 beim Feldberg-Rennen immer mehr in den Vordergrund getreten. 1954 traten sie die Nachfolge von Kraus/Huser im BMW-Werksteam an, aber bekamen auch harte Konkurrenz aus den eigenen Reihen, da mehrere deutsche Fahrer in dieser Saison Gespanne mit der käuflichen BMW RS an den Start brachten. Wie konkurrenzfähig die RS-Gespanne auf Anhieb waren, sollte die internationale Seitenwagen-Elite auf der Isle of Man zu spüren bekommen, wo drei Neulinge aus Deutschland unter die ersten Vier gelangten: 2. Platz für Hillebrand/Grunwald, 3. Platz für Noll/Cron, 4. Platz für Schneider/Strauß.

Als diese drei auch beim nachfolgenden Grand Prix in Belfast (Nordirland) unter den ersten Fünf lagen, ahnten die Engländer nichts Gutes für den weiteren Verlauf der Saison. Oliver gewann zwar mit dem Großen Preis von Belgien seinen dritten Lauf, bei den nächsten drei Grand Prix aber löste ihn Wilhelm Noll als Sieger ab. Nach dem Endlauf in Monza hatten sich aufgrund der besseren Plazierungen Wilhelm Noll und Fritz Cron mit ihrem BMW-Einspritzmotor-Gespann die Weltmeisterschaft 1954 gesichert. Es war auch die erste Weltmeisterschaft für BMW und der Beginn einer beispiellosen, 21jährigen Serie. Daß Walter Zeller mit der Einspritz-BMW in der 500er Soloklasse 1954 Deutscher Meister geworden war, rundete die Sache ab.

Genial: die Konstruktion des BMW-Gespanns

Wie alle Boxermotoren zuvor eignete sich auch das Renn-Triebwerk von BMW in besonderer Weise für die Seitenwagenklasse: Das Aggregat hatte einen tiefen Schwerpunkt, seine Baubreite fiel bei den Renngespannen nicht negativ ins Gewicht, und die Bauart des Motors erlaubte es, die BMW-Renngespanne wesentlich niedriger als die Gespanne der Konkurrenz zu bauen, die auf Motoren mit stehenden Zylindern basierten; wobei anzumerken ist, daß die Gespann-Maschine, mit der Wilhelm Noll und sein Beifahrer Fritz Cron 1954 den WM-Titel holten, sich in der Bauhöhe nicht von der Solomaschine unterschied.

Der Vorteil des tiefen Schwerpunktes sollte erst später zu Renngespannen führen, die extrem niedrig waren: Die „Kneeler" hatten um 1976 nur noch eine Gesamthöhe von etwa 70 cm! Die niedrige Anordnung des BMW-Motors im Rahmen erleichterte das „Driften" mit den im Vergleich zu heute sehr schmalen Rennreifen. Der ruhige Lauf und das gute Drehmoment waren weitere Pluspunkte des BMW-Rennmotors, und der robuste Wellenantrieb eignete sich bestens für die Schwerarbeit im Gespannbetrieb.

Oben: Wilhelm Noll und Fritz Cron ließen ihren dritten (Isle of Man und Belfast) und zweiten (Spa) Plätzen drei Siege in Reihe (Solitude – im Bild –, Bern und Monza) folgen und konnten damit die Norton-Gespanne von Eric Oliver und Cyril Smith erstmals von der Spitze verdrängen. Die Weltmeister 1954 hießen also Noll/Cron auf BMW.

Rechts: Noll/Cron noch einmal aus einer anderen Perspektivemit einem unverkleideten Gespann; das Team legte 1954 den Grundstein zu einer beispiellosen BMW-Erfolgsserie im Gespann-Rennsport. Die Fotos dokumentieren sehr gut, welche Akrobatik zur Beherrschung der wilden Dreiräder nötig war.

Alles in allem handelte es sich beim BMW-Werksgespann des Jahres 1954 praktisch um eine Solo-Werksmaschine mit angeschraubter, gepolsterter Plattform, die von Steib samt hydraulisch gebremstem Seitenwagenrad zugeliefert wurde. Später baute München den Rennseitenwagen selbst. Der „Schmiermaxe" lag auf der Geraden flach auf dieser Plattform, tief geduckt hinter einer kleinen Frontverkleidung mit Schaufenster und vollführte in den Kurven die spektakulärsten „Turnübungen". Am Beiwagen und im Bereich des Hinterrades waren stabile Griffe angebracht, ohne die der Passagier seine tollkühnen Gewichtsverlagerungen nicht hätte machen können. Bei den deutschen Gespannen saß die Plattform rechts, während die Engländer und einige Schweizer die Plattform an der linken Seite mitführten.

Spektakuläre Beifahrer-Artistik

Als Zuschauer bewunderte man maßlos den Mut und die Körperbeherrschung der jeweiligen Beifahrer, denn bei Geschwindigkeiten bis zu 180 km/h mußte sich der Schmiermaxe aus der liegenden Position in die kniende Haltung aufrichten, sich dabei an den Griffen ohne jede Sicherung festhalten und sich (bei Gespannen mit rechts angeschlagenem Beiwagen) in Linkskurven weit über das Hinterrad bzw. den Kotflügel der Rennmaschine hinauslehnen. In Rechtskurven hing er fast vollständig rechts heraus – Gesäß und Ellenbogen befanden sich nur wenige Zentimeter über der Piste. In Linkskurven legte sich der Beifahrer weit auf den hinteren Kotflügel der Maschine. Bei hohen Geschwindigkeiten, bei Bodenunebenheiten und beim Driften mußten die Manöver schnell und exakt, aber auf keinen Fall ruckartig ausgeführt werden. Auf den welligen Strecken jener Zeit und vor allem dann, wenn das Team ein Duell mit einem Konkurrenten austrug, war die Leistung der Gespannbesatzung fast übermenschlich.

Damit soll aber keineswegs die große Leistung geschmälert werden, die auch der Fahrer vollbrachte: Er mußte (bezogen stets auf Gespanne mit Rechtsausleger) die Geschwindigkeit in Relation zum Kurvenradius bzw. zur Ideallinie so gut abstimmen, daß in Rechtskurven der Beiwagen nicht hochstieg, und daß in Linkskurven keine zu extreme Entlastung des Antriebsrades stattfand; daher lehnte sich der Fahrer in Linkskurven ebenfalls zur Kurveninnenseite.

Deutsche Straßenmeisterschaft

Jahr	Klasse	Gewinner	Marke
Solo-Motorräder Bundesrep. Deutschland			
1954	500 cm³	Walter Zeller	BMW
Gespanne Bundesrepublik Deutschland			
1954	500 cm³	Wilhelm Noll, Fritz Cron	BMW

Weltmeisterschaft Gespanne

Jahr	Marke	Gewinner	Platz
1954	BMW	Wilhelm Noll, Fritz Cron	Platz 1
1954	Norton	Eric Oliver Les Nutt	Platz 2
1954	Norton	Cyril Smith Stanley Dibben	Platz 3
1954	BMW	Walter Schneider, Hans Strauß	Platz 4
1954	BMW	Fritz Hillebrand, Manfred Grunwald	Platz 5
1954	BMW	Willi Faust, Karl Remmert	Platz 6

Oben: Walter Schneider/Hans Strauß auf unverkleidetem RS 54-Gespann beim Internationalen Solitude-Rennen 1954, wo sie den 2. Platz belegten. 1958 und 1959 wurde das Team Weltmeister.

Mitte: Mit hochgesetzten Lufteinlässen trat in Monza das erstmals vollständig karossierte Werksgespann von Noll/Cron in Erscheinung.

Unten: Für Langstreckenrekorde über acht und neun Stunden am 12. Mai in Montlhéry fuhren die Meier-Brüder und Walter Zeller eine RS 54 mit Dell'Orto-Vergasern und Schwingungsdämpfer.

Wells sowie der näheren Umgebung stattfanden, landete das Team der Bundesrepublik in der World Trophy auf dem 6. und in der Silbervasen-Wertung nur auf Platz 10 und 12. Die Nationalmannschaft der Tschechoslowakei konnte zum dritten Mal die World Trophy gewinnen. Die Silbervase ging zum vierten Mal an die Niederlande.

Bei kleineren Wettbewerben in Deutschland zeigte BMW auch 1954 mit Werks- und Privatfahrern aber unablässig Flagge. Für Gold- und Silbermedaillen reichte es immer wieder. So holten Hans Meier und Hans Roth bei der Schwäbischen Geländefahrt auf präparierten R 67/2 zwei Goldmedaillen.

Links: Ernst Müller und die Monteure der BMW-Rennabteilung mit der verkleideten RS vor den Rekordfahrten in Montlhéry.

Unten: Ende Oktober 1954 kehrte man noch einmal mit einem Spezial-Gespann auf die französische Hochgeschwindigkeitspiste für neue Rekordversuche zurück. Der Verkleidungsbug ähnelte dem des Renngespanns, doch das Cockpit bekam höhere Seitenteile; außerdem hatte man ein langes Heck angebaut. Für Rekordfahrten reichten das „Stützrad" und vorgeschriebene Ballast-Gewichte, gut zu erkennen.

Langstreckenrekorde in Montlhéry

Den absoluten Geschwindigkeitsrekord wie vor dem Krieg peilte BMW in den 1950er Jahren (nur mit einer Ausnahme, s.u.) nicht mehr an, von Langstreckenrekorden jedoch versprach sich München zusätzlichen Imagegewinn. So traten denn Schorsch und Hans Meier sowie Walter Zeller 1954 und 1955 auf dem Oval von Montlhéry bei Paris mit der Solo-RS zur Jagd auf Rekorde an. Der Verkleidungsbug der Rekordmaschine ähnelte dem des Renngespanns, doch das Cockpit bekam höhere Seitenteile; außerdem hatte man ein langes Heck angebaut.

Wilhelm Noll, Fritz Hillebrand und Walter Schneider gingen Ende Oktober 1954 mit einem RS-Gespann auf die Strecke. Für Rekordfahrten in der Gespann-Kategorie war kein Beifahrer notwendig, es reichten das „Stützrad" und vorgeschriebene Ballast-Gewichte. Zusammen mit Walter Schneider und Fritz Hillebrand legte Schneider in 24 Stunden über 3500 km zurück – mit einem Durchschnitt von mehr als 144 km/h. Als neuer Sportchef freute sich Wiggerl Kraus über das Ergebnis, das so gut war, daß BMW am 5. Oktober 1955 auf der Autobahn München-Ingolstadt doch noch einmal einen Angriff auf den absoluten Geschwindigkeitsrekord startete. Wilhelm Noll katapultierte sein Gespann auf 280,2 km/h und legte damit für lange Zeit die Gespann-Bestmarke fest.

Geländesport mit mäßigem Erfolg

Der Vollständigkeit halber sei erwähnt, daß BMW 1954 im Geländesport keine internationalen Erfolge verbuchen konnte. Bei den Six Days 1954, die vom 20. bis 25. September im walisischen Llandrindod

Links: Nach einer ganzen Reihe von Klassenrekorden im Herbst ging es im März 1955 auf einen 24-Stunden-Marathon. BMW-Rennleiter Alex von Falkenhausen und Ernst Müller gratulierten Wilhelm Noll zum Erfolg. Zusammen mit Walter Schneider und Fritz Hillebrand hatte er über 3500 km mit einem Durchschnitt von über 144 km/h zurückgelegt. Rechts der neue Metzeler-Sportchef Ludwig „Wiggerl" Kraus.

Eine neue Epoche läutete BMW 1955 mit den Vollschwingenmodellen R 50, R 60 und R 69 ein. Markante Merkmale waren die geschobene Langschwinge vorn und die Langschwinge hinten mit den extrem hochgesetzten Federbeinen. Der Käufer konnte erstmals zwischen Schwingsattel und Sitzbank wählen. Das Foto zeigt eine frühe R 50 von 1955.

Kapitel 11
1955-1960: R 50, R 60*

Beschwingt in rauhes Fahrwasser

Das Jahr 1955 war für BMW eine Zeitenwende: Eine neue Boxer-Generation mit unkonventionellem Fahrwerk betrat die Bühne – R 50, R 60 und R 69. Statt der 1938 eingeführten Telegabel führte nun eine bereits im Rennsport erfolgreich erprobte Schwinge das Vorderrad. Auch die Hinterradschwinge war neu erdacht worden. Das aufwendige Fahrwerk überzeugte selbst kritische Tester durch Komfort und Spurhaltung. Aber die Zeichen standen auf Sturm: Mitte der 1950er Jahre brach der Motorradmarkt zusammen, und die schönen neuen Boxer verkauften sich deshalb schlechter als erhofft. Das Minimobil Isetta sollte die Rettung sein, doch BMW blickte einer düsteren Zukunft entgegen.

Die Motoren der Zwillingsmodelle R 50 und R 60 warten äußerlich gleich und nur durch die schräger gestellten Vergaser von den Aggregaten der Vorläufer R 51/3 und R 67/3 zu unterscheiden. Aufnahmedatum: 1958.

** R 50 und R 60 sind äußerlich identisch. Das BMW-Archiv differenziert Standard-Fotos von diesen Modellen und deren Beschreibungen nur selten. Die Motorräder auf einigen Fotos in diesem Kapitel können daher R 50-, aber auch R 60-Modelle sein, worauf dann entsprechend hingewiesen wird. Die R 60 mit ihren wenigen Unterschieden behandeln wir am Ende dieses Kapitels in einem besonderen Abschnitt. Die technischen Zeichnungen von Antrieb und Fahrwerk gelten weitgehend für alle Vollschwingenmdolle inklusive der /2-Serie ab 1960 und der R 69 S bis 1969.*

1955-1960: **13 510 Einheiten**

R 50 494 cm³

Innovatives Fahrwerkskonzept

Wer in den 1950ern ein BMW Boxer-Motorrad besaß oder zumindest davon träumte, wird sich an eine der erfolgreichsten Quizsendungen des Deutschen Fernsehens erinnern: *„Was bin ich? Das heitere Beruferaten"* mit Moderator Robert Lemke und vier wechselnden Prominenten – dem „Rateteam". Ausgestrahlt wurde die Sendung erstmals am 2. Januar 1955 im Ersten Deutschen Fernsehen (das ZDF gab es erst ab 1963), und sie lief in der Originalversion bis 1989. Am selben Tag im Januar 1955 wurde die Bundeswehr gegründet. Und Bundeskanzler Konrad Adenauer erreichte am 8. September in Moskau die Freilassung der letzten 10 000 deutschen Kriegsgefangenen.

1955: Europaflagge und Martinshorn

Auf den Tag drei Monate später definierte der Europarat sein Emblem: eine blaue Flagge mit zwölf goldenen Sternen. Blau war auch das Blinklicht, das zusammen mit dem „Martinshorn" am 29. März für Polizei- und Rettungsfahrzeuge eingeführt wurde und bald auch Polizeimotorräder von BMW zierte.

Oben: eine R 50 aus der Vorserie, abgelichtet 1954.

Unten: R 50 bzw. R 60 von 1955 mit Zugfeder-Einzelsitz. Ästhetisches Manko des Modells: Die Federbeine verliefen – anders als bei den BMW-Rennmaschinen – nicht parallel zum Steuerkopf.

Wiedererlangte Lufthoheit: Baut BMW bald wieder Flugmotoren?

Eine auch für BMW wichtige Entscheidung fiel am 5. Mai 1955: Die Pariser Verträge (s.a. Kapitel 10) traten in Kraft; sie gaben Deutschland die Souveränität zurück. Diese umfaßte auch die Lufthoheit im zivilen und militärischen Bereich. Würde BMW bald wieder das Stammgeschäft aktivieren und Flugmotoren bauen können? Wir beantworten die spannende Frage weiter hinten im Buch. Schon einige Zeit vor dem Inkrafttreten der Pariser Verträge war der Himmel für die deutsche Luftfahrt wieder freigegeben worden. So konnte die Lufthansa am 1. April erstmals seit dem Krieg wieder einen Linienflug absolvieren, und zwar von Hamburg in die BMW-Stadt München.

Oben: Nicht näher benannte Personengruppe mit R 50 und einer frühen Isetta im Jahr 1955 vor dem Südtor des Werks Milbertshofen.

Links: R 50 bei der Vorstellung der neuen BMW-Motorräder mit Vollschwingrahmen 1955. Ganz links Motorentwickler Alex von Falkenhausen, Zweiter von rechts Motorradtechniker und Motorjournalist Helmut Werner Bönsch, ganz rechts Chefkonstrukteur Alfred Böning.

Rechts: Die aus dem Rennsport abgeleitete, steife „Earles"-Gabel garantierte Komfort und Spurhaltung.

BMW-Motorradgeschäft 1955 erstmals rückläufig

Die Motorradabteilung von BMW stand 1955 noch gut da. Doch der Horizont verdunkelte sich bereits. Nach dem Rekordjahr 1954 mit knapp 30 000 verkauften Maschinen, ging der Absatz 1955 bereits spürbar zurück – auf nur noch 23 531 Einheiten. Und das war erst der Anfang des Niedergangs. Vor allem Zweizylindermaschinen blieben immer öfter Ladenhüter; deren Gesamtproduktion verringerte sich bis 1958 um 75 Prozent. Zweiräder galten bald als „Arme-Leute-Fahrzeuge".

So stiegen immer mehr Kunden (oft direkt vom Moped) aufs Auto um, und wenn es auch nur ein Kleinwagen wie das Goggomobil oder eine Behelfskonstruktion wie der Messerschmitt Kabinenroller war. Dank „Wirtschaftswunder" und Wiederaufbau verdienten die Deutschen Geld und gaben es gern für individuelle Mobilität aus. Bei VW rollte 1955 der millionste Käfer vom Band, und alle wollten das bucklige, nur zweitürige, relativ unpraktische und hecklastige Fahrzeug haben.

BMW wollte zwar dem Motorrad um jeden Preis treu bleiben, doch suchte man händeringend nach zusätzlichen, möglichst einträglichen Alternativen. Und es mußte schnell gehen, und es durfte nicht viel kosten. Um Verluste ausgleichen zu können, war BMW bereits gezwungen gewesen, einen großen Teil der Werksanlagen in Allach an MAN zu verkaufen.

Links: Kundendienstschulung 1956 an einer BMW R 50 bzw. R 60, dem Einzylinder-Triebwerk der R 26 und einem Motorgehäuse. Die Herren trugen die fotogene Werksuniform, bestehend aus grauem Kittel mit BMW-Emblem und Kravatte.

Unten: Bei der Endmontage der neuen Boxermodelle R 50 und R 60 im Werk Milbertshofen wurden 1955 zahlreiche Schritte noch in Handarbeit ausgeführt.

Isetta-Start 1955 aus der Not heraus

Im Rückblick mutet es da fast wie eine Verzweiflungstat an, daß BMW in die umkämpften Niederungen des Minimobilmarkts hinabstieg und 1955 das rundliche „Motocoupé" Isetta auf den Markt brachte, von dem man 1954 eine Lizenz bei der italienischen Firma ISO erworben hatte. Am trapezförmigen Rahmen mit der schmalen Spur hinten und der Karosserie mit der nach vorn öffnenden Tür veränderten die Bayern nur Kleinigkeiten. Für den Vortrieb sorgte der Einzylinder-Ohv-Motor aus der BMW R 25/3, der seine 12 PS über ein Spezialgetriebe auf die beiden Hinterräder übertrug (für England auf nur ein Rad).

Das Grundmodell Isetta Standard 250 erreichte eine Spitze von 85 km/h und war mit 2580 DM sogar billiger als ein Boxer-Motorrad der Weiß-Blauen. Im Dezember 1955 schob BMW die 300er Version mit 13 PS nach. Bis Mai 1962 fand das „Ei auf Rädern", auch „Knutschkugel" genannt, in allen Versionen bis hin zum Cabrio und zum Pickup international immerhin rund 160 000 Abnehmer.

Trotzdem war die Isetta eine Notlösung, mit der man Geld verdienen mußte, um erstens die sinkenden Einnahmen aus dem Motorradgeschäft zu kompensieren und zweitens, um die aufwendige, zum großen Teil in Handarbeit ausgeführte Produktion der Luxuslimousinen 501 Sechszylinder (ab 1952, Vorkriegs-Ohv-Triebwerk mit 2,0 Liter Hubraum) und 502 V8 (ab 1954, Leichtmetall-Ohv-Motoren mit 2,6, dann 3,2 Liter Hubraum) finanzieren zu können. Auch die ab 1956 gebauten Coupés 503, 507 und später 3200 CS Bertone waren aufgrund der geringen Produktionszahlen von vornherein ein Zuschußgeschäft, anfangs zum Teil alimentiert durch den Motorradabsatz. 1964 lief das letzte Modell der Limousine, der 3200 S mit 160 PS, vom Band.

Luxus-Limousinen-Produktion am Markt vorbei

Die Politik, neben Motorrädern und Minimobilen auch schwer verkäufliche Luxuslimousinen zu bauen, hätte BMW beinahe in den Ruin getrieben. BMW-Chronist Manfred Grunert: *„Die Modelle der Baureihen 501, 502, 503 und 507 können nicht die hochgesteckten Erwartungen des Unternehmens erfüllen. Alle zusammen finden bis ins Jahr 1964 nur knapp 23 000 Käufer. Gemessen an den ursprünglichen Planungen aus dem Jahr 1954 von 20 000 Einheiten pro Jahr ist das Ergebnis mehr als enttäuschend."*

Es mag auch am Design des „Barockengels" gelegen haben, das sich mit seinen prallen Rundungen eher am Stil der 1930er Jahre orientierte. Der Wagen war alles andere als innovativ, sieht man einmal vom V8-Motor ab, dem ersten Motor seiner Art in Deutschland nach dem Krieg. BMW war zwar stolz auf den drehstabgefederten „Vollschutzrahmen", den Alfred Böning konstruiert hatte, aber dessen massive Längs- und Querholme nach Geländewagenbauart absorbierten keine Aufprallenergie, sondern hatten eher Rammbockcharakter. Bei einem Frontalcrash verformte sich der schwere BMW oft nur minimal, dafür wurden die Insassen oft mit voller Wucht gegen das starre Lenkrad und in das Armaturenbrett aus Metall geschleudert, auch weil es zunächst keine Sicherheitsgurte gab.

Der extreme Spagat zwischen luxuriösen, bis zu 22 000 DM (Limousinen) und 33 000 DM (Roadster 507) teuren Großwagen für eine Schicht teils neureicher Aufsteiger und einem billigen Transportmittel wie der Isetta führte also schnell ins Abseits. Daran konnten auch die ab 1957 folgenden Kleinwagenmodelle 600 und 700 in ihren vielfältigen Ausführungen nichts Grundsätzliches ändern (mehr zu BMW 600 und 700 sowie zu den Problemen der Marke bis 1961weiter hinten).

Zusammenbruch des Motorradmarkts

Während die Konkurrenz wie Borgward, Ford und Opel mit einem cleveren Modellprogramm breit aufgestellt waren, VW mit dem Käfer die Träume der Masse erfüllte und Mercedes-Benz die perfekten Angebote für Gutverdiener und Prominenz bereithielt, saß BMW zwischen Baum und Borke. Die Situation verschärfte sich noch dadurch, daß der Motorradmarkt von Jahr zu Jahr mehr einbrach. 1957 mußte BMW mit dem niedrigsten Motorradabsatz der 1950er Jahre fertigwerden, nur 5429 Maschinen verließen die Hallen – und gingen überwiegend an Polizei und Behörden. 1962 wurden – trotz der 1955 eingeführten Schwingenmodell-Generation – nur noch 4302 BMW-Motorräder gebaut. Und so enttäuschend ging es bis 1969 weiter.

Oben: R 50 und Isetta 1956 im Bayerischen Voralpenland – so setzte man damals Produkte in Szene. Schutzkleidung: Fehlanzeige.

Unten: Backbordseite der R 50 bzw. R 60 mit Einzelsitz.

Motorradmarken-Sterben ab Mitte der 1950er Jahre

Noch härter traf es die anderen Motorradhersteller: Die ruhmreiche, 1873 gegründete und auch im Rennsport und bei Rekordfahrten äußerst erfolgreiche Marke NSU, noch 1955 größter Motorradhersteller der Welt, mußte 1963 die Motorradproduktion aufgeben. Horex in Bad Homburg, jene Marke, die der BMW RS auf den Rennstrecken ordentlich Paroli geboten hatte, erwischte es schon 1956. Zündapp, seit 1921 und während des Kriegs mit den schweren

Gut gemacht, aber nicht vermarktet: BMW-Roller

1946 begründete die italienische Vespa den Motorrollermarkt, der sich in den 1950ern explosionsartig entwickelte. BMW überlegte bereits 1951, auf den Rollerzug aufzuspringen und entwickelte einen hübschen Stadtroller mit großen 16-Zoll-Rädern, 200-cm³-Einzylinder-Mittelmotor und ansprechender Karosserie (Foto oben). Doch man traute sich nicht und ersetzte das Projekt von 1953 bis 1955 durch ein neues Konzept, das sich am erfolgreichen Heinkel-Roller orientierte. Vollschwingen-Fahrwerk, geschlossene Karosserie mit Sitzbank, 10-Zoll-Räder und 175-cm³-Mittelmotor waren die markantesten Merkmale (Fotos Mitte, unten: zwei Prototypen). Doch letztlich gab BMW der Isetta den Vorzug und stoppte das Projekt 1955.

Einzylinder mit Schwinge vorn: R 26 ab 1956

Auch das Einzylindermodell R 26, das 1956 die R 25/3 ablöste, war mit dem neuen Vollschwingenfahrwerk ausgerüstet worden. Wie bei den neuen Boxern konnte die Vorspannung der Hinterradfedern ohne Werkzeug geändert werden. Der Tank faßte nun 15 Liter. Der mit 7,5 : 1 verdichtete Motor leistete auch dank des auf 26 mm Querschnitt vergrößerten Vergasers jetzt 15 PS und sorgte für eine Höchstgeschwindigkeit von knapp 130 km/h. Bei einem Preis von anfangs 2150 DM verkaufte BMW 30 236 Einheiten der R 26 bis 1960.

Zuerst Autoersatz, heute Kult: die Isetta ab 1955

Die ab 1952 produzierten, nur schwer verkäuflichen Luxuswagen der Baureihen 501 und 502 konnten die schwierige Finanzlage von BMW nicht verbessern. Geld in die Kassen sollte ein Minimobil spülen, für das 1954 eine Lizenz bei ISO erworben wurde. Als Isetta ging das „Motocoupé" dann 1955 in Serie und fand viele Liebhaber – nicht nur in Deutschland. Bis 1962 konnten von allen Varianten inkl. Cabrio und Pickup 161 728 Exemplare der „Knutschkugel" verkauft werden. Für Vortrieb sorgte der Einzylindermotor aus der R 25-Baureihe, zunächst mit 250, dann auch mit 300 cm³ (12/13 PS). Foto: Modell 250 von 1955.

KS-Gespannen stärkster Konkurrent von BMW, baute bis 1962 überwiegend Zweitaktmaschinen bis 250 cm^3, hielt sich dann vor allem mit Mofa, Mokicks und Kleinkrafträdern bis 1984 und zum Verkauf nach China über Wasser. DKW, seit 1922 in Zschopau als bedeutender Zweiradhersteller aktiv, produzierte ab 1945 wieder in Ingolstadt und gab die Motorradfertigung 1958 an die in Nürnberg unter Beteiligung von Victoria und den Express Werken neu gegründete Zweirad Union ab. Zahlreiche kleinere Hersteller wie Adler, Dürkopp oder Triumph kamen ebenfalls nicht über die 1950er Jahre hinaus.

Erstes Rollerkonzept von BMW bereits 1951

Vor diesem Hintergrund war es logisch und konsequent, daß BMW die Entwicklung eines eigenen Motorrollers 1955 einstellte. Zwar hatte man ab 1951 mehrere Prototypen realisiert, bekam jedoch wegen der hohen Entwicklungskosten und der nur schwer einzuschätzenden Erfolgsaussichten letztlich kalte Füße.

Einen Roller im barocken Stil der seit 1946 in wachsenden Stückzahlen verkauften Vespa, die ab 1950 in Lizenz auch von Hoffmann in Lintorf gefertigt wurde, konnte man sich in München nicht vorstellen, eher schon ein fast motorradähnliches Fahrzeug mit großen 16-Zoll-Rädern und schmaler Karosserie im Stil der englischen Velocette LE. Das Pro-

Oben: Das Behördengeschäft auf internationaler Ebene entwickelte sich Mitte der 1950er Jahre zu einem unverzichtbaren Standbein von BMW. Das Foto zeigt eine Staffel südafrikanischer Polizisten 1956 auf R 50.

Rechts: Der Motorradexport lief bereits 1948 an. Hier ist ein US-amerikanisches Paar 1955 auf zwei identischen R 50 zu sehen. Die Maschinen sind mit verchromten Zylinderschutzbügeln ausgerüstet, im Volksmund „Sturzbügel" genannt. Frauen, die damals Motorrad fuhren, betrachteten dies als emanzipatorischen Akt und einen Schritt zur Unabhängigkeit.

jekt wurde jedoch 1953 beendet und durch ein zweites Rollerkonzept ersetzt, das sich am damals äußerst erfolgreichen Roller Tourist des ehemaligen Flugzeugherstellers Heinkel orientierte (gebaut 1953 bis 1965, Viertakt-Mittelmotor mit 149, später 174 cm³, insgesamt 160 000 produzierte Einheiten). Der Heinkel-Roller war mit seiner ausladenden Karosserie ein veritabler Autoersatz und dank seiner soliden und innovativen Antriebstechnik sehr zuverlässig und langlebig.

Zweites Rollerprojekt 1955 auch wegen der Isetta begraben

Unter der Codierung R 10 (identisch mit der des frühen Motorrad-Prototyps, s. weiter vorn) entwickelte BMW nun ab 1953 ein heinkelähnliches Fahrzeug, um (fast auf den letzten Drücker) am Rollerboom Anfang der 1950er Jahre partizipieren zu können. Im Gegensatz zur ersten Version mit ihren 16-Zoll-Rädern hatte diese zweite Variante kleinere 10-Zoll-Räder, und der Hubraum war von 200 auf 175 cm³ reduziert worden. Eine Gebläsekühlung schützte den eigens entwickelten und wie bei Heinkel mittig angeordneten Viertaktmotor vor Überhitzung. Markentypisch war der Kardanantrieb, zukunftsweisend (s. weiter unten R 50 etc.) waren die Federbeinschwingen an Vorder- und Hinterrad. Im November 1953 waren die ersten Prototypen fertig, denen dann im Lauf der Zeit verschiedene Design-Varianten folgten. 1955 war der BMW-Roller annähernd serienreif, die Serienproduktion betriebswirtschaftlich durchkalkuliert. Doch dann stoppte der Vorstand die weitere Entwicklung und damit den Serienanlauf. Man wollte sich wohl nicht verzetteln und sich stattdessen auf die Fertigung des neuartigen „Motocoupés" Isetta konzentrieren. Parallel dazu einen nicht viel preisgünstigeren Motorroller zu vermarkten, hätte auch aus finanz- und marketingpolitischen Überlegungen heraus wenig Sinn gehabt.

Mutiger Schritt: Motorräder ab 1955 mit neuer Fahrwerkstechnik

Stattdessen setzte BMW auf eine Karte, die man genau kannte, und modernisierte das Motorradprogramm. Gleichwohl war es mutig, es zu Beginn einer Zeit des Niedergangs einerseits und der Hinwendung zu vierrädrigen Fahrzeugen andererseits zu wagen, eine neue Motorradlinie vorzustellen, die vom Chassis und vom Fahrwerk her vollkommen mit der Tradition brach. Deutsche

Links: Der „BMW Bilder Dienst" war stets auf der Suche nach exotischen Motiven. Hier stehen Ureinwohner des Maká-Volks in Paraguay im Jahr 1956 neben einer R 50. Dienst Folge 13/1956.

Unten: Prospektblatt 1958 mit dem Modellprogramm.

Serienmotorräder mit einer dreieckig ausgelegten, geschobenen Vorderradschwinge hatte es zuvor nicht gegeben, sieht man vom Rennsport ab. Genauso gewagt war es vielleicht, es bei den herkömmlichen Ein- und Zweizylindermotoren und dem Ohv-Ventiltrieb mit seitlich liegender bzw. zentraler Nockenwelle zu belassen. In einer Phase, in der die japanische Motorradindustrie sich bereits auf ihren Siegeszug vorbereitete, und englische

R 26 Touren-Sport
250 ccm 15 PS
R 26

Vollschwingrahmen. Leistungsstarker Einzylinder-Viertaktmotor. Vierganggetriebe, Fußschaltung. Vorder- und Hinterradschwinge mit Federbeinen und Öldruckstoßdämpfern. Hochglanzpolierte 18" Leichtmetall-Tiefbettfelgen. Leichtmetall-Vollnabenbremsen. Kraftstofftank mit verschließbarem Werkzeugbehälter. Bremslicht.

PS-Zahl	15
Zylinderzahl	1
Zylinderinhalt	245 ccm
Bohrung und Hub	68 x 68 mm
Umdrehungen/Min.	6400
Verdichtungsverhältnis	7,5 : 1
Lichtanlage	6 V/60 W
Vergaser	Bing 1/26
Untersetzung im Getriebe (1., 2., 3., 4. Gang)	5.33, 3.02, 2.04, 1.54 : 1
Untersetzung vom Getriebe zum Hinterrad Solo	4,16 : 1 Zähnezahl 6/25
Seitenwagen	5,2 : 1 Zähnezahl 5/26
Tankinhalt	15 Liter
Kraftstoff-Normverbrauch je 100 km, Solo (m. Seitenwg.)	3,3 (3,8 Liter)
max. Geschwindigkeit	128 km/st
Gewicht fahrfertig	158 kg
Reifengröße	3,25 x 18
Größte Breite	660 mm
Größte Länge	2090 mm
Sattelhöhe	770 mm

Die Vorderradschwinge mit Federbeinen

R 50 Touren-Sport
500 ccm 26 PS
R 50

Leistungsstarker Zweizylinder-Motor. Rennerprobter Vollschwingrahmen mit Federbeinen und Öldruckstoßdämpfern. Hochglanzpolierte 18" Leichtmetallfelgen. Leichtmetall-Vollnabenbremsen. Bremslicht.

PS-Zahl	26
Zylinderzahl	2 gegenläufig
Zylinderinhalt	490 ccm
Bohrung und Hub	68 x 68 mm
Umdrehungen/Min.	5800
Verdichtungsverhältnis	6,8 : 1
Lichtanlage	6 V/60–90 W
Vergaser	Bing 1/22/61/62
Untersetzung im Getriebe (1., 2., 3., 4. Gang)	5.33, 3.02, 2.04, 1.54 : 1
Untersetzung vom Getriebe zum Hinterrad Solo	3,18 : 1 Zähnezahl 11/35
Seitenwagen	4,33 : 1 Zähnezahl 6/26
Tankinhalt	17 Liter
Kraftstoff-Normverbrauch je 100 km, Solo (m. Seitenwg.)	4,1 (5,3 Liter)
max. Geschwindigkeit	140 km/st
Gewicht fahrfertig	195 kg
Reifengröße	3,5 x 18
Größte Breite	600 mm
Größte Länge	2125 mm
Sattelhöhe	725 mm

Kraftstofftank mit verschließbarem Werkzeugbehälter

R 60 Touren-Sport
600 ccm 28 PS
mit BMW Schwingachs-Seitenwagen „Spezial"
R 60

Vollschwingrahmen mit Federbeinen, Öldruckstoßdämpfer. Besonders weich wirkende Kupplung. Leichtmetall-Vollnabenbremsen, Bremslicht. Seitenwagen-Schwingachse und -Boot mit weicher Gummifederung. Öldruckbremse für Seitenwagenrad. Auch in Solo-Ausführung lieferbar.

PS-Zahl	28
Zylinderzahl	2 gegenläufig
Zylinderinhalt	590 ccm
Bohrung und Hub	72 x 73 mm
Umdrehungen/Min.	5600
Verdichtungsverhältnis	6,5 : 1
Lichtanlage	6 V/60–90 W
Vergaser	Bing 1/24/95/96
Untersetzung im Getriebe (1., 2., 3., 4. Gang)	5.33, 3.02, 2.04, 1.54 : 1
Untersetzung vom Getriebe zum Hinterrad Solo	2,91 : 1 Zähnezahl 11/32
Seitenwagen	3,86 : 1 Zähnezahl 7/27
Tankinhalt	17 Liter
Kraftstoff-Normverbrauch je 100 km, Solo (m. Seitenwg.)	4,2 (5,6 Liter)
max. Geschwindigkeit	mit 3 Personen 110 km/st
Gewicht fahrfertig	320 kg
Reifengröße	3,5 x 18, hinten 4,0 x 18
Größte Breite	1625 mm
Größte Länge	2390 mm
Sattelhöhe	725 mm

Vollständig gekapselt läuft die Kardanwelle ölumspült im rechten hinteren Schwingenrohr

R 69 Sport
600 ccm 35 PS
R 69

Zweizylinder-Hochleistungsmotor. Rennerprobter Vollschwingrahmen mit Federbeinen und Öldruckstoßdämpfern. Hochglanzpolierte 18" Leichtmetallfelgen. — Leichtmetall-Vollnabenbremsen. Bremslicht. Sportkissen oder Sitzbank.

PS-Zahl	35
Zylinderzahl	2 gegenläufig
Zylinderinhalt	590 ccm
Bohrung und Hub	72 x 73 mm
Umdrehungen/Min.	6800
Verdichtungsverhältnis	8,0 : 1
Lichtanlage	6 V/60–90 W
Vergaser	Bing 1/26/9/10
Untersetzung im Getriebe (1., 2., 3., 4. Gang)	5.33, 3.02, 2.04, 1.54 : 1
Untersetzung vom Getriebe zum Hinterrad Solo	3,18 : 1 Zähnezahl 11/35
Seitenwagen	4,33 : 1 Zähnezahl 6/26
Tankinhalt	17 Liter
Kraftstoff-Normverbrauch je 100 km, Solo	3,6 Liter
max. Geschwindigkeit	165 km/st
Gewicht fahrfertig	202 kg
Reifengröße	3,5 x 18
Größte Breite	725 mm
Größte Länge	2125 mm
Sattelhöhe	735 mm

Konstruktions- und Bauänderungen im Interesse der technischen Weiterentwicklung vorbehalten wie italienische Hersteller mit technisch ausgeklügelten Triebwerken bis hin zu Dohc-Hochleistungs-Vierzylinder-Motoren die Fans begeisterten, entschied sich BMW für einen Mix aus Gewöhnungsbedürftigem und Altbackenem.

Nun denn: Sehen wir uns die Entwicklung der „Vollschwingenmodelle" näher an, die natürlich unbestreitbare Vorzüge hatten, und beginnen wir beim neuen Basismodell R 50. Am Beispiel des Halbliter-Boxers zeigen wir die grundlegenden Änderungen auf, die für alle Maschinen der neuen Generation Geltung hatten – bis hin zum Einzylindertyp R 26 ab 1956. Anschließend präsentieren wir im Rahmen einzelner Abschnitte die Besonderheiten der Boxermodelle R 60 und R 69, später dann die ab 1960 gebauten Nachfolgetypen R 50/2, R 50 S, R 60/2, R 69 S sowie deren Spezial-Ausführungen als Geländesport- und Gespannmotorräder, letztlich auch die Ausführungen für den US-Markt.

Vorgestellt wurden die unkonventionellen „Vollschwingen"-Modelle im Januar 1955 auf dem Brüsseler Automobilsalon. 14 Jahre lang blieben die 500er und 600er Modelle im Programm; bis 1969 konnten von allen Typen der neuen Baureihe international 40 539 Exemplare abgesetzt werden.

Oben: Der Prospekt von 1958 strich mit dieser Montage den hohen Fahrkomfort heraus, den die innovativen Schwingenmodelle boten.

Rechts: Walter Zeller, der Deutsche Straßenmeister von 1951, 1954 und 1955, schiebt hier 1953 auf der Isle of Man seine Werks-Rennmaschine vom Typ 253 mit Einspritzmotor an. Der Boxer war auch dank des völlig neu konstruierten Fahrwerks mehr als konkurrenzfähig. Die Federbeine der von Eric Earles konziperten Vorderrad-Langschwinge standen – anders als bei Serienmodellen ab 1955 – parallel zum Steuerkopf. Auf der Insel lag Zeller nach der ersten Runde der Senior-TT auf Rang Neun, stürzte aber bei Signpost Corner und mußte aufgeben.

Der Rennsport als Quelle der Inspiration

Die Entwicklung des neuen Fahrgestells hatte bereits in den frühen 1950er Jahren eingesetzt und war durch beste Erfahrungen im Rennsport vorangetrieben worden. Nach umfangreichen Versuchen hatte man sich für den Einbau einer Vorderradschwinge nach Plänen des englischen Konstrukteurs Ernie Earles entschieden (wie sie etwa auch bei MV Agusta-Werksrennern Verwendung gefunden hatte). 1953 war das Motorrad auf Basis des Typs 253 mit Langschwinge vorne und auch hinten einsatzreif, und BMW hatte erstmals eine komplette Werks-Mannschaft mit Vollschwingern auf die Rennstrecken geschickt. Saisonbeginn war am 10. Mai in Hockenheim gewesen, und im Jahresverlauf hatte die Armada der fünf BMW-Werksfahrer Georg Meier, Hans Meier, Walter Zeller, Hans Baltisberger und Gerhard Mette die Konkurrenz auf den neuen Vollschwingen-Boxern in Grund und Boden gefahren. Die Krönung war, daß Schorsch Meier mit dem neu konzipierten Rennmotorrad zum sechsten Mal den Titel „Deutscher Meister" erringen konnte (s.a. Sport 1952-1953).

Ab 1954 war die vordere Schwinge Standard bei den Rennboxern des äußerst erfolgreichen Typs RS 54 gewesen, und die Erfolgsserie hatte sich fortgesetzt: Walter Zeller hieß diesmal der Deutsche Meister (Details s. Kapitel

Steckbrief R 50 (alle Daten im Anhang)

Bauzeit	1955-1960
Typ intern, Ventile	252/2, 2 ohv
Einheiten	13 510
Hubraum	494 cm^3
Leistung	26 PS bei 5800/min^{-1}
Vergaser	2 Bing 1/24/45-1/24/46
Getriebe	4-Gang
Rahmen	Doppelschleife, Stahlrohr
Vorderradführung	Langarmschwinge
Hinterradführung	Langarmschwinge
Bremsen vorn/hinten	Trommel 200 mm
Reifen vorn/hinten	3,50 x 18 / 3,50 x 18
Leergewicht	195 kg
Höchstgeschwindigkeit	140 km/h
Preis	3050 DM

Sport 1954). BMW war damit begreiflicherweise ausreichend motiviert, die Vorderrad-Schwinge auch in die Serie einfließen zu lassen.

Vollschwingen-Fahrwerke für die Serie R 50, R 60, R 69

Seit Einführung der Geradweg-Hinterradfederung im Jahr 1938 waren die Fahrwerke der BMW-Motorräder bis 1954 nahezu unverändert geblieben. Vorn war stets eine hydraulisch gedämpfte Telegabel Standard gewesen. Mit dieser Bauart brach BMW 1955 komplett. Denn das Vorderrad wurde nun bei allen Modellen von der R 50 und bis zur R 69 von einer geschobenen, kegelrollengelagerten Dreiecks-Langschwinge mit separaten, hinter der Achse angeschlagenen und hydraulisch gedämpften Federbeinen geführt. Bis zur Ablösung der Folgemodelle R 50/2 bis R 69 S im Jahr 1969 durch die vollkommen neu konzipierten Typen der /5-Baureihe blieb BMW bei diesem Konzept.

Ingenieur und Motorradtester Helmut Werner Bönsch listete die Anforderungen an die Vollschwingenkonstruktion auf: *„Unbedingt seitensteifer Hauptrahmen, kräftig ausgelegte Schwingenarme und Schwingenträger, spielfreie Lagerung von Schwinge und Rädern, erheblich größerer Nachlauf als bei einer Telegabel, ausgezeichnet abgestimmte, möglichst progressive Federkennung sowie stark progressive Dämpfung für Vorder- und Hinterradschwinge."* Alle Kegelrollenlager des Fahrwerks waren zudem nachstellbar.

Oben rechts: Die technische Zeichnung der Vorderradschwinge verdeutlich gut, wie stabil die Konstruktion ausgelegt war. Die Schwingarme waren in nachstellbaren Kegelrollen gelagert. Die langhubigen Federbeine waren hydraulisch gedämpft und sorgten für hohen Komfort.

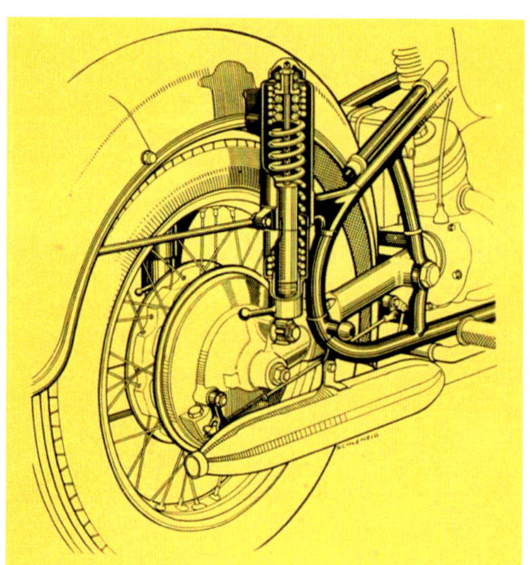

Mitte rechts: Auch die Hinterradführung war ungewöhnlich. Die ebenfalls hydraulisch gedämpften Federbeine waren extrem hoch angesetzt, die Federvorspanung ließ sich mit einem Hebel der jeweiligen Belastung anpassen.

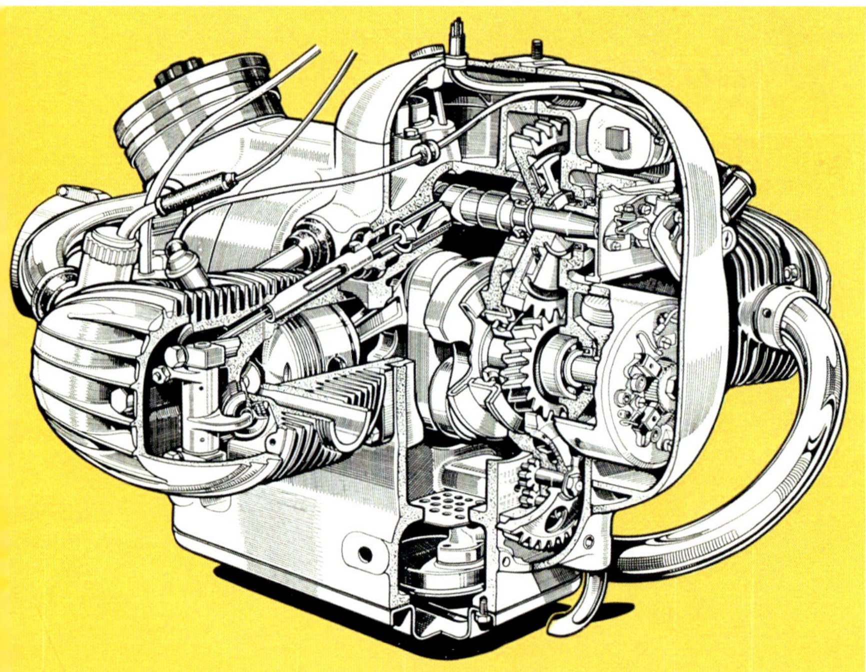

Links: Technische Zeichnung des von der R 51/3 übernommenen Boxermotors von R 50 und R 60 mit den markanten, sechsrippigen Zylinderkopfdeckeln. Deutlich gezeigt wird der Ventiltrieb mit Zahnrädern, Nockenwelle, Stößelbechern, Stösselstangen und Kipphebeln.

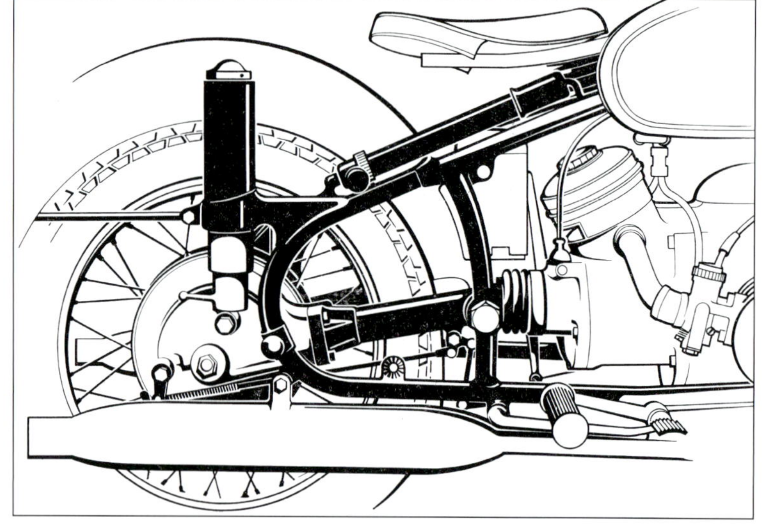

Unten: Hinterradschwinge von R 50, R 60 und R 69 1955; die Antriebswelle läuft geschützt in einem Rohr, das gleichzeitig den rechten Schwingenholm bildet.

Rahmen und Radführung der neuen Schwingen-Modelle waren im Vergleich zum bisher Gewohnten sehr anspruchsvoll, um nicht zu sagen: kompliziert. Der Rahmen bestand aus einem starken Zentralrohr und zwei Schleifen aus konisch gezogenen Oval-Rohren. Hinten beschrieb er einen eleganten Doppelbogen mit kräftigen Auslegern für die ungewöhnlich hoch angesetzten Federbeine, für deren Halterung man kräftige Hülsen an den Rahmenauslegern verschweißt hatte.

Eine Neukonstruktion war auch die Hinterradschwinge, die in den vertikalen Versteifungsstreben zwischen oberen und unteren Rahmenrohren gelagert war. Die Schwingendrehpunkte waren – wie übrigens auch die Radachsen – kegelrollengelagert, was eine exakte und spielfreie Radführung ergab. Der Wellenantrieb war – wie zuvor bereits bei den Rennmaschinen des Typs 253 und RS 54 – voll in die Schwinge integriert, lief staubgeschützt im rechten Schwingenholm. Das Kreuzgelenk war nun nach vorn gerückt und hatte die altbekannte Hardyscheibe ersetzt. Hinten endete die Welle in einem Schiebestück, das die Verbindung zum klassischen Achsantrieb mit Kegel- und Tellerrad herstellte. Trotz der aufwendigen, aus zusätzlichen Rohren und Verbindungen bestehenden Fahrwerkstechnik wog die R 50 mit 195 kg nur 5,0 kg mehr als die Vorläuferin R 51/3.

Tester loben die Vollschwingenmodelle über den grünen Klee

Das innovative Radführungs- und Antriebssystem brachte nicht nur eine bedeutende Verbesserung des Komforts, sondern erhöhte auch die Kurven- und Richtungsstabilität der Maschine vor allem auf schlechten Straßen. Und davon gab es in den 1950er und 1960erJahren wirklich noch genug. Anekdotenhaft ist die Art und Weise, mit welcher Versuchsanordnung BMW seinerzeit die Fähigkeiten des Vollschwingen-Fahrwerks testete. Bönsch beschrieb das Testverfahren: *„Es wurden Holzschwellen mit einer Höhe von 4 cm und einer Basis (Abstand dazwischen, Anm. d. Red.) von 40 cm überfahren (...). Die R 51/3 hob bei einer Geschwindigkeit von 60 km/h eindeutig ab. Die R 50 zeigte die gleiche Hubbewegung bei etwa 80 km/h."* Auf auf der Landstraße lag die *„kritische Geschwindigkeit"*, ab der die Maschine unruhig wurde, bei der R 50 um 30 Prozent höher; sie betrug 100 km/h bei der R 51/3, 130 km/h *(„der höchsten mit Rücksicht auf den Verkehr vertretbaren Geschwindigkeit")* bei der R 50. Generelle Tempolimits außerhalb von Ortschaften gab es erst ab 1974...

Die ersten systematischen Vergleichstests zwischen der R 51/3 und der neuen R 50 wurden bereits im Juli 1954 durchgeführt. Tester Helmut Hütten schwärmte in der Zeitschrift *„Radmarkt"* vom 1. Juni 1959 auf fünf eng bedruckten A4-Seiten geradezu von der *„einmaligen Straßenlage"* der Vollschwingen-Modelle: *„Es ist immer wieder ein fahrerisches Erlebnis, die schwere Maschine mühelos und elegant herunterzuwinkeln, in schnellen Schlängelkurven herumzuwerfen oder in Vollgaskurven und extremer Schräglage zentimetergenau auf ihrer Bahn zu halten."* Er betonte bei der Langschwinge *„die unvergleichliche Ansprechempfindlichkeit der Federung, die exakt dosierbare Hin- und Rückdämpfung, die*

Oben: Im März 1960 besuchte der amerikanische Präsidenten Dwight D. Eisenhower Chile. Hier eskortiert eine Polizeistaffel auf speziell ausgerüsteten BMW R 50 seinen Cadillac in den Straßen von Santiago.

Rechts: Selbst der Hinterradantrieb war neu konstruiert worden. Das Kreuzgelenk der Antriebswelle war zum Getriebeausgang hin gewandert und durch einen Gummibalg geschützt. Hinten lief die Welle in einem Schiebestück für den nötigen Längenausgleich beim Federn.

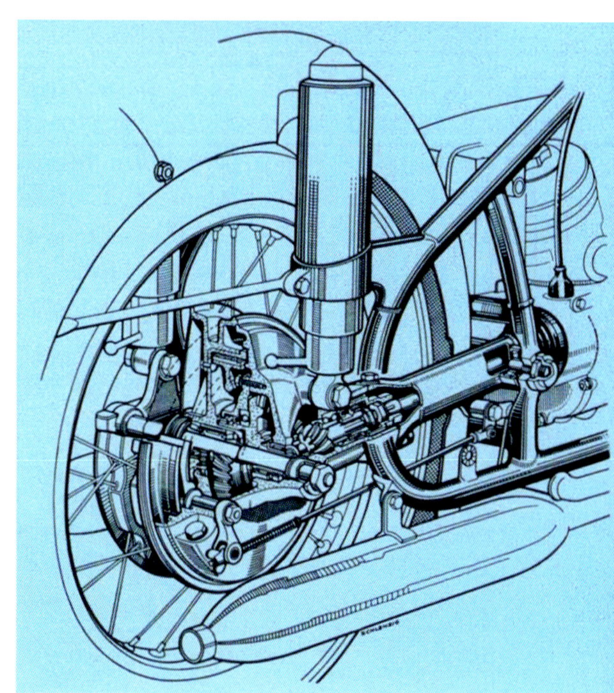

Oben: Die französischen Gendarmen können auch freundlich sein. Hier sitzen sie 1967 auf zwei R 50/2 mit serienmäßigen Blinkern (links) und schmucklosen R 50 (rechts).

Rechts: Wettbewerbsmannschaft der italienischen Polizei mit BMW R 50 oder R 60, aufgenommen am 8. September 1963.

nicht durch bestimmte Reibungskräfte beeinträchtigt wird, wie zwangsläufig bei Teleskopführungen, und der daraus resultierenden optimalen Bodenhaftung."

Der Diplom-Ingenieur leugnete indes nicht, daß der querlaufende Boxermotor *„eine angemessene Fahrtechnik und Praxis"* verlangte: *„Er reagiert auf schroffe Lastwechsel und Drehzahlwechsel empfindlicher als ein Längsläufer und wird auch besser vor der Kurve, als in deren Scheitel zurückgeschaltet."*

Kein Pendeln, standfeste Bremsen

Allgemein gelobt wurden auch die spielfreien Lagerungen und die hohe Steifheit der Gesamtkonstruktion. Pendelbewegungen auf unruhigem Untergrund unterdrückte das innovative Schwingenfahrwerk nahezu vollständig. Der Lenker ließ sich verstellen und sogar um 2,5 cm auf dem Gabelkopf ummontieren. Beim Fahren mit Sozia/Sozius konnte die Federvorspannung an den hinteren Federbeinen über einfach zu bedienende Hebel erhöht werden. Beim Nachlauf waren unterschiedliche Einstellungen für Solo- und Gespann-Betrieb möglich.

Neu waren auch die im Durchmesser um 1 Zoll auf 18 Zoll reduzierten Räder mit Leichtmetallfelgen und Reifen der Größe 3,50 x 18. Eine im Durchmesser 200 mm große Vollnabenbremse mit verripptem Leichtmetallkühlmantel und untrennbar eingeschrumpfter Graugußtrommel wirkte über zwei Nocken aufs Vorderrad (bekannt bereits von den Vorläufermodellen der letzten Serien). In Verbindung mit der rückwärtigen Simplexbremse (ebenfalls in Verbundbauweise) war eine zeitgemäß befriedigende Verzögerung gewährleistet. Tests ergaben, daß sich die Verbundtrommeln mit ihrem hitzeabführenden LM-Kühlmantel bei einer Dauerbremsung auf zehnprozentigem Gefälle über 7 km bei konstant 40 km/h nur auf 210° C erhöhten; Stahlblechtrommeln wurden 370° C heiß!

Boxermotoren nur minimal geändert

Den Antrieb des neuen Boxermodells R 50 besorgte der nur in kleineren konstruktiven Details geänderte Zweizylinder-Boxermotor der R 51/3 mit 494 cm³ Hubraum (Bohrung/Hub 68/68 mm) und 26 PS bei 5800 Umdrehungen je Minute. Die Einlaßkanäle hatte man erweitert und samt der Vergaser zugunsten der Fußfreiheit etwas schräger gestellt. Die Kolben verfügten nun wieder über je einen Ölabstreifring, und ein moderner „Micronic"-Luftfiltereinsatz sollte dem Verschleiß durch angesaugte Partikel besser entgegenwirken.

„Dieser neue Motor, der sich äußerlich nur dem sehr scharfen Beobachter durch die etwas schräger einmündenden und dadurch mehr Fußraum gebenden Vergaser und durch den Einbau eines Magnetzünders unterscheidet, um beim Start unabhängig von der Batterie zu werden, steht in seiner mechanischen Laufruhe einem modernen Wagenmotor kaum nach", gab H. W. Bönsch zu Protokoll. Und er fügte zufrieden hinzu: *„Der schmalere Tank der R 50, der schmalere Lenker und die durch die schmaler einmündenden Vergaser etwas freizügigere Fußhaltung ergeben eine Fahrerhaltung, die bei Geschwindigkeiten zwischen 80 und 110 km/h als ideal angesprochen werden kann."*

Das Leistungsplus von offiziell zwei PS fand seinen Niederschlag in einer höheren Endgeschwindigkeit: 140 km/h. Bei der Typprüfung des Verbands

Oben: Legendär sind die Boxer von BMW als Begleitfahrzeuge bei der Tour de France. Hier interviewt 1959 ein Reporter von einer R 50 aus den Profirennfahrer Roger Rivière, der zwei Zeitfahrten gewinnen konnte und Gesamtvierter wurde.

Rechts: Norwegische Polizeieskorte 1960 mit R 50 bzw. R 60.

der Fahrrad- und Motorradindustrie (VFM) wurden sogar 30 PS bei 6500/min^{-1} festgestellt – war die Maschine ein von BMW speziell ausgesuchtes Exemplar? Eher nicht, denn eine Streuung der Leistung war und ist bei Serienmotoren eher normal. Englische Tester erzielten mit der R 50 144 km/h, und ein französischer Fahrer wurde – flach liegend – bei einer Runde auf der Rennstrecke Montlhéry bei Paris mit unwahrscheinlichen 153,9 km/h gestoppt. Die Fahrerhaltung macht immer auch den Unterschied bei unverkleideten Maschinen.

Oben: Münchener Polizisten bilden 1960 auf R 50 bzw. R 50/2 die Ehreneskorte für eine hohe Persönlichkeit, die im BMW V8 hinterherfährt.

Unten: BMW R 50, R 60 1960 im Dienst der Polizei Helsinki.

Am R 50-Motor gefiel zudem der bessere Drehmomentverlauf: Bei einem Maximalwert von 36 Nm lag ein hoher Wert von 32,5 Nm gleichbleibend hoch zwischen 3500 und 6500/min^{-1}.

Bei durchschnittlicher Beanspruchung begnügte sich die mit zwei 24er Schiebervergasern von Bing bestückte R 50-Boxer mit 4,5 l/100 km. Der Ölverbrauch belief sich auf etwa 0,2 l/1000 km, ein in jenen Tagen eher bescheidener Wert. Auch blieben Motor und Getriebe außen normalerweise auch nach forcierter Fahrt trocken. Helmut Hütten jedenfalls war begeistert: *„Auch die absolut dichten, selbst nach schärfster Beanspruchung strohtrockenen Gehäuse von Motor, Getriebe und Kardanantrieb sind ein echtes ‚Reifezeugnis' (...). Demzufolge säubert man eine BMW ohne Waschbenzin und Pinsel, sondern nur mit Wasser und Schwamm, mag sie noch so verdreckt sein!"*

Getriebe und Kupplung verbessert

Gründlich geändert worden war das Viergang-Getriebe: Es besaß jetzt drei Wellen und einen neu konzipierten Ruckdämpfer auf der Hauptwelle. Der Handschalthebel war weggefallen. Die Mittlerrolle beim Anfahren spielte die bereits zuvor für die R 25/3 neu entwickelte Tellerfeder-Kupplung. Hütten: *„Die Kupplung mit der modernen Tellerfeder ist leichter zu ziehen als bei den meisten Kleinkrafträdern oder Mopeds."* Für den Antrieb insgesamt hatte er nur Lob übrig: *„Zur traditionellen Haltbarkeit und Wartungsfreiheit hat BMW heute eine Geschmeidigkeit, Laufruhe und äußere Eleganz gezüchtet, die den* *gesamten Antrieb zu einem Glanzstück der Zweiradtechnik stempeln."* Der Tank faßte wie zuvor 17 Liter, war aber neu gestaltet worden. Die Bereifung war vorne und hinten identisch: 3,50 x 18.

R 50-Exemplare, die für den Gespann-Betrieb vorgesehen waren, bekamen ein kürzer übersetztes Getriebe, Stahlfelgen und einen breiteren Hinterreifen – 4,00 x 18. Feinheiten wie das links in den Tank integrierte Werkzeugfach oder der aufwendige Gasgriff mit Kegelradumlenkung und Kettenzug bezeugten die Liebe zum Detail, mit der BMW die neue Motorrad-Generation auf den Weg gebracht hatte. Wahlweise waren die Motorräder der neuen Generation mit Schwingsätteln oder satt gepolsterter Doppelsitzbank lieferbar, was ein weiteres Novum war.

R 50 weltweit in Polzeidiensten

Polizei- und öffentliche Dienststellen in aller Welt sowie der ADAC und andere europäische Automobilclubs griffen gern auf die R 50 oder eines ihrer Schwestermodelle zurück. Das Geschäft mit Behörden- und Militärmaschinen war schon vor dem Krieg und bis 1945 ein wesentliches Standbein der BMW-Motorradsparte gewesen. Die seitengesteuerte R 12 wurde zwischen 1935 und 1942 als Solo- und Gespann-Motorrad 36 000mal produziert und stellte damit alle anderen Modelle nach Stückzahlen weit in den Schatten. Das Wehrmachtsgespann R 75 mit angetriebenem Seitenwagen verließ zwischen 1941 und 1944 18 000mal die Werkshallen.

Auch in den 1950er und 1960er Jahren sicherte das Behördengeschäft der BMW-Motorradabteilung das Überleben. Auch wenn nicht jeder Auto- oder Motorradfahrer das Auftauchen einer BMW-Polizeimaschine – womöglich mit eingeschaltetem Blaulicht – erbaulich fand, prägten gerade die Polizei-Boxer in Deutschland und anderswo das Motorrad-Image von BMW. Und das ist bis heute so geblieben.

Oben: Holländische Reichspolizei auf BMW R 50 1955.

Mitte links: BMW R 50 der französischen Polizei 1958.

Mitte rechts: BMW R 50 bzw. 60 in Polizei-Ausführung mit Telefunken-Funkanlage 1956.

Links: Frontpartie R 50/R 60 in Behördenausführung 1955.

Boxer stets bei Ereignissen und in den Medien präsent

Eine uneingeschränkt positive, um nicht zu sagen respekteinflößende Ausstrahlung hatten die Boxer im Rahmen von öffentlichen Empfängen und Paraden oder als Escortenmaschinen beim Auftauchen politisch hochrangiger Prominenz – und nicht zuletzt als Motorrad der Kamerateams bei der Tour de France oder beim Giro d'Italia. Verstärkt wurde die Wahrnehmung des Boxers in der Öffentlichkeit als Fahrzeug von bedeutendem Rang durch die Berichterstattung der Printmedien und der frühen TV-Ausstrahlungen im Rahmen wichtiger Ereignisse und Veranstaltungen. Aber die Wirkung der visuellen Medien blieb damals noch begrenzt: Zwar gab es die ARD schon ab 1950, doch das ZDF startete erst 1963, und private Fernsehsender existierten noch nicht. Und überhaupt: Wer besaß bereits ein Fernsehgerät? Die wichtigste Informationsquelle war das Radio. Tageszeitungen indes und Illustrierte hatten größere Auflagen als heute, dort war dann auch der Boxer im Bild präsent.

Oben links: BMW R 50 und R 60 mit Vollverkleidung und fettem Blaulicht auf dem vorderen Kotflügel im Jahr 1955. Unten links: Cockpit der oben gezeigten Polizeiausführung mit Vollverkleidung 1955.

Daneben: weiße BMW R 50 der finnischen Polizei 1955.

Unten rechts: BMW R 50 oder R 60 mit anderer Vollverkleidung der Bayerischen Landespolizei 1955.

Potentielle Kaufinteressenten wurden mit Plakatwerbung, Anzeigen der Hersteller und Händler sowie bunten Prospekten angesprochen. Eine besondere Rolle spielte der *„BMW Bilder Dienst"*, der besondere, BMW-bezogene Ereignisse weltweit darstellte und u.a. an wichtige Journalisten und Händler verschickt wurde.

Vom Boxer-Hersteller in München wurde jede externe mediale Veröffentlichung als wohltuend in einer Zeit empfunden, als der Ruf der Motorradfahrer in der öffentlichen Wahrnehmung arg lädiert war: Viele dachten bis Ende der 1960er Jahre, daß abseits der Behördenpräsenz und jenseits des Rennsports Motorräder meist nur noch von Rockern, Outlaws oder eben armen Leuten gefahren wurden, die sich kein Auto leisten konnten. Das sollte sich in den 1970ern radikal ändern, und BMW war ganz vorne mit dabei, um dem Motorrad eine neue Bedeutung und ein besseres Image zu geben.

Von 1955 bis 1960 verkaufte BMW von der ersten R 50-Serie 13 510 Exemplare, zum Stückpreis von 3050 DM. Das war – der umfangreichen Modernisierung zum Trotz – deutlich weniger, als man von der 300 DM billigeren Vorläuferin R 51/3 hatte absetzen können: 18 420 Einheiten im kürzeren Zeitraum von 1951 bis 1954.

1956: Schicksalsjahr für BMW mit hohen Verlusten

Das Jahr 1956 war weltweit vom Ausbruch schwerer Konflikte gekennzeichnet: Volksaufstand in Ungarn, niedergeschlagen von der russischen Armee, Beginn der Suez-Krise mit einer britisch-französischen „Luftoffensive" gegen Ägypten, Landung von Fidel Castro im Osten von Kuba und anschließender Guerillakrieg bis 1959.

Es war auch ein Schicksalsjahr für BMW: Infolge des zusammenbrechenden Motorradmarkts und der unrentablen Großwagenproduktion ging es nun ans Eingemachte. Tausende Mitarbeiter mußten entlassen werden, Ende 1956 beschäftige das Unternehmen nur noch 5757 Menschen, der Gesamtverlust belief sich am Jahresende auf 6,4 Millionen DM. Unter dem Strich war es noch schlimmer, wie Horst Mönnich in seiner *„Eine Jahrhundertgeschichte – Der Turm"* präzisiert: *„Bei Vereinnahmung von 4,8 Millionen DM aus Mieteinnahmen und der Verflüssigung von Vermögensbestandteilen des Werkes Allach"* (...) ergab sich ein *„realer Verlust von 11,3 Millionen. Da das Aktienkapital ganze 30 Millionen DM betrug, war somit ‚höchste Alarmstufe' gegeben."*

Kurt Donath, der Mann, der als Techniker für den Wiederaufbau von BMW nach Kriegsende verantwortlich gewesen war, ging am 28. Februar 1957 in Pension – und hinterließ seinem Nachfolger in der Rolle des Vorstandsvorsitzenden und Generaldirektors, dem Juristen Dr. Heinrich Richter-Brohm, einen Sanierungsfall. Stefan Knittel benennt den größten Schwachpunkt: *„BMW fehlte ein zugkräftiges Mittelklassemodell im Automobilangebot."* Man hatte den Schuß gehört, doch verlor sich zunächst in weiteren Kleinwagenprojekten wie dem 600 und 700 mit Motorrad-Boxermotoren, die BMW letztlich nicht retten konnten. Erst 1961 kam es zum Befreiungsschlag – wie wir sehen werden.

Oben: Polizist der Stadtpolizei Basel 1955 mit R 50 bzw. R 60 mit Vollverkleidung.

Links: unverkleidete R 50 oder R 60 in Behördenausführung mit Doppel-Blaulicht und Funkanlage 1955.

Rechts: Je nach Anforderungen der Polizei wurden die Schwingenboxer ab Werk unterschiedlich ausgerüstet. Hier sehen wir einen R 50 oder R 60 mit Polizei-Vollverkleidung, Blaulicht, Signalhorn und Funkanlage 1966.

1955-1960:
R 50-Gespanne

Oft nur von Behörden wurde das preisgünstige Basismodell R 50 mit Seitenwagen geordert. Private Kunden bevorzugten meist die drehmoment- und hubraumstärkere R 60 als Zugmaschine. Auf zeitgenössischen Fotos ist oft nicht zu erkennen, um welches Modell es sich handelt, denn R 50 und R 60 waren von außen nicht zu unterscheiden.

Wurde die R 50 ab Werk als Gespannmaschine bestellt, betrug die Übersetzung des Hinterradantriebs 1 : 4,25 oder 1 : 4,33 (statt solo 1 : 3,18). Kegel- und Tellerrad des Hinterradgetriebes wiesen dann 8/34 oder wahlweise 6/26 Zähne auf (statt 11/35). Unterschiedlich war auch das Hinterrad einer R 50-Zugmaschine: die hintere Tiefbettfelge hatte dann das Maß 2,75 x 18 (statt 3 x 18), der Reifen war mit 4,00 x 18 breiter (solo 3,50 x 18). Durch Umstecken des Schwingzapfens an der Vorderradführung konnte der Nachlauf von 100 auf 60 mm verringert werden, was für den Gespannbetrtieb unerläßlich war. Es ging darum, mit diesem Trick die Lenkkräfte beim Pilotieren der schweren Dreiräder zu reduzieren.

Rechts: BMW R 50 bzw. R 60 mit Seitenwagen BMW „Spezial" 1955. Typisch für die erste R 50-Serie: die kleinen Heckleuchten. Unten: BMW R 50- bzw. R 60-Gespann an einem Matjes-Stand in einem holländischen Hafen, ebenfalls 1955.

Oben links: R 50 bzw. R 60 mit Transport-Seitenwagen, fotografiert 1955 in Dänemark. Oben rechts und darunter: Vollschwingen-Gespanne der ADAC-Straßenwacht 1957 auf Basis der R 50. Die Fahrer wurden als „Gelbe Engel" verehrt.

Wie Käufer und professionelle Tester übereinstimmend bekundeten, erwies sich die Vorderrad-Langschwinge vor allem im Gespanneinsatz als vorteilhaft. Das (geringfügig) höhere Gewicht spielte keine Rolle. Bis heute zieht man bei Gespannen die robusteren Schwinggabeln den weniger belastbaren Telegabeln vor.

BMW lieferte die meisten Maschinen der Vollschwingen-Generation direkt ab Werk mit den von Steib produzierten Schwingachs-Seitenwagen der LS- und TR-Serien oder dem Modell „Spezial" aus. Das Boot war hier wie da gummigefedert, das dritte Rad wurde über eine hydraulische, von Steib und ATE gemeinsam entwickelte und im Detail mit BMW abgestimmte Trommelbremse verzögert. Die Betätigung erfolgte von einem in das Gestänge der Hinterradbremse eingesetzten Zugzylinder.

Zur Bootsausrüstung gehörten Teleskop-Stoßdämpfer, geteilte Rückenlehne, Zellon-Windschutzscheibe, imprägnierte Staubdecke, verschließbarer Kofferraum und komplettes Reserverad. Das Gesamtgewicht eines R 60-Gespanns betrug fahrfertig 320 kg; 280 kg Zuladung waren erlaubt.

Mehr zu den Vollschwingen-Gespannen im folgenden Abschnitt R 60 ab 1956.

1956-1960: 3530 Einheiten

R 60 594 cm³

Gebaut für den Gespannbetrieb

Das bewährte Gespannmodell R 67/3 wurde erst 1956 durch eine Maschine mit Vollschwingen-Fahrgestell abgelöst – durch die 3235 DM teure R 60, wobei für den Beiwagen noch einmal 1000 DM draufgelegt werden mußten. Am Motor vom Typ 267/4 hatte man kaum etwas geändert: Er produzierte mit zwei Bing-Schiebervergasern mit je 24 mm Durchlaß weiterhin 28 PS bei 5600 Touren. Freilich besaß auch die R 60 wie die R 50 die neue Tellerfederkupplung und das Dreiwellengetriebe der R 50. Auch bei der R 60 lief die Antriebswelle im Ölbad. Wie bei allen Vollschwingmodellen ab 1955 ließ sich die hintere Federvorspannung in zwei Stufen verstellen.

Umfangreiche Anpassungen beim Gespann

Die Anpassungen der Vollschwingen-Zugmaschinen an den Gespannbetrieb waren deutlich umfangreicher als bei den Vorläufermodellen. Bei Auslieferung ab Werk gab es folgende Unterschiede: Schalt- und Hinterradgetriebe mit geänderten Übersetzungen, geänderte Wegdrehzahl beim Tachometer, Stahl- statt Leichtmetallfelgen, Hinterradbereifung 4,00 x 18 statt 3,50 x 18, stärkere Tragfedern Vorder- und Hinterradführung, andere Federbeinaufnahmen und versetzte Schwingenlagerung vorn mittels einer umsteckbaren Stange (Nachlauf 60 statt 100 mm), breiterer Lenker (745 mm), Austausch der vorderen Motorbefestigung gegen einen Kugelbolzen, Anbau der beiden oberen Ösenschrauben für die Seitenwagenstreben am Rahmen, Montage der Bremsvorrich-

Rechts: R 60 mit extra angefertigtem, links angebautem Seitenwagen BMW „Spezial" aus der Zeit 1955 bis 1960.

Unten: Die von 1955 bis 1960 in 3530 Einheiten ausgelieferte R 60 war ab Werk meist mit dem Seitenwagen „Spezial" kombiniert. Der 28 PS starke Boxermotor lieferte mit seinem guten Drehmomentverlauf ausreichend hohe Zugkraft. Das Vollschwingenfahrwerk war die ideale Lösung für den Gespannbetrieb und wurde später von vielen Herstellern „nachempfunden".

tung für den Seitenwagen (Bremshebel, hydraulischer Bremszylinder, Bremsgestänge). Eine nachträgliche Seitenwagenmontage war aufwendig, auch weil Sturz und Spur des Gespanns sowie die Bremskraftverteilung zwischen Motorrad und Beiwagen genau eingestellt werden mußten.

Unter dem Lenkkopf saßen zwei zusätzliche Bolzenaugen, die das Verstellen der vorderen Federbeine und die Erhöhung der Bodenfreiheit erlaubten, was auf schlechten Straßen und beim Geländesport von großem Vorteil war. Solo erreichte die 195 kg schwere Maschine 145 km/h, als 320 kg (leer) bis zu 600 kg (beladen) schweres Gespann rund 100 km/h.

Hoher Komfort durch lange Federwege

Den ausführlichen Test eines R 60-Gespanns mit „Spezial"-Seitenwagen veröffentliche im Oktober 1957 die Zeitschrift *„Kraftrad + Motor Express"*. Der Motorrad-Journalist Robert Poensgen schrieb: *„Das normale Marschtempo beim R 60-Gespann liegt bei 85 bis 90 km/h, gleich ob mit leerem oder vollbesetztem Seitenwagen und man braucht dazu das Gas nur wenig mehr als halb zu öffnen. (...) Das neue BMW-Fahrwerk (...) findet seinesgleichen auf dem Welt-Motorradmarkt nicht wieder. 110 mm Federweg vorn, 95 mm hinten, diese beiden Werte bezeichnen einen Fahrkomfort, wie man ihn sich auf zwei Rädern schlechthin nicht höher vorstellen kann."*

Oben: Strandidylle in Holland mit einem R 60-Gespann 1955.

Unten: Die R 60, hier von 1955, wurde auch solo bewegt.

Der Tester monierte indes, daß der 28-PS-Motor nicht dauervollgasfest war (es trat ein Kolbenfresser auf), daß die Einscheiben-Trockenkupplung gelegentlich rupfte, und daß der Leerlauf am Getriebe schwer zu finden war. Dafür lag der Durchschnitts-Benzinverbrauch des vollgetankt 327,5 kg schweren und Gespanns nur leicht über 6,0 l/100 km.

Tradition bei BMW: Seitenwagen von Steib

Wer heute an BMW-Gespanne denkt, meint vor allem Seitenwagen von Steib, eher als jene von Royal, Stoye oder Juwel zum Beispiel. Verantwortlich dafür ist der Umstand, daß BMW es in den 1950er Jahren erlaubte, daß Steib-Beiwagen bei allen BMW-Motorradhändlern besichtigt und geordert werden konnten. Zudem wurden Steib-Seitenwagen nicht

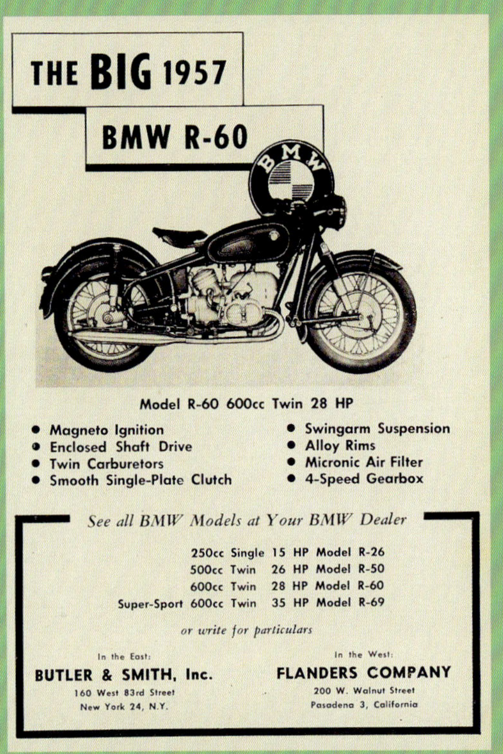

Oben: Werbeanzeige in den USA vom März 1957 für die R 60.

nur wegen ihrer Fahr- und Verarbeitungsqualität geschätzt, sondern auch wegen ihres wunderschönen Designs. Ein Steib TR 500 (oder ein LS 200) aus den frühen 1950ern gilt mit seinem reichen Schmuck aus poliertem Leichtmetall und den perfekt fließenden Linien noch heute als Stilikone.

BMW lieferte die meisten Maschinen der Vollschwingen-Generation direkt ab Werk mit den von Steib produzierten Schwingachs-Seitenwagen der LS- und TR-Serien oder dem Modell „Spezial" aus. Das Boot war hier wie da gummigefedert, das dritte Rad wurde über eine hydraulische, von Steib und ATE entwickelte und mit BMW abgestimmte Trommelbremse verzögert. Die Betätigung erfolgte von einem in das Gestänge der Hinterradbremse eingesetzten Zugzylinder. Zur Bootsausrüstung gehörten Teleskop-Stoßdämpfer, geteilte Rückenlehne, Zellon-Windschutzscheibe, imprägnierte Staubdecke, Reserverad und verschließbarer Kofferraum.

Bezüglich des R 60-Gespanns hieß es im Verkaufsprospekt von 1959: *„Im täglichen Gebrauch, im*

Oben: R 60-Gespann 1955 in Holland mit sportlich gekleidetem Paar. Der Seitenwagen „Spezial" bot mit seinem gut gepolsterten Sitz genügend Komfort. Die Windschutzscheibe ließ sich abnehmen. Unten: 1957 erprobte BMW eine R 60 bzw. R 50, die mit dem später serienmäßigen großen Rücklicht ausgerüstet war. Der Zusatzscheinwerfer vorn wurde allerdings nicht serienmäßig verbaut.

anstrengenden Dienst der Polizei-, Post-, Zoll- und Forstbehörden des In- und Auslandes, aber auch in schweren sportlichen Gelände- Wettbewerben schuf sich diese kraftvolle 600 ccm BMW Zweizylinder-Maschine einen großartigen Ruf".

1957 war die Nürnberger Firma Steib gezwungen, die Seitenwagenproduktion einzustellen. Bei vielen „Steib"-Seitenwagen, die auf historischen Veranstaltungen zu sehen sind, handelt es sich um originalgetreue und hochwertige Nachbauten der Firma „ideal" in Berlin aus jüngerer Zeit.

Rechts: Ende der 1950er Jahre gab es durchaus noch Leute, die dem Trend zum Automobil trotzten und sich statt eines Cabrios ein radikal offenes BMW-Gespann zulegten. Das Foto aus der Zeit 1955-1960 zeigt ein Vollschwingen-Gespann R 60/ Steib S 250 in Dänemark, aufgewertet durch nützliches Zubehör

Steckbrief R 60 (alle Daten im Anhang)

Bauzeit	1956-1960
Typ intern, Ventile	267/4, 2 ohv
Einheiten	3530
Hubraum	594 cm³
Leistung	28 PS bei 5600/min⁻¹
Vergaser	2 Bing 1/24/95 – 1/24/96
Getriebe	4-Gang
Rahmen	Doppelschleife, Stahlrohr
Vorderradführung	Langarmschwinge
Hinterradführung	Langarmschwinge
Bremsen vorn/hinten	Trommel 200 mm
Reifen vorn/hinten	3,50 x 18/3,5 od. 4,00 x 18
Leergewicht	195/Gespann 320 kg
Höchstgeschwindigkeit	145/Gespann 115 km/h
Preis	3235 DM solo

Oben: Details der Beiwagenanlenkung der R 60 mit extra angefertigtem, links angebautem Seitenwagen BMW „Spezial".

Rechts: Ernst Henne, Weltrekordmann von 1937 mit 279,503 km/h, führt das Teilnehmerfeld der Six Days 1958 in Garmisch-Partenkirchen auf seiner personalisierten BMW R 60 an.

1955-1960

Frage der Technik

Voller Einsatz mit der Schwinge

Ab 1955 setzte BMW im Geländesport selbstredend die neuen Modelle mit Vollschwingrahmen ein. Die leistungsgesteigerte Werks-R 50 für die Six Days wies wieder spezielle Umbauten und Ausrüstungen auf: höherer, nach hinten gestellter und breiterer Lenker mit Stabilisatorstange, zusätzlich gut abgepolsterter Fahrersitz, Werkzeugtasche auf dem hinteren Kotflügel, rechts verlegte Zwei-in-eins-Auspuffanlage mit Hitzeschutz, Lenkungsdämpfer, Luftpumpe, Ölwannenschutz, vergitterter Scheinwerfer. Der Einbau eines größeren 19-Zoll-Vorderrads war aus Platzgründen nicht möglich gewesen, die R 50 „GS" rollte auf grobstollig bereiften 18-Zöllern.

Werksmaschinen und Prototypen

Interessant war 1955 eine Versuchsmaschine mit einem verstärkten und modifizierten Rahmen samt hinterer Langschwinge aus der Serie, aber mit Telegabel und Halbnabentrommelbremse vorn. Am Motor hatte man durch Weglassen des Anlassergehäuses Gewicht gespart. Beatmet wurde der R 50-Boxermotor über einen zentral über dem Getriebe plazierten Vergaser mit langen Ansaugwegen zu den Zylindern und nachgeschaltetem Luftfiltergehäuse. Die rechts verlegte Zwei-in-eins-Abgasanlage bestand teilweise aus Teilen der Serienmaschine und besaß keinen Hitzeschutz. Die Antriebswelle war vorn nicht über ein Kreuzgelenk, sondern mit einer Hardy-

scheibe ans Getriebe angeschlossen. Neben den Boxermodellen kamen auch 250er-Einzylinder des Typs R 26 zum Einsatz. Solo dominierte die R 50, bei den Gespannen war die R 69 eine ideale Basis.

Etwa zur gleichen Zeit wie bei den Motorrädern vollzog sich auch bei den BMW-Werksfahrern ein Generationswechsel: Die neuen Spitzenleute in der

Oben: Hans Roth auf BMW R 50 Vollschwinge mit hochgelegter Auspuffanlage bei den International Six Days auf schlammiger Strecke.
Unten links: verstärkter Lenker mit Zusatzinstrument der Werks-R 50 für die Six Days 1955.
Unten: die leistungsgesteigerte Werks-R 50 1955; die Langschwinge vorn war ein Novum im Geländesport dieser Zeit.

Deutschen Geländemeisterschaft und auch bei der Sechstagefahrt hießen nun Sebastian Nachtmann, Manfred Sensburg und Karl Ibscher (Gespannfahrer, bis 1957 auf Zündapp erfolgreich). Den Auftakt zur lange anhaltenden Erfolgsgeschichte der Boxer im Geländesport bildete 1955 der Gewinn der Deutschen Meisterschaft durch Hans Meier, 1958 holte Konrad Wellnhofer mit dem Gelände-Boxer den Titel.

1955, 1957: Gewinn der Six Days-Trophy

Die Deutsche Geländemeisterschaft umfaßte die „Schwere Schwäbische Geländefahrt", die „Nordbayerische Zuverlässigkeitsfahrt", die „Südwestfälische Zuverlässigkeitsfahrt", die „Pfälzische Zuverlässigkeitsfahrt", die „Bayerwaldfahrt" (nur für Solomaschinen) und die „Norddeutsche Küstenfahrt".

Bei den Six Days 1955, die vom 13. bis 18. September 1955 im tschechoslowakischen Gottwaldov sowie der näheren Umgebung stattfanden, konnte die westdeutsche Nationalmannschaft, überwiegend auf BMW, zum ersten Mal die Trophy gewinnen. Die Silbervase ging zum fünften Mal an die Tschechoslowakei, nachdem BMW durch einen Ausfall von Hans Meier weit zurückgeworfen worden war. Die Six Days 1956 liefen vom 17. bis 22. September 1956 in Garmisch-Partenkirchen und dem Werdenfelser Land. Das westdeutsche Team kam diesmal nur auf den fünften Platz in der Trophy-Wertung.

1957 war das Glück den Deutschen wieder hold: Bei der 32. Internationalen Sechstagefahrt vom 15. bis 20. September im tschechoslowakischen Špindlerův Mlýn (deutsch Spindlermühle) sowie im Riesengebirge, holte die westdeutsche Nationalmannschaft zum zweiten Mal die World Trophy. Die Silbervase ging zum sechsten Mal an die Tschechoslowakei. 1958 und 1959 triumphierten wieder die Tschechen, gewannen zum fünften und sechsten Mal die World Trophy und zum achten Mal die Silbervase. ***Mehr zum Geländesport in weiteren Kapiteln.***

Rechts: BMW-Werksfahrer auf Vollschwingengespann (R 50 oder R 60) bei einer Zuverlässigkeitsfahrt 1955 oder 1956. Die Zylinder wurden dabei wassergekühlt...

Mitte links: Sitzüberzug, Werkzeugtasche und Preßluftflasche gehörten zur Ausrüstung der Werks-R 50.

Mitte rechts, unten: seltene Fotos einer Versuchs-GS von 1955 mit R 50-Motor. Sie besaß den neuen Rahmen und die hintere Schwinge, aber eine Telegabel mit Halbnabenbremse vorn. Man beachte den Zentralvergaser.

Die elegante R 69 wurde im Januar 1955 auf dem Brüsseler Automobilsalon als das sportlichste Modell der neuen Vollschwinggeneration vorgestellt. Das Werksfoto von BMW zeigt ein Vorserienexemplar von Ende 1954.

Kapitel 12
1955-1960: R 69, BMW 600

Sportboxer mit Komfort

Ganz in der Tradition der seit den 1920er Jahren für sportliche Fahrweise konzipierten Boxertypen präsentierte BMW 1955 mit der R 69 ein neues Sportmodell, das sich durch den Vollschwingrahmen radikal von der Vorläuferin R 68 unterschied. Den 35 PS starken Boxermotor hatte man indes nahezu unverändert von der R 68 übernommen. Durch Ventildeckel mit je zwei Rippen und das zusätzliche Sitzkissen auf dem hinteren Kotflügel unterschied sich die R 69 optisch vom Tourenmodelle R 50. Die Fachpresse nahm den Sportboxer hart ran und war am Ende voll des Lobes.

Der Zweizylinder-Boxermotor der R 69 stammte weitgehend von der R 68 und leistete ebenfalls 35 PS. Neu waren die Vergaseranordnung und der Micronic-Luftfiltereinsatz. Das 1992 aufgenommene Foto zeigt ein von Sebastian Gutsch restauriertes Triebwerk samt Viergang-Schaltgetriebe.

BMW

1955-1960: 2956 Einheiten

R 69 594 cm³

Für den sportlichen Herrenfahrer

Die Produktion sportlicher Motorräder mit Zweizylinder-Boxermotor hatte bei BMW von Anfang an höchsten Stellenwert. Schon die R 32 von 1923 war eine Maschine, die ihre Qualitäten auch bei motorsportlichen Veranstaltungen unter Beweis stellte. Die R 37 von 1925 mit ihrem fortschrittlichen Ohv-Motor gewann in der Werks-Rennversion zahlreiche Wettbewerbe. Die Boxer R 47 von 1927 und R 57 von 1928 wurden von Sportfahrern ebenso begehrt wie die R 63 mit 750-cm³-Motor aus dem gleichen Jahr und die Modelle R 16 und R 17 mit Preßstahlrahmen von 1929 bzw. 1935.

Die Highlights der späten 1930er Jahre waren die R 5 von 1936 mit neu konzipiertem Strahlrohrrahmen und Telegabel, dann die legendäre R 51 von 1938, die erstmals Hinterradfederung besaß. Dieses Modell bildete zudem die Grundlage für die Weiterentwicklungen der Nachkriegszeit von der R 51/2 bis zur R 67/3. Zahlreiche Meisterschaften und Rekorde vergrößerten den Ruhm der Marke BMW, vor allem der absolute Weltrekord von Ernst Henne 1937 auf Kompressor-BMW mit 279,503 km/h und der Sieg von Schorch Meier bei der senior TT auf der Isle of Man 1939.

R 69 als innovatives Sportmodell

Die besondere Bedeutung der eigenen Rennsportgeschichte für das Markenimage war den BMW-Verantwortlichen voll bewußt, als sie auf dem Brüsseler Salon im Januar 1955 bei der Präsentation der innovativen Vollschwingmodelle sogleich auch ein attraktives Sportmodell vorstellten, das von der Philosophie her nahtlos an die Vorläuferin R 68 anschloß, die noch den Standardrahmen besessen hatte. Zusammen mit dem Tourenmodell R 50 zog die neue R 69 alle Blicke auf sich, noch bevor BMW ein Jahr später die vor allem für den Gespannbetrieb gedachten R 60 folgen ließ.

Optisch unterschied sich die 202 kg schwere und gut und gerne 165 km/h schnelle Sport-BMW vom Tourer R 50 wieder durch das Sitzkissen auf dem hinteren Schutzblech und die Ventildeckel mit jeweils nur zwei Rippen. Verbessertes Dreiwellen-Viergang-Getriebe, Tellerfeder-Kupplung, Fahrwerk mit Langschwingen vorn und hinten, 18-Zoll-Räder mit Leichtmetallfelgen, 200-mm-Verbund-Trommelbremsen und Reifen der Größe 3,50 x 18 entsprachen dem Standard der neuen R 50. Bemerkenswerterweise hatte BMW auch einen Prototyp mit einer Vorderradschwinge nach dem Muster der RS 54 gebaut, bei der die Tragrohre gebogen waren und näher am Rahmen lagen. Federbeine und Steuerkopf liefen – im Gegensatz zur Serie – parallel.

Glanzstück war wieder der fast unverändert von der R 68 übernommene Motor vom Typ 268/2, der bei 6800/min^{-1} 35 PS entwickelte. Aus einer Bohrung von 72 und einem Hub von 73 mm resultierte der schon traditionelle Hubraum von 594 cm³. Zwei schräger als zuvor bei der R 68 gestellte Bing-Ver-

Rechts: Deckblatt des aufwendig gemachten Verkaufsprospekts von 1956. Der sportliche Fahrer kleidete sich (meist) nicht in Leder, sondern bevorzugte einen wetterfesten Mantel. Statt eines Helms trug man eine „Schlägermütze" – zumindest erweckt dieses Werbefoto den Anschein. Die äußerst erfolgreichen BMW-Rennfahrer der 1950er Jahre schützten sich einigermaßen mit Halbschalenhelm und Brille. In das gelbe Feld oben rechts konnte der jeweilige BMW-Vertragshändler seinen Stempel setzen.

Das Foto von 1954 zeigt den Prototyp der R 69 mit Schwingsattel und Scheinwerferblende. Die beiden Schalldämpfer hatten eine hinten spitzer zulaufende Form. Wichtigster Unterschied zur Serie: Die Vorderradschwinge mit gebogenen Tragrohren nach dem Muster der RS 54.

BMW

R 69

das schnellste deutsche Serien-Motorrad

Freie Fahrt
OPEN DRIVE

Oben: „Das schnellste deutsche Serienmotorad" – die R 69 von 1955. Sie lief immerhin über 165 km/h. Auffälligste Unterscheidungsmerkmale zur gleichzeitig präsentierten R 50 waren die Zylinderkopfdeckel mit je zwei Rippen und der flache Soziussitz, auf den ein langgestreckter Fahrer zurückgleiten konnte.

gaser mit jeweils 26 mm großen Querschnitten und einem Verdichtungsverhältnis von 7,5 : 1 garantierten gleichmäßigen und kraftvollen Durchzug. Der BMW-Prospekt von 1956 hebt hervor: *„Zweizylinder-Hochleistungsmotor, rennerprobter Vollschwingrahmen mit Federbeinen und Öldruck-Stoßdämpfern, hochglanzpolierte Leichtmetallfelgen, Leichtmetall-Vollnabenbremsen, Bremslicht, Sportkissen oder Sitzbank."* Die Federhärte des mit einer Gummidecke bezogenen Schwingsattels ließ sich einstellen. In den USA konnte der Käufer die R 69 mit hochgezogenem „Western"-Lenker für aufrechtes Sitzen bestellen oder nachrüsten.

Die R 69 war auch bestens für den Betrieb mit Seitenwagen geeignet. Wurde sie ab Werk als Zugmaschine ausgeliefert, besaß sie hinten einen brei-

Modifiziertes Vorserienexemplar von 1954 mit geraden Tragrohren an der vorderen Langschwinge. So ging das Modell dann auch in Serie, siehe Bild oben. Bis 1960 hatten alle Modelle noch das kleine Rücklicht (mit integrierter Bremsleuchte bei der R 69).

teren Reifen in 4,00 x 18, den auf 60 mm verkürzten Nachlauf, die speziell ausgelegte Antriebsabstimmung sowie die zahlreichen Änderungen im Detail, die wir bereits im Abschnitt „R 60" aufgeführt haben. Gerold Lingnau zitiert in seinem Buch *„Freiheit auf zwei Rädern"* den legendären Motorrad-Journalisten Ernst Leverkus: *„Die Schwinge vorn führt. Da bricht nichts aus, da glischt nichts seitlich weg – das Gespann läuft lammfromm bei höchstem Tempo dem Vorderrad nach."* Und das konnten schon mal 120 km/h sein. Leer wog das R 69-Gespann 360, voll beladen 600 kg – was ein Menge Holz für einen 35-PS-Motor war.

Oben: R 69 mit Vollverkleidung von Heinrich 1955. Die GfK-Konstruktion war mit Metallstreben am Rahmen befestigt und machte das Motorrad aerodynamisch, aber auch kopflastig. Danaben: Staffel von R 69-Maschinen vor der Verladung 1956.

Unten: Vor allem für den Einsatz bei Polizeieinheiten bestimmter Länder, aber auch beim Roten Kreuz wurde die R 69 ab Werk in Weiß mit schwarzer Linierung ausgeliefert. Dieses Exemplar verfügt zudem über einen hohen Lenker.

Gnadenloser BMW-Tester: Ernst Lverkus

An dieser Stelle sei ein Wort zu Ernst Leverkus erlaubt, der sich unter dem Pseudonym „Klacks" einen Namen machte. Der 1922 in Essen geborene Motorradjournalist (gestorben 1998 in Althütte) sammelte von 1941 bis 1945 als Kradmelder u.a. in Russland die härtest möglichen Erfahrungen auf zwei Rädern. In den 1950er bis 1970er Jahren entwickelte er moderne Testverfahren, scheuchte fast jede deutsche Motorrad-Neuentwicklung über den Nürburgring und prägte entscheidend den Stil der führenden Zeitschrift *„Das Motorrad"*.

Der komfortablen Schwingen-BMW verpaßte der hartgesottene Tester Leverkus den wenig schmeichelhaften Beinamen „Gummikuh" – ein Begriff, der heute noch durch die Szene geistert. Klacks rief das „Elefantentreffen" und die „Schwarzpulverrallye" ins Leben, war Mitbegründer des Bundesverbandes der Motorradfahrer (BVDM).

Carl Hertweck, Chefredakteur des Stuttgarter Magazins *„Das Motorrad"* nahm das R 69-Gespann in Heft 7/1956 eingehend unter die Lupe und veröffentlichte seinen Bericht auf vier überwiegend eng mit Text bedeckten, nur durch wenige Sachfotos in Schwarz/Weiß aufgelockerten und mit Diagrammen aufgewerteten Seiten. Kernaussage: *„Die aufwendige Federung der Doppelschwinge wird umgesetzt in größere Steuerfähigkeit, das Hinterrad kommt später herum, das Vorderrad stempelt später weg und die Lenkung verträgt mehr rohe Kraft als bei jedem anderen bisher von mir gefahrenen Gespann, man kann mit dem R 69-Gespann weitaus schneller um eine Kurve, bevor es zu rutschen beginnt. (...) Das Fahrwerk der R 69* *ist auch im Gespannbetrieb einfacheren Fahrwerken so hoch überlegen wie im Solobetrieb."* Ohne Windschutzscheibe „ging" das R 69-Dreirad 125 km/h, verbrauchte dabei aber bemerkenswerte 10 l/100 km. Der 35-PS-Boxer wollte gefüttert werden! Doch dafür bot er eine Menge Spaß. Hertweck: *„Diese enorme Beschleunigung jenseits 70 km/h, mit der man alles bis einschließlich 220 (Mercedes, Anm. d. Autors) und 1500 Porsche niederkantert!"*

Schnellstes deutsches Serienmotorrad

Kurz nach Serienanlauf erprobtem BMW-Werksfahrer die R 69 auf dem Nürburgring und erreichten Rundenzeiten von 115 km/h, *„die für eine serienmäßige, voll ausgerüstete Sportmaschien ganz erstaunlich erschienen"* (Helmut Hütten). Der Ingenieur kam bei einigen Runden auf einen Schnitt von 112 km/h und folgerte: *„Das schnellste deutsche Serienmotorrad ist eine echte ‚100-Meilen-Maschine', gleichzeitig jedoch eines der kultiviertesten Motorräder überhaupt. Verarbeitung, Ausstattung und finish makellos wie seit jeher."*

Hütten vermißte gleichwohl *„einen größeren Scheinwerfer mit 20 cm Durchmesser, dessen Lichtausbeute den Fahrleistungen besser gerecht würde."* Lobend faßte er zusammen: *„Selbstverständlich beruhen derartige Fahrleistungen nicht nur auf den PS-Zahlen (...), sondern in erster Linie auf der einmaligen Straßenlage dieser Vollschwingen-Fahrgestelle. (...)*

Oben: In den 1950er Jahren war Handarbeit in der deutschen Industrie allgegenwärtig, auch bei BMW. Es gab daher fast keine Arbeitslosigkeit. Das Foto aus dem Prospekt von 1956 zeigt die Endmontage von R 69-Triebwerken in Milbertshofen.

Steckbrief R 69 (alle Daten im Anhang)

Bauzeit	1955-1960
Typ intern, Ventile	268/2, 2 ohv
Einheiten	2956
Hubraum	594 cm^3
Leistung	35 PS bei 6800/min^{-1}
Vergaser	2 Bing 1/26/9 – 1/26/10
Getriebe	4-Gang
Rahmen	Doppelschleife, Stahlrohr
Vorderradführung	Langarmschwinge
Hinterradführung	Langarmschwinge
Bremsen vorn/hinten	Trommel 200 mm
Reifen vorn/hinten	3,50 x 18/3,5 od. 4,00 x 18
Leergewicht	202/Gespann 320 kg
Höchstgeschwindigkeit	165/Gespann 120 km/h
Preis	3950 DM solo

Auf dem griffigen Belag, den der Nürburgring an vielen Stellen besitzt, kommt in manchen Kurven eine Schräglage zustande, bei der Fußrasten, Zylinderkopfdeckel und Schalldämpfer über den Boden kratzen. (...) Optisch und akustisch erscheint das weit gefährlicher, als es tatsächlich der Fall ist, weil die Reserven dieses Fahrwerks auch derartige Störungen verkraften."

Ein Tester der amerikanischen Motorradzeitschrift *„Cycle"* erreichte mit einer serienmäßigen R 69 eine Höchstgeschwindigkeit von 169 km/h und befand lobend: *„Es besteht überhaupt kein Zweifel, daß die BMW bei hohen Geschwindigkeiten leicht zu beherrschen ist. Vollkommene Straßenlage, ungewöhnliche Elastizität des Motors und ein Gefühl der vollständigen Sicherheit sind die bedeutendsten Faktoren."* Sein Fazit: *„Was das Aussehen betrifft, so gibt es wenig Zweifel, daß eine BMW den wahren Motorrad-*

Rechts: Die schnelle BMW R 69 war seit den mittleren 1950er Jahren das bevorzugte Begleitmotorrad bei Radrennveranstaltungen wie der Tour de France. Auf dem BMW-Pressefoto von 1961 zeigt der Kameramann akrobatische Fähigkeiten. Der Fahrer „schützt" sich mit einer Sonnenbrille und tief herunterhängender Plane. Das Bild drückt auch den ungebremsten Optimismus der Motorradfahrer jener Zeit aus, die Schutzkleidung oft regelrecht verachteten.

Oben: weiß lackierte R 69 mit Vollverkleidung für die Wiener Polizei vor der Auslieferung 1955. Links: voll ausgerüstete R 69 der schwedischen Polizei 1960. Rechts unten: Musterfahrzeug R 69 mit Vollverkleidung für die Polizei 1955.

liebhaber immer wieder beeindruckt. (...) Diese Maschine wurde von Fachleuten gebaut, die auf ihre Arbeit stolz sind. Selbst nach den ausgedehnten Prüffahrten war die Maschine praktisch öldicht. (...) Die R 69 ist ein äußerst begehrenswertes Motorrad. (...) Aufgrund ihres Preises ist sie offensichtlich für den Kenner bestimmt, der nur das Allerbeste wünscht."

Bei einem Preis von 3950 DM war die R 69 nicht teurer als die R 68. Von 1955 bis 1960 wurden 2956 Exemplare ausgeliefert, von denen große Kontingente vor allem in die USA exportiert wurden.

Oben: Eskorte australischer Polizisten mit halbverkleideten R 69 beim Besuch der englischen Königin Elisabeth II. in Melbourne 1963.

Unten: Staffel von R 69 für die Wiener Polizei 1955 mit Vollverkleidung in Weiß und mit Bosch-Scheinwerfer, wie er auch im VW Käfer verbaut wurde. Links am Motorrad stehend Max Klankermeier („Klankermaxe"), BMW-Rennteam-Betreuer und Deutscher Gespann-Meister 1949 mit Schmiermaxe Hermann Wolz.

1955-1960

Power-Offensive

Werks-R 69 fürs Gelände

Neben den bereits weiter vorn beschriebenen Einsätzen der R 50 bei den Six Days und anderen nationalen wie internationalen Geländesportveranstal- tungen schickte die BMW-Rennabteilung ab 1955 auch die leistungsstärkere R 69 auf die Pisten. Die Motoren hatte man durch Feintuning auf gut 40 PS gebracht. Auch Gespanne waren wieder vorbereitet worden, bestückt mit Zylinderschutzbügeln und grobstolligen Reifen für optimale Traktion.

Wie in der 500er Klasse führte BMW auch bei den 600ern Versuche mit einem Prototyp durch, der zwar den Rahmen, die hintere Langschwinge mit den hochliegenden Federbeinen und den 17-Liter-Tank der neuen Modelle besaß, vorn aber mit einer langhubigen Telegabel, schmalen Schutzblechen und der altbackenen Halbnabenbremse aus Stahl ausgerüstet war. Der Prototyp gab mit seiner Telegabel einen Ausblick auf die Werks-Geländemaschinen ab 1963 und die /5-Modelle ab 1969. Anders als bei der 500er Versuchs-GS mit Zentralvergaser wurden die Zylinder wieder über zwei Vergaser beatmet.

Während die westdeutsche Nationalmannschaft bei den Six Days 1955 rund ums tschechoslowakische Gottwaldov zum ersten Mal die Trophy hatte gewinnen können, reichte es 1956 bei den Six Days in Garmisch-Partenkirchen nur für den fünften Platz in der Trophy-Wertung.

Die BMW-Werksfahrer mit Ludwig Kraus und Beifahrer Hans Prütting auf dem BMW R 69-Gespann, dem kommenden Star Sebastian Nachtmann auf der einzylindrigen R 26 und Hans Meier auf der R 50 retteten jedoch die Ehre, absolvierten den Wettbewerb ohne Strafpunkte und wurden dafür mit Goldmedaillen belohnt.

Oben: die BMW-Werksfahrer für die Sechstagefahrt 1956 in Garmisch-Partenkirchen. Links Sebastian Nachtmann auf der einzylindrigen Vollschwing-R 26), daneben Gespannpassagier Hans Prütting und Fahrer Ludwig Kraus auf dem R 69-Gespann, stehend Betreuer Max Klankermeier, rechts Hans Meier auf der Gelände-R 50, die hier zwar mit Scheinwerfergitter, aber mit Straßenbereifung ausgerüstet ist. Unten links und rechts: die R 69-Versuchsmaschine im Vorfeld der Six Days 1955; sie war ein Mix aus verschiedenen Boxer-Modellen.

1957-1959: 34 813 Einheiten

BMW 600 585 cm³

Kleinwagen mit Boxermotor

1957, als das Automobilprogramm von BMW mit Isetta und V8-Limousine nicht gegensätzlicher hätte sein können und die Motorradproduktion von 28 310 im Jahr 1952 auf nur noch 5429 Einheiten zusammengeschrumpft war, begingen die Bayern eine weitere Verzweiflungstat, um dem Untergang zu entgehen: Sie verlängerten die Isetta, verpaßten ihr eine zusätzliche Seitentür, vier Räder, einen Boxermotor aus dem Motorradbaukasten und nannten das Vehikel einfach „BMW 600".

Es hatte schnell gehen müssen, für großartige Innovationen war keine Zeit gewesen, und es fehlte das Geld dazu. Auch wenn die im September 1957 eilig auf den Markt geschobene *„große Isetta"* heute absoluten Kult- und Seltenheitsstatus hat, gehörte der 600 damals zu den exotischsten Kleinfahrzeugen – und zu den gefährlichsten. Einen Aufprallschutz des immerhin 100 km/h schnellen Fahrzeugs gab es ebensowenig wie Gurte oder Kopfstützen, und der Heckmotor sorgte im Grenzbereich für kritisches Übersteuern.

Noch gefährlicher war freilich, was die Russen taten: Die Sowjetunion startete am 26. August 1957 ihre erste Interkontinentalrakete und brachte am 5. Oktober zum Entsetzen vor allem der Amerikaner den ersten künstlichen Erdsatelliten „Sputnik" in die Erdumlaufbahn. Die sowjetischen Truppen würden künftig an jeden beliebigen Punkt der Erde Atomsprengköpfe transportieren können. Der Ukrainekrieg zeigte auf furchtbare Weise, wozu die Russen letztlich fähig sind.

Eher Spaßmobil als echtes Auto

Zurück zum BMW 600, den man mit freundlicher Distanz auch als Spaßmobil bezeichnen könnte. BMW sieht es ebenfalls locker: *„Mit beibehaltener Fronttür und aus Stabilitätsgründen nur einer Seitentür rechts, geriet dieser BMW 600 zum Kuriosum der Automobilgeschichte."* Die viersitzige Karosserie saß auf einem gegenüber der Isetta verlängerten Stahlrohr-Kastenrahmen mit Querträgern, der mit der Karosserie verschraubt war. Fahrwerksseitig verfügte der Kleinwagen über eine normal breite und damals durchaus moderne Schräglenker-Hinterachse. Die Vorderräder wurden von Schwingarmen geführt. Alle vier Räder waren einzeln aufgehängt, Schraubenfedern und Teleskopstoßdämpfer glichen die Bodenunebenheiten aus.

180 mm große Trommelbremsen sorgten für Verzögerung, den Kontakt der Straße stellten kleine Zehn-Zoll-Räder mit Reifen der Größe 5,20 x 10 her. Bei einer Länge von 2,90 m paßte der „Kleine" in jede Parklücke. Er wog leer nur 565 kg und durfte 335 kg zuladen, was für vier Personen samt (kleinem) Gepäck ausreichend war.

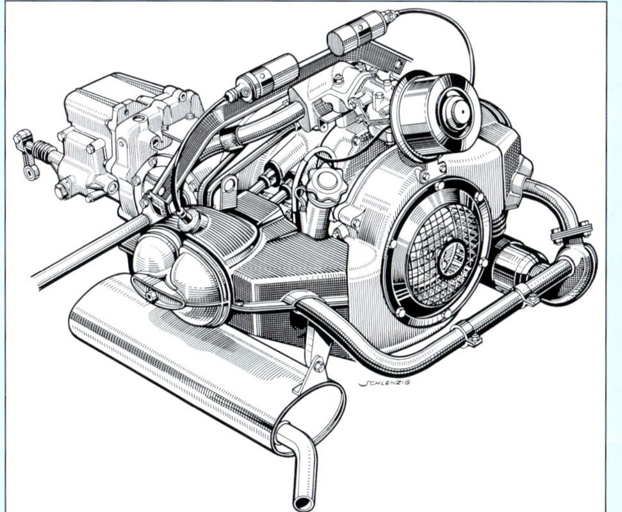

Oben: So bunt waren die 1950er. Das Werksfoto von BMW zeigt den 600 im Jahr 1957. Einmalig: die Seitentür.

Unten: der Boxermotor mit 585 cm³ und 19,5 PS. Die Zylinderkopfdeckel ähneln denen des Motorrads R 51/2. Das Viergang-Schaltgetriebe ist vorne angeflanscht.

Boxermotor vom Motorrad

Für Vortrieb sorgte ein auf 19,5 PS bei gemütlichen 4500/min^{-1} gedrosselter Boxermotor mit 28er Zenith-Flachstromvergaser. Die gezähmte Kraft des 585 cm³ Hubraum bietenden Aggregats wurde wie z.B. beim VW Käfer über eine Einscheiben-Trockenkupplung, ein Vierganggetriebe mit Mittelschaltung und Halbwellen auf die Hinterräder übertragen. Auch die Anordnung der Antriebselemente – Getriebe vorn, Motor hinten – war konzipiert wie beim Volkswagen.

In seiner Bescheidenheit und Sparsamkeit (5,5 Liter Normalbenzin auf 100 km) war der BMW 600 irgendwie sogar wegweisend. Er wurde, ausgestattet mit Stoßstangenbügeln und Sealed-Beam-Scheinwerfern, sogar in die USA und nach Kanada exportiert, kostete in Deutschland 3890 DM und verließ bis zum November 1959 in 34 813 Einheiten die Werkshallen in München. Eingeständnis heute von BMW: *„Trotz reichlich Chromzierrat und relativ bequemem Innenraum wurde der Wagen kein Erfolg und muß im Nachhinein als Übergangslösung betrachtet werden."*

Ernst Hiller aus Brackwede übernahm 1955 die RS von Gerd von Woedtke, ließ sie turnusgemäß im Werk von Max Klankermeiers Monteuren überholen, erstand 1957 ein 5-Gang-Getriebe und wurde dreimal in Folge als Privatfahrer Deutscher Meister: 1957, 1958 und 1959.

Kapitel 13
1955-1959: Serie von Meisterschaften

Der Tod fährt manchmal mit

In der zweiten Hälfte der 1950er Jahre lagen im Motorradrennsport Siegerglück und Tod oft dicht beieinander. BMW konnte 1959 den sechsten Weltmeistertitel im Gespannsport melden, doch Champions wie Karl Remmert und Fritz Hillebrand fanden bei Unfällen den Tod. Auch der Solo-Motorradsport forderte Opfer. Dies alles produzierte negative Schlagzeilen und schadete dem Image des Motorradfahrens allgemein. Auf der Habenseite war BMW nicht nur im Gespannsport, sondern auch in der 500er Soloklasse weiter auf den Gewinn der Deutschen Meisterschaft abonniert. Die Meister hießen Walter Zeller, Ernst Riedelbauch und dreimal Ernst Hiller.

Der Typ-253-Vergasermotor von Walter Zeller für die Saison 1955 war von Gustl Lachermair in der Rennabteilung mit diversen RS 54-Komponenten aufgebaut worden. Bei einem Verdichtungsverhältnis von 10 : 1 und mit Dell'Orto-Vergasern leistete er rund 50 PS.

18
18

1955-1959

Fast unschlagbar

Solo- und Gespann-Dominanz

Obwohl sich 1955 bereits der Niedergang der Motorradindustrie abzeichnete, konnte BMW sich in diesem Jahr noch gut behaupten – auch dank der überragenden Erfolge im Rennsport. Bei den Geländewettbewerben lag BMW mit dem Boxer und auch mit den Einzylindern meist vorn. Hans Meier krönte seine Erfolgsbilanz mit dem Titel „Deutscher Geländemeister". Das Werksteam von BMW verhalf der deutschen Nationalmannschaft zum Gewinn der Word Trophy bei den Internationalen Six Days. Walter Zeller wurde auf BMW 1955 in der 500er Soloklasse zum dritten Mal Deutscher Meister. 1956 ging der Titel an BMW-Pilot Ernst Riedelbauch, 1957 bis 1959 sicherte sich der Privatfahrer Ernst Hiller dreimal hintereinander auf der 500er BMW den Meistertitel.

Damit nicht genug: Willi Faust und Karl Remmert setzten die beispiellose Erfolgsserie bei den Gespannen fort, die bis 1974 andauern sollte und wurden 1955 nicht nur Deutscher Meister, sondern auch Weltmeister – zum zweiten Mal für BMW nach 1954 mit Noll/Cron. Auch in der DDR hatten BMW-Gespanne in diesem Jahr noch das Sagen: Nach dem Gewinn der Titel in den Seitenwagenklassen „Ost" durch BMW von 1950 bis 1953 wurden Fritz Bagge/

Oben: Willi Faust/Karl Remmert als Sieger auf der Solitude am 24. Juli 1955. Sie wurden in diesem Jahr Deutscher Meister. Rechts: Willi Faust (rechts) und Karl Remmert vor dem Start. Die BMW-Gespanne traten mit Halbverkleidung an. Am 12. April 1956 ereilte das Schicksal die frischgebackenen Weltmeister: Sie verunglückten schwer; Karl Remmert fand den Tod, Willi Faust erlitt schwere Verletzungen.

Links: Rheinpokal-Rennen am 8. Mai 1955 in Hockenheim; Walter Zellers Werksmaschine hat erneut eine andere Verkleidung bekommen. Hinter den Werksfahrern von Gilera und Moto Guzzi wurde er Vierter. Am Ende der 1955er Saison aber war er Deutscher Meister.

Kurt Schönleber 1955 DDR-Meister. In Frankreich holten Jean Murit/François Flahaut die meisten Meisterschaftspunkte bei den Gespannen.

BMW münzte dies alles auf die Serienproduktion um. So heißt es im Prospekt von 1954: *„Seit je steht BMW dem sportlichen Wettbewerb als dem Wertmesser für den Fortschritt im Motorradbau bejahend gegenüber (...). Alle technischen Erkenntnisse sind in jedem gefertigten BMW Motorrad – auch dem, das Sie morgen begeistert fahren – sinnvoll zu Ihrem Vorteil ausgewertet."*

1955: Faust/Remmert Gespannmeister

Sehen wir uns die Entwicklung beim Solo- und Gespann-Straßenrennsport im Einzelnen an und beginnen wir mit dem Jahr 1955. Nachdem der südrhodesische Norton-Pilot Ray Amm am 11. April in Imola tödlich verunglückt war, lag ein Schatten über der Saison. Aber die Show mußte weitergehen, und sie wurde stärker als zuvor von BMW dominiert – vor allem dank der Überlegenheit der 1954 vorgestellten RS 54. Zahlreiche Privatfahrer stiegen von ihren englischen Production-Racern auf den Boxer um; beim Saisonauftakt in Dieburg standen acht Bayernboxer in den ersten Startreihen, dahinter kämpften die

Oben: Beide Fotos zeigen die Werks-253 mit RS-Komponenten von Walter Zeller, wie sie 1955 eingesetzt wurde. Mit dieser BMW wurde Zeller zum dritten Mal nach 1951 und 1954 Deutscher Meister. Der Vergasermotor leistete dank höherer Verdichtung und großvolumiger Dell'Orto-Vergaser rund 50 PS. Die Hinterradschwinge war an den Aufnahmen des Gelenks und der Federbeine verstärkt worden. Für einige Rennen, wie die in Dieburg und Salzburg, war die Maschine mit einem Lenkungsdämpfer ausgerüstet worden.

Horex von Fritz Kläger und die Matchless von Ernst Riedelbauch gegen die Bayern-Übermacht.

BMW hatte es dank der auf die Privatiers ausgerichteten Politik nicht nötig gehabt, ein eigenes Werksteam aufzustellen, sondern unterstützte inoffiziell den privat auf RS 54 antretenden Walter Zeller, der mal mit, wie am 8. Mai 1955 in Hockenheim, mal ohne Verkleidung auf die Strecke ging. In Dieburg und Salzburg fuhr Zeller einen präparierten RS-Motor in einem modifizierten Vollschwingen-Fahrgestell mit links angeschlagenem Lenkungsdämpfer. Die Vorderradschwinge war an den Aufnahmen des Gelenks und der Federbeine verstärkt. Der Vergasermotor kam aus der RS-Schmiede, war dann von Gustl Lachermair in der Rennabteilung mit einem Verdichtungsverhältnis von 10 : 1 und Dell'Orto-Vergasern auf rund 50 PS gebracht worden.

Links: Der Prototyp-Boxer 207 mit horizontal geteiltem Gehäuse, Mittellagerung der Kurbelwelle und 250 cm^3 Hubraum (Bohrung x Hub 56 x 50,6 mm). Magnetzünder und die Einspritzpumpe saßen im V-Winkel oben auf dem Gehäuse. Prüfstandsversuche 1956 mit Vergasern ergaben 34 PS. Das interessante Projekt wurde danach allerdings eingestellt.

Unten: freundliche Begegnung unter Konkurrenten. Vor dem Start zu „Rund um Schotten" 1955 begrüßen sich (von links nach rechts) Karl Remmert, Fritz Cron, Willi Faust,Wilhelm Noll.

Nebenbei entwickelte die Rennabteilung einen Boxermotor-Prototyp mit horizontal geteiltem Gehäuse, Mittellagerung der Kurbelwelle und 250 cm^3 Hubraum (Bohrung x Hub = 56 x 50,6 mm). Magnetzünder und die vorgesehene Einspritzpumpe saßen im V-Winkel oben auf dem Gehäuse. Prüfstandsversuche 1956 mit Vergasern ergaben 34 PS, das interessante Projekt mit dem Code 207 wurde aber danach eingestellt.

1955: Walter Zeller vor Ernst Riedelbauch Deuscher Solomeister

Schärfster Konkurrent von Zeller war 1955 Ernst Riedelbauch, der schließlich Vizemeister wurde, bevor er 1956 zu BMW wechselte und Zeller als Deutscher Meister ablöste. Auf internationaler Ebene war das Rennen am 26. Juni 1955 auf dem Nürburgring ein Höhepunkt für BMW, wenn letztlich auch kein Sieg dabei her-

Oben: Wilhelm Noll und Fritz Cron auf dem RS 54-Gespann mit Halbverkleidung 1955. 1956 wurden sie Weltmeister.

Rechts: Mit Einspritzung und Methanol-Gemisch fuhr BMW am 4. Oktober 1955 auf der Autobahn München-Ingolstadt Rekordfahrten. Walter Zeller machte solo nur Versuche. Wilhelm Noll gelang mit 280,2 km/h ein neuer Weltrekord für Gespanne.

auskam. Zeller lieferte sich mit Weltmeister Geoff Duke auf der Vierzylinder-Gilera einen atemberaubenden Schlagabtausch. Thomas Reinwald: *„Immer in Schlagdistanz bleibend, riss die tadellose Fahrt des Bayern die Zuschauer von den Sitzen."* Doch Duke war nicht zu bezwingen, siegte am Ende mit nur 24 Sekunden Vorsprung vor Zeller. In den Folgejahren spielte BMW bei internationalen Solomotorrad-Rennen keine führende Rolle mehr. Der Schwerpunkt lag nun auf den Gespannen, die in den nationalen Wettbewerben und in der Weltmeisterschaft bis 1974 alles in Grund und Boden fuhren. Zwischen 1954 und 1974 holte BMW 19mal den WM-Titel.

1955: Faust/Remmert Gespannmeister

Angesichts der großen Siege zwischen 1946 und 1954 war der Entschluß von BMW, sich 1955 nicht mehr werksseitig am Rennsport zu beteiligen, auf all-

53
34

Seite links: Walter Schneider/Hans Strauß (34, die Meister von 1958) vor Faust/Remmert (53) beim Internationalen Solitude-Rennen 1955. Die Aluminium-Verkleidungen sind handgedengelt, man trägt Turnschuhe mit Schnürsenkeln statt Stiefel.

gemeines Unverständnis gestoßen. Unter der Hand aber unterstützte BMW, wie im Fall Zeller, auch weiterhin die Top-Teams. So reihten sich die BMW-Erfolge bei den Solorennen, aber vor allem in der Seitenwagen-Weltmeisterschaft aneinander; letztlich siegten BMW-Gespanne bei allen sechs Grands Prix des Jahres 1955.

In diesem Jahr bekamen Noll/Kron, die amtierenden Weltmeister aus Hessen, zusätzlich zur erbitterten Konkurrenz von Schneider/Strauß weitere scharfe Gegner: Willy Faust und Karl Remmert, die ebenfalls ein werksunterstütztes BMW-Gespann fuhren. Auf der Solitude-Rennstrecke bei Stuttgart lieferten sich die beiden BMW-Teams einen packenden Kampf um die Spitze, indem sie andauernd die Führung wechselten. Schließlich siegten Faust/Remmert mit einem Stundenmittel von 132 km/h. Am Ende standen die beiden als Deutsche Meister und Weltmeister des Jahres 1955 fest. Doch das Glück verließ sie wenig später: Bei Trainingsfahrten zum deutschen Meisterschaftslauf am 12. April 1956 auf dem Hockenheimring mit dem neuen, vollverkleideten BMW-Gespann verunglückten die frischgebackenen Weltmeister schwer; Karl Remmert fand den Tod, Willi Faust zog sich schwere Verletzungen zu.

1956: Riedelbauch Deutscher Meister

So stand die Saison 1956 nicht unter einem guten Stern. Doch der Vollgasbetrieb ging weiter. Die Konstruktionsbüros in München hatten mit Hochdruck an einer neuen, kurzhubigen Version des Halbliter-Rennmotors gearbeitet. Der neue Kurzhubboxer hatte eine Bohrung von 70 und einen Hub von 64 mm. Die Leistung stieg auf 65 PS bei 9200/min^{-1}; damit drehte das Triebwerk 400 Touren höher als die Version von 1954/55. Man experimentierte auch mit einer dreifachen Lagerung der Kurbelwelle. Ein neues Fünfgang-Getriebe ermöglichte es den Fahrern, die Leistung besser einzusetzen. Walter Zeller fuhr in Imola erstmals eine Werks-253 mit Kurzhubmotor, Doppelgelenk-Kardan und Drehmomentabstützung an der Hinterradschwinge. Die Werksmaschinen waren in der Regel nun vollverkleidet.

Auf nationaler Ebene war schon beim ersten Lauf am 13. Mai 1956 in Hockenheim klar, dass auch in diesem Jahr gegen die RS kein Kraut gewachsen war. Reinwald: *„Zwar wurden einige Norton mit einer höheren Endgeschwindigkeit gemessen, doch die Bayernboxer zeigten sich dafür als wesentlich zuverlässiger – und das war meistens entscheidend."*

Beim international besetzten Solitude-Rennen am 22. Juli waren die BMW-Neuzugänge Ernst Riedelbauch und Alois Huber die bestplazierten Deutschen, die aber gegen die Weltklasse-Konkurrenz nicht viel ausrichten konnten. Als erster BMW-Pilot fuhr Huber am Ende über die Ziellinie. Walter Zeller bewies am 5. August mit einem bejubelten Sieg seine Extraklasse. Der Oberfranke Riedelbauch punktete auf der RS 54 u.a. am 16. September auf der Berliner Avus und stand am Ende der Saison als neuer Halbliter-Meister fest. In der WM errang Zeller auf der Kurzhub-Werks-BMW einen als sensationell empfundenen Zweiten Platz hinter John Surtees auf der vierzylindrigen Werks-MV Agusta. Diese Plazierung war für BMW bis zur Abschaffung der Klasse 2002 der beste jeweils erzielte Rang in der WM.

Oben: Start am 13. Mai 1956 in Hockenheim; Ernst Riedelbauch (1) hat Zellers alte Verkleidung an seiner 253. Riedelbauch löste 1956 Zeller als Deutscher Meister ab. Unten: BMW-Stand auf der IFMA 1956 mit dem Renngespann, mit dem Noll/Cron die WM 1956 gewannen; dahinter eine Gelände-R 26 und zwei Isetta-Exemplare.

Oben: Auf schnelleren, weniger holprigen Strecken fuhren Wilhelm Noll/Fritz Cron eine neue Komplett-Karosserie mit abgerundetem Heck, wie hier beim WM-Lauf am 22. Juli 1956 auf der Solitude.

Links: Walter Zeller konnte an seine Vize-Weltmeisterschaft von 1956 nicht mehr anknüpfen. Er erreichte immerhin dritte Rängen in Hockenheim und Assen. Das Foto zeigt ihn beim WM-Lauf 1957 in Hockenheim mit der letztmals vollverkleideten 253.

Gespanne 1956: Noll/Cron zum zweiten Mal Gespannweltmeister vor Fath/Ohr

1956 standen in den ersten Startreihen nur noch verkleidete Fahrzeuge, bei denen auch der Raddurchmesser schrittweise verkleinert worden war, um die Bauhöhe abzusenken. Dies war natürlich mit dem flachen BMW-Boxermotor wesentlich einfacher zu bewerkstelligen als bei Maschinen mit aufrecht stehenden Einzylindern oder Reihenmotoren.

Beim Rheinpokalrennen in Hockenheim fanden wieder äußerst spannende Zweikämpfe in der Seitenwagenklasse statt. Das BMW-Team Noll/Cron kämpfte rundenlang mit Hillebrand/Grunwald und Schneider/Strauß (beide BMW) sowie mit Smith/Wollet auf Norton. Nachdem Hillebrand/Grunwald in der Stadtkurve gestürzt waren, konnten Noll/Cron das vollverkleidete BMW-Werksgespann zum Sieg führen – mit einer Durchschnittsgeschwindigkeit von 167 km/h vor Smith/Wollet. Es war eines der letzten Rennen, in dem die Norton-Renngespanne in Erscheinung traten; von da an bis 1974 würden (mit einigen Ausnahmen) nur noch BMW-Gespanne auf den vorderen Plätze zu finden sein.

Fritz Hillebrand und Manfred Grunwald siegten auf der Isle of Man und in Assen, wenngleich dies für das Team, das dem Erfolg nun schon seit so vielen Jahren hinterherfuhr, noch nicht reichte, denn Noll/Cron packten noch einmal an und verdrängten Hillebrand/Grunwald auf den zweiten Platz in der WM. Gleiche Dominanz in der DM: Hier siegten Noll/Cron vor Helmut Fath/Emil Ohr, ebenfalls auf BMW.

Wilhelm Noll, der Weltmeister von 1954 und 1956, war 1925 geboren und stammte aus Kirchhain bei Marburg. Sein Debüt als Gespannfahrer hatte er zusammen mit seinem ebenfalls aus Hessen stammenden Beifahrer Fritz Cron 1948 in Köln gegeben. Nach der zweiten Weltmeisterschaft beendeten die beiden ihre Rennfahrer-Laufbahn. Wilhelm Noll blieb dem Motorsport aber weiter eng verbunden, war jahrelang OMK-Präsident. So hatten Hillebrand/Grunwald ab 1957 freie Bahn.

1957: Hillebrand/Grunwald postum Deutsche Meister und Weltmeister

In Hockenheim siegten in der Gespannklasse Fritz Hillebrand/Manfred Grunwald auf BMW vor Walter Schneider/Hans Strauß, ebenfalls auf BMW, mit einem Schnitt von 164 km/h. Danach gewannen sie die beiden nächsten Meisterschaftsläufe auf der Isle of Man und bei der Dutch TT. Schon im Vorjahr hatten Hillebrand/Grunwald bei der TT gesiegt.

Dann der Schock, wir zitieren Wikipedia: *„Ende August im Training zum Großen Preis von Bilbao streiften Hillebrand/Grunwald mit ihrem BMW-Gespann in einer Kurve einen Kilometerstein. Mit einer Geschwindigkeit von 150 km/h wurden beide an einen Laternenpfahl geschleudert. Hillebrand war auf der Stelle tot, Grunwald kam mit leichten Verletzungen davon."*

Beim letzten Lauf in Monza traten Schneider/Strauss zum Zeichen ihrer Trauer nicht an. Hillebrand/Grunwald wurden postum zu Gespann-Weltmeistern 1957 erklärt, vor Schneider/Strauß und Camathias/Galliker (bzw. Hilmar Cecco). Nach Punkten hatten sie auch die DM gewonnen. Manfred Grunwald zog sich anschließend vom Rennsport zurück. In Frankreich sicherte sich das Duo Jean Murit/Alain Dagon 1956 und 1957 auf einem BMW-Gespann den nationalen Meistertitel.

Rechts: Walter Zeller 1957 beim TT-Training auf der Isle of Man mit der neuen Halbverkleidung. Das Foto ist eine schöne Studie des Fahrstils und der Konzentration, die sich in Zellers Gesicht spiegelt. Foto links daneben: zum Vergleich Zellers vollverkleidete BMW für Hockenheim 1957.

Unten: Fritz Hillebrand und Manfred Grunwald steuerten das Werks-Gespann auf dem Clypse-Kurs der Isle of Man souverän zu ihrem zweiten TT-Sieg. Den Unfall beim Training zum GP von Bilbao überlebte Hillebrand nicht. Das Duo wurde postum zum Weltmeister1957 erklärt.

1957: Hiller Deutscher Solo-Meister

Der Motorradmarkt schickte sich 1957 an, fast ganz zusammenzubrechen, und das traf auch BMW sehr hart – man setzte nach 15 500 Motorrädern im Vorjahr jetzt nur noch 5429 Maschinen ab. Daher nahm es nicht Wunder, daß die Bayern die Weiterentwicklung der Rennmotoren (vorläufig) einstellten und zunächst nur noch die Instandhaltung und Ersatzteilversorgung der in Privathand befindlichen Motorräder garantierten.

Das nationale Renngeschehen reduzierte sich auf nur noch drei Meisterschaftsläufe. Für BMW kämpften die Privatfahrer Hiller, Riedelbauch und Huber; Zeller spielte auf der Werksmaschine eine Sonderrolle, umrundete den Hockenheimring auf der verkleideten Kurzhub-BMW mit einem Schnitt von 196,7 km/h. Der Sieger Libero Liberti auf der Gilera Quattro erreichte den sensationellen Schnitt von 200 km/h; es war die schnellste Durchschnittsgeschwindigkeit, die jemals ein Fahrer auf der alten Hockenheim-Rennstrecke gefahren hatte. Sein Markenkollege, der Schotte Bob McIntyre fuhr sogar eine Runde mit 208 km/h. Dieser Rekord blieb bestehen, bis 1966 das neue Motodrom mit geänderter Streckenführung eingeweiht wurde.

Rechts: Walter Schneider und Hans Strauß waren 1958 nach Fritz Hillebrands tödlichem Rennunfall die einzigen BMW-Werksfahrer auf einem Werks-Komplettgespann. Florian Camathias und Helmut Fath bekamen nur Werksmotoren zur Verfügung gestellt. Das Foto zeigt Schneider/Strauß mit der BMW RS 54 auf der Strecke; das Team holte 1958 die Weltmeisterschaft.

Auf dem Nürburgring hieß der Gewinner Hiller, Zeller hatte mit Lichtmaschinenschaden aufgeben müssen. In Nürnberg aber fuhr Zeller neuen Rundenrekord und siegte. Aber das reichte nicht: Der neue deutsche Meister hieß Ernst Hiller auf der privaten RS 54. Auch an seine Vize-Weltmeisterschaft von 1956 konnte Zeller nicht mehr anknüpfen; in Nürnberg gab er bekannt, daß er seine Rennkarriere beenden würde, um den elterlichen Betrieb zu übernehmen. Auch Riedelbauch verabschiedete sich.

1958: schlanke Halbverkleidungen

Von Siegen der BMW-Privatfahrer abgesehen kämpfte BMW mit dem Solo-Boxer am Ende der 1950er Jahre bei internationalen Rennen oft auf verlorenem Posten. Obwohl die BMW-Rennmaschine laufend verbessert und leistungsgesteigert wurde, glaubte man in München nicht mehr an den Gewinn eines WM-Titels in der 500-cm³-Solo-Klasse. Die italienischen Agusta- und Gilera-Rennmaschinen waren schneller und zudem mit absoluten Weltklassefahrern wie Geoff Duke und John Surtees besetzt.

Unten: die Werksmaschine vom Typ 253 für 1958 mit Doppelgelenk-Kardan, Schwingarm hinten mit Drehmoment-Stütze, Schwinge vorn mit geraden Rohren, doppelseitiger Bremse, Halbverkleidung und Vergasern.

Vor dem Beginn der Saison 1958 fällte die FIM (Fédération Internationale de Motocyclisme) eine umstrittene Entscheidung. Während die Rennmotoräder 1956 und 1957 mit vorn weit ausbordenden Vollverkleidungen ausgerüstet gewesen waren, durften ab 1958 die Verkleidungen und die vorderen Kotflügel der Solomotorräder nicht mehr über die Vorderradachse hinausragen. Wie alle anderen Teilnehmer mußte also auch BMW neue, knapp zugeschnittene Halbschalenverkleidungen entwickeln. Die Rennfahrer nahmen es hin, auch wenn viele von ihnen weiterhin am liebsten ohne Verkleidung gefahren wären. Die FIM-Regel und die Bauart der Halbschalen haben heute noch Bestand.

Geoff Duke und Dickie Dale neu bei BMW

Es war daher ein geschickter Schachzug von BMW, den sechsfachen Weltmeister Geoff Duke (auf Norton und Gilera zwischen 1951 und 1955) und Dickie Dale, bester Werksfahrer bei Moto Guzzi, 1958 ins Team zu holen, womit man die 1956 erklärte Abstinenz des Werks für das internationale Renngeschehen aufhob. Für den Rennsport in Deutschland blieb es bei der Zurückhaltung.

Der Sieg von Duke beim Rheinpokalrennen am 11. Mai in Hockenheim ließ seine und die Hoffnungen der Renn- und Werbe-Abteilungen in München deutlich steigen. Bei der Senior-TT am 6. Juni aber kam er mit der BMW auf seiner angestammten Strecke im Training wie im Rennen nicht zurecht und gab in der ersten Runde auf. Nach drei Rennen verabschiedete sich der am 29. März 1923 auf St. Helens geborene (und am 1. Mai 2015 mit 92 Jahren in Douglas auf der Ile of Man gestorbene) Geoffrey Ernest Duke von BMW. Er war Träger des Ordens des Britischen Empire. Dickie Dale gewöhnte sich indes schnell an seine modifizierte RS und beendete die WM-Saison auf Rang Drei.

1958: Hiller zum zweiten Mal Meister

Bei der Deutschen Meisterschaft setzte sich abermals Ernst Hiller mit drei Siegen in drei Läufen markant in Szene. 1955 hatte er die RS von Gerd von Woedtke übernommen, die Maschine turnusgemäß im Werk von Max Klankermeiers Monteuren überholen und 1957 ein 5-Gang-Getriebe einbauen lassen. Mit diesem Boxer wurde er dreimal in Folge als Privatfahrer Deutscher Meister: 1957, 1958 und 1959. Alois Huber wurde, ebenfalls auf BMW, 1958 Vizemeister. Auch der Drittplazierte, Hans Günther Jäger, war auf einem Boxer aus München unterwegs gewesen. Zudem machte der Boxer off-road eine gute Figur: Konrad Wellnhofer wurde 1958 in der Klasse über 350 cm^3 Deutscher Geländemeister.

1958: Schneider/Strauß Weltmeister

Auch in puncto Gespann-Weltmeisterschaft kam BMW 1958 wieder aus der Deckung heraus und bekannte sich offiziell erneut zum Rennsport der Dreiräder. Die Teams mußten sich nicht mehr wie bisher mit einfacher Werksunterstützung zufriedengeben, sondern bekamen nun Werksgespanne oder Werksmotoren. In der Gespannklasse waren das Walter Schneider/Hans Strauß, Helmut Fath/Fritz Rudolf und das Schweizer Duo Florian Camathias/Hilmar Cecco. Geprägt wurde die Saison 1958 dann überwiegend durch große Duelle zwischen Schneider und Camathias; sie nahmen abwechselnd bei allen Läufen die ersten beiden Plätze ein.

Das Seitenwagenrennen in Hockenheim wurde vom BMW-Team Camathias/Cecco mit einem Schnitt von 163 km/h gewonnen, vor Schneider/Strauß aus

Oben: Der sechsfache Weltmeister Geoff Duke (Norton und Gilera) fand nach dem Rückzug von Gilera bei BMW eine Möglichkeit zur Fortsetzung seiner Karriere. Der Sieg beim Rheinpokal-Rennen am 11. Mai 1958 in Hockenheim ließ seine und die Hoffnungen der Renn- und Werbe-Abteilungen in München steigen. Doch nach zwei weiteren Rennen stieg Duke bei BMW wieder aus.

Rechts: Dickie Dale, zuvor Werksfahrer bei Moto Guzzi, wurde fuhr 1958 eine zweite Werksmaschine, die im Grunde eine RS war. Er erzielte am Ende Rang Drei in der WM.

Die Fotos zeigen die neuen Halbschalenverkleidungen, die ab 1958 von der FIM vorgeschrieben waren und im Prinzip jahrzehntelang im Rennsport beibehalten wurden.

dem gleichen Stall. Einen weiteren Sieg der Eidgenossen gab es beim Eifelrennen auf dem Nürburgring, das bei strömendem Regen ausgetragen wurde. Bei der Tourist Trophy 1958 siegte dann das Gespannpaar Schneider/Strauß, das ein spektakuläres Rennen fuhr und mit 73 mph (118 km/h) einen neuen Streckenrekord aufstellte. Am Ende fiel mit drei Siegen die Entscheidung zugunsten von Schneider/Strauß, sie waren Weltmeister. Auch in der Deutschen Meisterschaft reichte es den beiden Bayern mit drei Siegen für Platz eins.

1958: Schneider/Strauß wieder Weltmeister

Die Gespannsaison 1959 war wieder gekennzeichnet von den Zweikämpfen Schneider/Strauß und Camathias/Cecco. Beim Großen Preis von Deutschland in Hockenheim siegten die Schweizer mit einem Schnitt von 169 km/h. Erstmals sah man in Hockenheim das Team Deubel/Hörner, das schon zwei Jahre später das erfolgreichste Fahrerpaar sein sollte; es belegte den dritten Platz in der auf 500 cm³ begrenzten Seitenwagenklasse.

Auf der schnellen Strecke von Spa/Francorchamps in Belgien siegte wieder das BMW-Team Schneider/Strauß vor dem überraschend starken Franzosen Rogliardo und den Schweizern Scheidegger/Burkhardt, ebenfalls auf BMW. Von Scheidegger/Burkhardt wird in der Folgezeit noch die Rede sein. Auch auf die TT hatten sich Schneider/Strauß bestens vorbereitet; die Bayern siegten vor Camathias/Cecco, beide Teams selbstredend auf BMW.

In der DM kam es am 12. Juli auf dem Nürburgring zu einer Kollison zwischen den Gespannen von Camathias und Schneider. Während das deutsche Paar nur drei Runden vor Schluß aufgeben mußte, brachten die Schweizer ihr Gespann wieder in Bewegung und siegten *„unter den Pfiffen der Zigtausend Zuschauer"* (Reinwald). Am Ende der turbulenten DM-Saison standen die BMW-Treiber August Rohsiepe/Arthur Gardyancik als Meister fest, vor weiteren BMW-Fahrern, die später Geschichte schreiben würden: Luthringshauser/Hörner.

In der WM holten Schneider/Strauß 1959 auf ihrer BMW ihren zweiten WM-Titel. In diesem Jahr waren zum ersten Mal nur BMW-Gespanne auf den ersten fünf Rängen zu finden, wobei sich hinter Schneider gleich drei Schweizer plazieren konnten: Camathias, Scheidegger und Strub.

1959: Hiller solo wieder ganz vorn

In der WM fuhr Dickie Dale eine zweite Saison bei BMW, abwechselnd mit der RS oder der 253, holte in der WM aber nur zwei vierte Plätze.

Einen viel beachteten PR-Coup für BMW landete Florian Camathias am 22. März in Martigny (Schweiz): Aus dem Stand beschleunigte er sein aerodynamisch ausgefeiltes BMW-Spezialgespann mit Linksausleger

Oben: WM-Endlauf am 5. Juli 1959 in Spa mit Scheidegger/Burkhardt, Schneider/Strauß, Camathias/Cecco und Harris/Campbell. Schneider und Strauß siegten und verteidigten damit ihren Titel.

Deutsche Straßenmeisterschaft

Jahr	Klasse	Gewinner	Marke
Solo-Motorräder Bundesrep. Deutschland			
1955	500 cm³	Walter Zeller	BMW
1956	500 cm³	Ernst Riedelbauch	BMW
1957	500 cm³	Ernst Hiller	BMW
1958	500 cm³	Ernst Hiller	BMW
1959	500 cm³	Ernst Hiller	BMW
1960	500 cm³	Rudolf Gläser	Norton
Gespanne Bundesrepublik Deutschland			
1955	500 cm³	Willi Faust, Karl Remmert	BMW
1956	500 cm³	Wilhelm Noll, Fritz Cron	BMW
1957	500 cm³	Fritz Hillebrand, Manfred Grunwald	BMW
1958	500 cm³	Walter Schneider, Hans Strauß	BMW
1959	500 cm³	August Rohsiepe, Arthur Gardyancik	BMW

Weltmeisterschaft Gespanne

Jahr	Gewinner auf BMW
1955	Willi Faust/Karl Remmert
1956	Wilhelm Noll/Fritz Cron
1957	Fritz Hillebrand/Manfred Grunwald
1958	Walter Schneider/Hans Strauß
1959	August Rohsiepe/Arthus Gardyancik

Rechts: Walter Schneider/Hans Strauß 1959 auf einem speziell karossierten BMW-Gespann, das über Lufthutzen für die Kühlung der Zylinder verfügte. Das Team war auch mit vollkommen geschlossenen Vollverkleidungen unterwegs.

Die Arbeitskleidung der Gespannbesatzung bestand aus stets schwarzen Lederkombis, Halbschalenhelmen mit Ledermontur, Handschuhen und chromumrandeten Sturmbrillen. Die Lederstiefel wurden auch mal gegen Basketballschuhe getauscht. Werbung auf den Maschinen war (noch lange) nicht üblich, es waren nur die Startnummen aufgemalt.

über einen Kilometer auf 153,846 km/h und stellte damit einen neuen Weltrekord für Dreiräder auf.

In die Rennen zur Deutschen Meisterschaft gingen 1959 als Favoriten Ernst Hiller aus Brackwede und Hans Günther Jäger aus Trier. Hiller war als Vorjahresmeister und Besitzer einer vom BMW-Kundendienst gewarteten RS klar im Vorteil. Beim Saisonstart in St. Wendel am 3. Mai stürzte Huber beim Dreikampf mit Jäger, und Huber und fiel aus. Am 14. Juni in Hockenheim übernahm Alois Huber die Tabellenführung. Hiller siegte dann am 12. Juli auf dem Nürburgring und lieferte sich beim letzten Lauf, dem Bergrennen am Schauinsland, ein Duell mit Huber, der schwer stürzte und auf einer Trage geborgen werden mußte. Hiller gewann, überholte Huber mit sechs Punkten Vorsprung und war damit zum dritten Mal Deutscher Meister.

Motorradimage im roten Bereich

Die Presse schlachtete Hubers Unfall weidlich aus und bediente damit den neuen Zeitgeist, der sich vom Motorrad abwandte. Thomas Reinwald: *„Das Motorrad war binnen zehn Jahren vom einst akzeptierten Fortbewegungsmittel Nummer eins zum Buh-Fahrzeug schlechthin geworden."*

Folgerichtig entschloß sich BMW Ende 1959, die Solo-Werksrenner aus der WM zurückzuziehen, da man wie bereits zuvor nur noch geringe Chancen auf einen Weltmeistertitel in der 500er-Klasse sah und die italienischen MV-Agusta-Maschinen immer noch weit überlegen waren. Immerhin betreute das Werk noch einige Rennmotorräder und kümmerte sich weiterhin auch um die Motoren für die Gespanne.

Es folgten über zehn Jahre der Agonie, in der überwiegend nur noch der Behördenverkauf die Produktion von BMW-Motorrädern über Wasser hielt. Die Fans bangten um ihre Marke. 1962 sackte die Fertigung mit nur noch 4302 Einheiten auf ihren absoluten Tiefpunkt ab. Erst 1970 und nach Einführung der /5-Modelle ging es wieder aufwärts, und zwar sprunghaft und mit starken Steigerungen von Jahr zu Jahr. 1977 setzte BMW 31 515 Motorräder ab.

Oben: Das Schweizer-BMW-Team Florian Camathias/Hilmar Cecco machte den deutschen Mannschaften Ende der 1950er Jahre gewaltig Druck; hier sehen wir sie 1959 auf der Isle of Man, wo sie Schneider/Strauß unterlagen. Unten: Am 22. März 1959 fuhr Camathias in Martigny (Schweiz) einen neuen Weltrekord; aus dem Stand beschleunigte er über einen Kilometer auf 153,846 km/h.

1959-1965: 188 121 Einheiten

BMW 700 697 cm³

Limousine, Coupé mit Boxermotor

BMW stand 1959 knapp vor der Übernahme durch die Daimler-Benz AG. Doch kurz vor dem befürchteten Exodus kam Hoffnung auf – durch den vielversprechenden Prototyp eines attraktiven Kleinwagens, der Isetta und 600 ersetzen und bald in Serie gehen sollte: Es war der BMW 700.

Der „Rettungswagen" war kein Münchner Kindl, sondern kam aus Wien: Wolfgang Denzel, seinerzeit BMW-Importeur für Österreich, hatte die Initiative ergriffen und – wenn auch in Abstimmung mit dem Werk – im Frühjahr 1958 einen kompakten Zwei-plus-Zwei mit Heckmotor konzipiert, für dessen Formgebung Denzel den italienischen Designer Giovanni Michelotti gewinnen konnte. Das Gesamtkonzept war absolut zeitkonform, die Dimensionen des Autos mit 345 cm Länge und 148 cm Breite bestens proportioniertes Mittelmaß, die Motorisierung per Zweizylinder-Triebwerk auf Basis der Motorrad-Motoren angemessen.

Oben: Der BMW 700 war in der bis zu 60 PS starken Rennsportversion jahrelang äußerst erfolgreich im Motorsport. Der serienmäßige 700 Sport wurde von 1960 bis 1963 in 8115mal gebaut und leistete 40 PS, was für eine Spitze von 135 km/h genügte. Das Foto zeigt den Gespannmeister von 1949, Max Klankermeier, mit seinem Beifahrer Harro Frankenberger im BMW 700 bei der Int. Österreichischen Alpenfahrt 1961. In der Klasse der verbesserten Tourenwagen errang er eine Goldmedaille.

Der 697 cm³ große Boxermotor leistete in der Limousine 30 PS, bei anderen Versionen 40 PS. Für die Kühlung sorgten ein Ölkühler, ein von der Kurbelwelle angetriebenes Gebläse und Luftleitbleche.

Links: BMW 700 Coupé 1959 im Hafen von Rimini. Zwischen 1959 und 1965 wurden 30 972 Einheiten produziert.

Darunter: 700 Cabrio 1961 mit 40 PS, gebaut von 1961 bis 1964 in 2592 Einheiten.

Fertigstellung der Prototypen und die Produktionsvorbereitung für den BMW 700 fanden in München statt. Im Sommer 1958 wurden die ersten Versuchsmodelle probegefahren. Und was niemand mehr zu hoffen gewagt hatte: Der kleine BMW wurde ein Senkrechtstarter. Ausgerechnet ein Auto mit luftgekühltem Heckmotor à la VW Käfer war es, der dem Unternehmen das Fortbestehen sicherte. Auch war der 700 der erste BMW in selbsttragender Konstruktion. Er wurde in allen Versionen innerhalb von fünf Jahren 188 121mal gebaut.

Zuerst erschien das 2+2 Coupé auf dem Markt – im September 1959. Im Dezember folgte eine viersitzige Limousine mit gleichem Radstand. Beide Modelle wurden von einem kurzhubigen Zweizylinder-Ohv-Boxermotor mit 30 PS und 697 cm³ Hubraum (Typ M 107) angetrieben, der mit seiner zentralen Nockenwelle weitgehend dem klassischen BMW-Motorrad-Boxer entsprach. Kühlgebläse, Ölkühler und Luftschächte wirkten der Überhitzung entgegen. Beim Getriebe und beim Achsantrieb handelte es sich um komplette Neukonstruktionen.

Das Coupé mit seiner schräg abfallenden Dachpartie sah recht rasant aus, wenngleich der Bug etwas schlicht geraten war und nicht einmal die Andeutung der klassischen BMW-Niere aufwies. Heute sehen Elektroautos so aus. Der nicht allzu geräumige Kofferraum im Bug reichte knapp für das Feriengepäck von zwei, keinesfalls für das von vier Personen. Tank und Reserverad befanden sich ebenfalls vorn.

Die Leistung des Motors im von 1959 bis 1964 gebauten Coupé (die Limousine gab es in ihrer ersten Bauform bis 1962) hob man 1963 von 30 auf 32 PS an, womit das kleine Auto jetzt 128 km/h schnell war. 1962 bis 1965 bot BMW den 700 in einer LS genannten Luxusversion bei gleicher Grundspezifikation an, wobei die letzte Version (1964/65) des Coupés mit 40 PS (zwei Solex-Fallstromvergaser, höhere Verdichtung) spürbar stärker motorisiert war, um die 50 kg Gewichtszunahme zu kompensieren. Dieses Modell ging an die 135 km/h.

1960 erschien der BMW 700 Sport. Das ab 1963 als 700 CS bezeichnete Auto (Motortyp: M 107 S) hatte wie das 40 PS starke LS Coupé einen Zweivergaser-Motor und war auch als Cabriolet lieferbar. Den Aufbau des offenen 2+2-Wagens stellte die Karosseriefirma Baur in Stuttgart her; sie hatte schon vor dem Krieg mit BMW zusammengearbeitet, in den 1950ern einige 501 und 502 in Cabrios verwandelt. Auch beim Entwurf des 700 Cabriolets – das nur 2592mal gebaut wurde – hatte Michelotti mitgewirkt. Mit 6950 DM (das Coupé kostete 1000 DM weniger) war der offene BMW 700 CS allerdings ein verhältnismäßig teures Fahrzeug. Zum Vergleich: Das VW Cabrio kostete nur 6230 DM und war ein vollwertiger Viersitzer.

Oben: BMW LS Luxus, gebaut von 1961 bis 1965, aufgenommen 1990. Rechts: 700 Erstmodell von 1959. Die Limousine wurde von September 1959 bis Juli 1965 insgesamt knapp 155 000mal produziert, der Anteil an der Gesamtproduktion des BMW 700 lag damit bei etwa 85 %. Bereits ab Frühjahr 1962 erhielt die Limousine eine überarbeitete und größere Karosserie, die Typbezeichnung lautete bis zum Produktionsende BMW LS. Ab Februar 1961 konnte sich der Kunde für eine besser ausgestattete Luxus-Version, den BMW 700 Luxus, entscheiden.

Äußerst erfolgreich im Motorsport

Auf Anhieb profilierte sich das leichte, schnelle Coupé mit seinem drehfreudigen Heckboxer auch im Motorsport. Die Leistung ließ sich durch unterschiedliche Optimierungen (oft durch Dell'Orto-Vergaser) auf 50 oder sogar 60 PS steigern. Die heißesten Rennsportversionen wiesen – wie die Vorkriegs-Rennmotorräder von BMW – einen Ohc-Motor mit Königswellenantrieb auf, besaßen Doppelzündung und brachten es so auf satte 90 PS (Motortyp M 106).

Schon 1960 gewann Altmeister Hans Stuck auf einem BMW 700 die Deutsche Bergmeisterschaft. Beim 12-Stunden-Rennen von Monza (Trofeo Ascari) fuhr er mit seinem 700 bei einem Schnitt von 130 km/h die schnellste Zeit vor einer Armada hochgetunter Fiat und NSU – ein Erfolg, den Hans Stuck und Sepp Greger 1961 wiederholten, jetzt sogar mit 136,7 km/h Schnitt. Weitere prominente Piloten auf dem neuen Renner waren z.B. Alex von Falkenhausen, Heinz Eppelein und Walter Schneider. 34 Gesamt- und Klassensiege konnte der 700 allein 1960 verbuchen. 1961 gewann BMW die Deutsche Rundstreckenmeisterschaft, die Rallye- und die Tourenwagenmeisterschaft. 1962 kam der ONS-Pokal für Tourenwagen hinzu, 1963 der TW-Europapokal. Der BMW 700 belebte die damalige Renn- und Rallyesportszene enorm und verschaffte der Marke auch im Automobilbereich wieder ein sportliches Prestige, das mit dem zwischen 1935 und 1940 vergleichbar war.

1961-1963: 19 Einheiten (ca.)

700 RS 697 cm³

Erster BMW-Rennwagen seit 1945

Das erste Auto, das nach dem Krieg von BMW eigens für Rennsportzwecke entwickelt wurde, war der kleine 700 RS. Mit dem serienmäßigen 700 Coupé hatte der RS wichtige Baugruppen wie Kupplung, Vorderachse, Lenkung und Bremstrommeln gemeinsam. Neu war die Zweikreis-Bremsanlage. Die Typenbezeichnung rückte den RS gezielt in die Nähe der käuflichen Modelle. Zwischen 1961 und 1963 wurden vermutlich nicht mehr als 19 RS-Exemplare gebaut. Da der Wagen zunächst ziemlich chancenlos in der Rennsportklasse bis 1600 cm³ starten mußte, gab BMW sich bescheiden: *„Es handelt sich um einen Versuch der Techniker von BMW, die Grenzen der Fahreigenschaften des BMW 700 in höheren Geschwindig keitsbereichen zu erkunden."*

Der Gitterrohrrahmen des Rennsport-Zweisitzers war eine Konstruktion von Heinz Eppelein, der 1962 Deutscher GT-Bergmeister wurde. Der Wagen enstand zunächst als RS-1 in zwei Exemplaren im Werk München. Die aus handgedengelten Leichtmetallblechen bestehende Karosserie wurde von Willy Huber auf Frauenchiemsee gefertigt. Der Unterboden war weitgehend geschlossen. Die Vorderräder wurden von Längs-, die Hinterräder von je zwei Dreieckslenkern geführt. Bereifung: 5,20 x 12.

Im Unterschied zum 700er-Ohv-Motor des Serienmodells hatte der RS ein an die BMW-Renmotorräder erinnerndes, von Alex von Falkenhausen konstruiertes Zweizylinder-Boxeraggregat mit Königswellen-Ventilantrieb im Heck, wobei die Wellen über Kegelräder auf die Einlaßnockenwellen wirkten; diese trieben über Ketten und Schlepphebel die Auslaßnockenwellen an. Das mit 9,8 : 1 hochver-

Oben: Hans Stuck im BMW 700 RS-1 beim Großen Bergpreis von Österreich 1961 am Gaisberg in der Klasse der Sportwagen bis 850 cm³. Er kam auf den zweiten Platz. Aufnahme vom 10. September 1961.

Links: Am 16. August 1964 startete Motorkonstrukteur Alexander von Falkenhausen in Neubiberg mit dem 700 RS-2 in der Klasse der Sport-Prototypen bis 1300 cm³. Es war der letzte Werks-Renneinsatz des 700 RS.

Rechts oben: das spartanische Cockpit des perfekt restaurierten und im BMW-Besitz befindlichen 700 RS; Foto von 1995.

Rechts unten: Der von Alex von Falkenhausen konstruierte Königswellen-Boxer mit seinen Rennvergasern von Dell'Orto, die ihre Luft über offene Ansaugtrichter beziehen. In der stärksten Version leistete der Motor 85 PS; Foto von 1995.

dichtete sowie mit Doppelzündung und Dell'Orto-Rennvergasern versehene Triebwerk leistete 70 bis 85 PS, was für eine Spitzengeschwindikkeit bis zu 190 km/h reichte. Der Hubraum von 697 cm³ entsprach der Serie. Eine aufwendige Gebläsekühlung und ein Ölkühler schützten vor Überhitzung.

Erstmalig ging der RS-1 als Bergspider am 18. Juni 1961 beim Roßfeld-Bergrennen an den Start. Ab 1962 erschien der 700 RS leicht überarbeitet als RS-2 auf den Rennstrecken. Die letzte Vorstellung gab er in Neubiberg in der Klasse der Sport-Prototypen bis 1300 cm³ am 16. August 1964 mit Alexander von Falkenhausen am Lenkrad. Zu den RS-Piloten zählte auch der ehemalige Auto-Union-Fahrer Hans Stuck.

Zahlreiche Klassen- und Gesamtsiege wurden mit BMW 700 Coupés und Spezialversionen erzielt, die der Eifeler BMW-Tuner Willi Martini präpariert hatte. Aufsehen erregten die ultraflachen Martini-Coupés, die beim 1000-km-Rennen 1963 auf dem Nürburgring ihr Debüt gaben. Der aus glasfaserverstärktem Polyester gefertigte, vorn keilförmig zulaufende, mit der BMW-Niere geschmückte und nur 20 kg (ohne Türen und Haube) schwere Aufbau saß wie beim RS 700 auf einem filigranen Stahlrohrgerüst. Die Rennausführung des kompletten Wagens wog nur 470 kg. Die Ohc-Motoren lieferte BMW.

Das Foto zeigt den von Heinz Eppelein konstruierten Gitterrohrrahmen für den ersten BMW 700 RS-1. Lenkung und Vorderachse stammen vom Serien-700, die Räder sind in 5.20 x 12 bereift. Im Hintergrund stehen zwei 700 Coupés und eine Limousine.

1960-1964

Farmobil 697 cm³

Kleintransporter fürs Gelände

Ein BMW-Kuriosum ist das von 1960 bis 1964 produzierte Mehrzweckfahrzeug Farmobil, das wir kurz in diesem Buch vorstellen, weil es ebenfalls den vom BMW 700 abgeleiteten, aber niedriger verdichteten Zweizylinder-Boxer-Heckmotor mit 697 cm³ Hubraum besaß, der über ein Vierganggetriebe und spezielle Halbwellen die grobstollig in 4,50 x 12 bereiften Hinterräder antrieb. Die Leistung war auf 32 PS bei 5000/min^{-1} begrenzt, das maximale Drehmoment von 51 Nm stand bereits bei 3400/min^{-1} an.

Eine verschweißte Ganzstahlkarosserie garantierte Verwindungsfestigkeit. Die Räder waren vorn wie hinten an Längsschwingarmen mit Schraubenfedern und hydraulischen Stoßdämpfern aufgehängt. Bei einem Radstand von 1760 und einer Länge von 3350 mm war der Farmobil sehr wendig. Es konnte 620 kg laden, 90 km/h schnell fahren und 55 % Steigung erklimmen. Zu haben war es als Pritsche mit abklappbaren Seitenwänden, Strand-, Jagd- und Feuerwehrwagen. BMW entwickelte auch eine militärisch verwendbare Allradversion nach dem Amphicar-Prinzip. Lizenzen wurden nach Italien (ISO), Spanien und Griechenland (Kondogouris) verkauft.

Die Zeichnung und die Fotos zeigen Prototypen von 1959. Rechts: Das Fahrwerk war an einer soliden Ganzstahlkarosserie befestigt. Extra lange und starke Schraubenfedern fingen Unebenheiten ab und ermöglichten eine hohe Achsverschränkung. Die langhubigen Stoßdämpfer waren separat angebracht. Im Heck arbeitete der auf 32 PS gedrosselte, gebläsegekühlte Boxermotor des BMW 700.

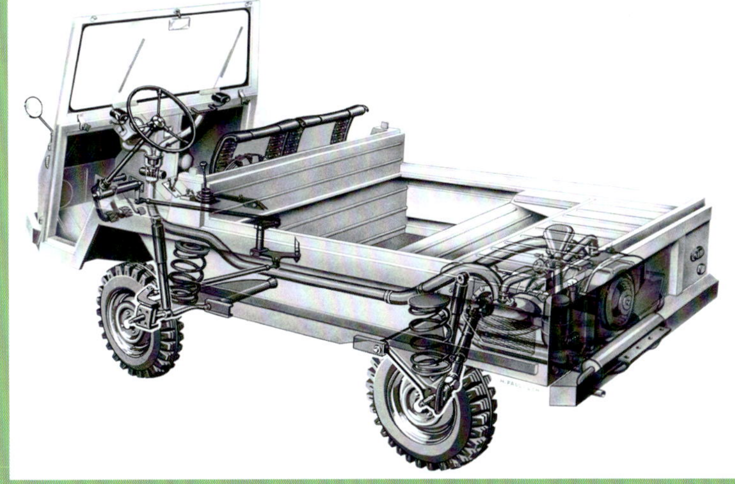

Am kleinen Rad gedreht: Arbeiter montieren von Hand und dichtgedrängt Lenkrad und Lenkgestänge an das Armnaturenbrett der Standard-Isetta 250. Das „Motocoupé" war 1956 ein Hoffnungsträger für BMW. Die Zahl der Mitarbeiter befand sich in diesem Jahr jedoch auf dem Tiefststand von 5757.

Kapitel 14
1959-1969: BMW-Sanierung

Noch mal die Kurve gekriegt

1959 war BMW faktisch pleite. Inkohärente Modellpolitik mit Produkten, die nicht zusammenpaßten, fehlende Kreativät, veraltete Strukturen und nicht zuletzt der zusammenbrechende Motorradmarkt waren die Hauptursachen dafür. Daß BMW nicht von Daimler-Benz übernommen wurde, war einigen rebellischen Kleinaktionären und dem risikofreudigen Industriellen Herbert Quand zu verdanken, der mit Hilfe des Bayerischen Staates und einem großen Rüstungsauftrag für Strahltriebwerke das nötige Geld für die Sanierung zusammenbekam. Den Durchbruch aber brachte 1961 die modern konzipierte „Neue Klasse" mit dem Viertürer BMW 1500.

Das große Rad gedreht: Beim Festakt zum 50jährigen Bestehen der Bayerische Motoren Werke AG in der Münchner Staatsoper am 7. März 1966 standen die Drahtzieher der Sanierung dicht nebeneinander; links Mehrheitsaktionär Herbert Quandt, in der Mitte der vormalige Verteidigungs- und angehende Finanzminister Franz Josef Strauß, rechts der von 1961 bis 1971 sehr erfolgreiche BMW-Vertriebsvorstand Paul G. Hahnemann.

1959-1969:

Zu neuen Ufern

BMW wie Phönix aus der Asche

Foto: H. J. Schneider

Oben: Die Berliner Mauer besiegelte nach ihrer Errichtung am 13. August 1961 die Teilung Deutschlands in zwei Staaten – bis zu ihrem Fall am 9. November 1989. Das Foto entstand am 15. April 1985. Auf dem Podest schaut Silvie, Tochter des Autors, auf das isoliert stehende Brandenburger Tor, das für westliche Besucher 28 Jahre lang nicht erreichbar war.

Foto: NASA/Wikimedia Commons

Rechts: Am 21. Juli 1969, einen Tag nach der Landung des Mondmoduls, schaute die ganze Welt gebannt auf den ersten Menschen, der im Rahmen der NASA-Mission Apollo 11 den Erdtrabanten betrat – Kommandant Neil Armstrong. Sein Kommentar „ein kleiner Schritt für einen Menschen, ein großer Schritt für die Menschheit" ist legendär. Es folgte ihm Edwin „Buzz" Aldrin, während Michael Collins als dritter Mann in der Raumfähre weiter den Mond umkreiste. Auf dem NASA-Foto grüßt Aldrin die amerikanische Flagge.

Die 1960er Jahre waren das Jahrzehnt der Katastrophen, Kriege und Skandale, aber auch das Jahrzehnt der Befreiung von überkommenen Zwängen, Vorstellungen und Verhaltensmustern, der Aufarbeitung der Nazi-Vergangenheit Deutschlands und der Kreativität der Film-, Fernseh- und Literaturschaffenden. Und für BMW waren die Jahre ab 1960 jene, die über Untergang oder Fortbestand und Erfolg entschieden.

1960 begann die Dekolonisation Afrikas, der Contergan-Skandal erschütterte Deutschland, und die erste rezeptfreie „Antibabypille" schützte Frauen vor ungewollter Schwangerschaft. Der Bau der Berliner Mauer 1961 und die Kubakrise 1962 führten die Welt an den Rand eines Atomkriegs, Hamburg versank in einer Sturmflut. 1963 wurde der amerikanische Präsident John F. Kennedy erschossen, und ab 1964 tobte der Vietnamkrieg in seiner ganzen Grausamkeit. „Flower-Power"- und Friedensbewegung waren der erste Protest gegen den Militarismus der USA, 1968 folgten die Mai-Unruhen in Frankreich, und auch in Deutschland brachte die Studentenbewegung den konservativen Staat in Bedrängnis. Sechstagekrieg zwischen Israel und Ägypten 1967 und Niederschlagung des Prager Frühlings durch die Russen 1968 sind unvergessen.

Die 1960er: Krieg und Frieden

Doch im „Kalten Krieg" sehnten sich die Menschen mehr denn je nach Normalität und positiven Nachrichten. Die erste Mondlandung mit Apollo 11 am 20. Juli 1969 wurde weltweit atemlos vor den Schwarz-Weiß-Fernsehern verfolgt, und der erste „Jumbo", der Großraumjet 747 von Boeing, eröffnete neue Perspektiven im Flugverkehr. Hippies und Kommunen machten Schlagzeilen, der Feminismus und die „sexuelle Revolution" nahmen in den Sechzigern gewaltig Fahrt auf.

In Westdeutschland starteten 1967 das Farbfernsehen und die Sportschau, und TV-Serien wie *„Die Firma Hesselbach"*, *„Melissa"* oder *„Mit Schirm, Charme und Melone"* fesselten Millionen. In den Kinos starteten die Blockbuster-Reihen wie die Winnetou-, James-Bond- und Edgar-Wallace-Filme. Heute noch häufig gezeigt werden Streifen wie *„2001: Odyssee im Weltraum"*, *„Easy Rider"*, *„Cleopatra"*, *„Die Reifeprüfung"*, *„Der Tanz der Vampire"*, *„Der längste Tag"* oder Hitchcocks *„Die Vögel"*. Und vor diesem turbulenten Hintergrund baute BMW Behelfsfahrzeuge wie die Isetta, kaum bezahlbare Luxusautos wie den „Großwagen" V8 oder den Roadster 507, den kompakten und sportlichen 700 sowie – bei ständig sinkender Nachfrage – konservativ konstruierte Ein- und Zweizylinder-Motorräder.

Verfehlte Modellpolitik: BMW in Bedrängnis

Ein kurzer Blick auf die Entwicklung des Unternehmens in jener Zeit ist hier unverzichtbar. Ende 1959 waren die Bayerischen Motoren Werke praktisch pleite. Mit den wenigen Motorrädern, die man noch verkaufen konnte, war nicht mehr genügend Geld zu verdienen, und die Luxusautomobile fuhren nur Verluste ein. Auch die „große Isetta", der 600, war kein Erfolg und mußte 1959 eingestellt werden, weil er nur noch rote Zahlen schrieb. Zu allem Unglück war BMW neben Mercedes-Benz, Opel und VW nichts weiter als ein kleiner Autoproduzent, der mit gut 50 000 produzierten Einheiten (1958) vor allem mit Borgward, DKW und Ford konkurrierte, während Mercedes mit jährlich knapp 100 000 Exemplaren der gefragten Modelle 180, 190 und 220 die Nachfrage kaum befriedigen konnte und VW mit über 450 000 Käfer- und Transporter-Einheiten von einem Produktionsrekord zum nächsten eilte.

Erschwerend kam hinzu, daß die Abläufe bei BMW schlecht organisiert waren. Der freischaffende Ingenieur und Tester Helmut Werner Bönsch, der in jenen Tagen zu BMW stieß, stellte ernüchtert fest (zitiert nach Mönnich *„Der Turm“*): *„Unproduktive, kostenfressende Parallelarbeit herrschte von der Konstruktion bis zum Verkauf auf der ganzen Linie. Erfahrungsaustausch war unbekannt und machte, bis hin*

Rechts: öffentliche Präsentation des Prototyps des vierstrahligen Großraumjets 747 von Boeing am 30. September 1968. Der Riesenflieger läutete eine neue Epoche des Massentourismus ein. Unten: So sah das Werk Milbertshofen 1960, am Wendepunkt der BMW-Geschichte, aus (Luftaufnahme von Süden her). Es sind noch Kriegsschäden zu erkennen, die Einfahrbahn ist kaputt.

Foto oben: Boeing/Wikimedia Commons

zur Zulieferindustrie, die bald von dieser, bald von jener Abteilung separate, sich widersprechende Aufträge erhielt, jeden sinnvollen Ablauf von Arbeit (...) unmöglich." BMW-Historiker Manfred Grunert bezeichnet in seiner offiziellen Unternehmensgeschichte von 2006 die BMW-Phase von 1945 bis 1959 als *„mißglückten Neustart".*

Übernahmeangebot durch Daimler-Benz

Untergehen oder mit einem starken Partner kooperieren war das Gebot der Stunde. Und als starker Partner kam vor allem die Daimler-Benz AG in Stuttgart-Untertürkheim mit ihren 63 000 Mitarbeitern in Frage, überwiegend in der Hand des Industriellen Friedrich Flick. Mit einer Übernahme von BMW samt dem Werk Milbertshofen und seinen knapp 6000 Mitarbeitern hätte die Produktion von Mercedes-Wagen merklich erhöht werden können. Ein Stuttgarter Rundschreiben gegen Ende 1959 nannte die Dinge, mit Bezug auf die bevorstehende BMW-Hauptversammlung, schonungslos beim Namen (zitiert bei Mönnich): *„In den letzten Monaten wurde klar, daß dieses Unternehmen nicht mehr in der Lage ist, aus eigener Kraft wieder sicheren Boden zu gewinnen."*

BMW und der an der prestigebeladenen Marke interessierte bayerische Staat hatten bei Daimler-Benz zuvor bereits eine mögliche „Mitwirkung bei der Sanierung" ausgelotet und einen genauen Plan vorgeschlagen. Allem Anschein nach mußte der Sanierungsplan „nur noch" am 9. Dezember 1959 bei der BMW-Hauptversammlung abgesegnet werden. Das BMW-Aktienkapital sollte von 30 auf 15 Millionen DM zusammengelegt und durch neue Aktien auf 70 Mio. DM erhöht werden, die alleine Daimler-Benz übernehmen würde. Den Aktionären war die Pistole auf die Brust gesetzt: Würden sie (dem als kalte Enteignung empfundenen) Vorschlag nicht zustimmen, müßten sie den Konkurs herbeiführen und damit den Totalverlust ihrer Anteile hinnehmen. Und Stuttgart setzte eine Ablauffrist für die Entscheidung fest: 9. Dezember 24 Uhr.

Doch Daimler-Benz, Flick und Großaktionär Deutsche Bank hatten die Rechnung ohne die BMW-Händler gemacht, geschickt vertreten durch den Frankfurter Rechtsanwalt Dr. Friedrich Mathern. Und sie hatten das Vertrauen der Aktionäre, darunter mit hohen Anteilen ein gewisser Herbert Quandt aus

Porträt oben: Dr. Heinrich Richard-Brohm am 9. Dezember 1959 am Rednerpult wärhrend der entscheidenden Hauptversammlung der BMW-Aktionäre in München. Er war seit dem 1. März 1957 Vorstandsvorsitzender der BMW AG, nahm nach dem Scheitern der Übernahmen durch Daimler-Benz zum 1. März 1960 seinen Hut. Porträt unten: Dr. Hans Feith, vom 26. Mai 1959 bis zum 31. Januar 1960 als Vertreter der Deutschen Bank Vorsitzender des Aufsichtsrats der BMW AG. Setzte sich mit dem von seiner Bank gestützten Übernahmeangebot nicht durch. Unten: Die Isetta-Präsentation am 5. März 1955 in Rottach-Egern zeigte ungewollt den unglücklichen Spagat, den BMW mit seiner Modellpalette machte. Vor dem Hotel Bachmair in Rottach-Egern stehen BMW 501, die Motorräder R 25/3 und R 50, die Isetta und Vertreter der Presse.

Bad Homburg (der auch Daimler-Aktien besaß und ironischerweise im Daimler-Aufsichtsrat saß), in die weiß-blaue Marke unterschätzt.

9. Dezember 1959: die entscheidende BMW-Jahreshauptversammlung

Die Versammlung zog sich über neun Stunden hin und war gekennzeichnet von einem heftigen Schlagabtausch der Übernahme-Befürworter, darunter vor allem Dr. Hans Feith, gleichzeitig Direktor des Daimler-Finanziers Deutsche Bank und Aufsichtsratsvorsitzender von BMW auf der einen, und Mathern-Mandant Erich Nold, ein Kohlenhändler aus Darmstadt, als militant-oppositioneller Aktionär auf der anderen Seite. Es wurde geschimpft, ge-

Rechts: Bei der Hauptversammlung am 9. Dezember 1959 befinden sich Vorstand und Aufsichtsrat auf dem Podium; Vorstandschef Heinrich Richter-Brohm am Pult stehend, Verwaltungsvorstand Heinrich Krafft von Dellmensingen (Dritter von links), Kaufmännischer Leiter Ernst Hof (Vierter v.l.), Vertriebsleiter Ernst Kämpfer (Fünfter v.l.), Deutsche Bank-Vorstand Hans Feith (rechts neben dem Pult). Unten: Auditorium der Hauptversammlung am Tag der Entscheidung (über den Tisch gebeugt der oppositionelle Kleinaktionär Erich Nold).

lästert, gelacht, gedroht und „Pfui" gerufen – die BMW-Hauptversammlung am 9. Dezember 1959 versank zeitweise im Chaos.

Das entscheidende As zog am Ende Mathern aus dem Ärmel: Er kippte bzw. vertagte die Hauptversammlung mit dem Hinweis auf Ungereimtheiten in der Bilanz. Die Entwicklungskosten für den vielversprechenden, aber noch nicht in Serie produzierten BMW 700 *„seien samt der Kosten für die Herstellung der Werkzeuge gegen alles Steuerrecht komplett abgeschrieben und somit als Verlust ausgewiesen worden."* (Mönnich). So hätte es genügt, wenn sich die Anteilseigner von 10 % des Firmenkapitals aufgrund der Bilanzbeanstandung für eine Vertagung der Versammlung ausgesprochen hätten. Es waren nach Auszählung jedoch sogar 21 %. Letztlich wurde auch die Entlastung von Vor- stand, Aufsichtsrat und Abschlußprüfer vertagt. Das Ultimatum von Daimler-Benz lief danach ab, ohne daß die Übernahme stattgefunden hatte. BMW konstatiert heute: *„BMW bleibt als Unternehmen selbständig. Der Sieg der Kleinaktionäre stellt einen einmaligen Fall in der Geschichte deutscher Aktiengesellschaften dar."*

Deutsche Bank-Vorstand Hans Feith und Heinrich Richter Brohm, Vorstandsvorsitzender seit dem 1. März 1957, zogen im Januar 1960 die Konsequenzen und traten zurück, zusammen mit fast allen Aufsichtsräten. BMW hing nun in der Luft, doch nur bis zum 1. Februar 1960. An diesem Tag bestellte das Registergericht München eine ganze Reihe neuer Aufsichtsräte, darunter den Justitiar des Großaktionärs Dr. phil. h.c. Herbert Quandt. (Die die Ehrendoktorwürde hatte ihm die Johannes Gutenberg-Universität Mainz am 19. November 1956 einstimmig verliehen.) Ein neues Kapitel in der Unternehmensgeschichte konnte aufgeschlagen werden.

Oben: Der Frankfurter Rechtsanwalt Dr. Friedrich Mathern vertrat die BMW-Händler und den Aktionär Nold. Er war es, der die Versammlung vertagte und das Daimler-Angebot damit kippte. Foto von 1960.

Das Pokerspiel des Herbert Quandt

Vorausgegangen war im Januar ein letzter Rettungsversuch. Dr. Otto Barbarino, Ministerialrat im bayerischen Finanzministerium und Staatssekretär Willi Guthsmuths vom Wirtschaftsministerium waren nach Stuttgart gereist, um zusammen mit Daimler-Generaldirektor Fritz Könecke doch noch einmal Übernahmemöglichkeiten auszuloten. Aber der Versuch scheiterte – auch weil

Rechts: Händlerpräsentation des BMW 700 Coupés 1959 in Feldafing mit dem Tester und Ingenieur Helmut Werner Bönsch (stehend Zweiter von rechts).

Oben: Herbert Quandt im Jahr 1959. Der Großindustrielle und „Retter" von BMW wurde am 22. Juni 1910 in Pritzwalk geboren und starb am 2. Juni 1982 in Kiel.

Rechts: Das Geld und die Macht – Quandt 1965 im trauten Tête-à-tête mit dem bayerischen Ministerpräsidenten Alfons Goppel.

Links: Helmut Werner bei der Vorstellung der R 69 S 1960 auf dem Nürburgring.

Herbert Quandt, der nach wie vor im Daimler-Aufsichtsrat saß, das Treffen mit einer List platzen ließ. Einige Stunden später traf er sich mit den bayerischen Emissären im Hotel Zeppelin.

Das Pokerspiel, das dann ablief, war ebenso bedeutend für die Zukunft von BMW wie die legendäre Hauptversammlung. Horst Mönnich faßt zusammen, was Quandt, der 1959 im Daimler-Aufsichtsrat selbst das Übernahmekonzept für BMW ausgearbeitet hatte, nun auf einmal wollte: *„Vorausgesetzt, daß der* *bayerische Staat ihm in den nächsten Jahren Unterstützung gewähre, wäre er bereit, den Rest des Krages-Pakets (Krages war Spekulant und besaß ein großes BMW-Aktienpaket, Anm. des Autors) zu kaufen, und soweit er das könne, die Aktienmehrheit bei BMW zu erwerben."* Quandt selbst hatte von seinem Vater ein bedeutendes BMW-Aktienpaket geerbt und Einiges dazugekauft, was aber am 9. Dezember 1959 nicht groß genug gewesen war, um die Dinge zu beeinflussen. Jetzt sah der Daimler-Vertreter seine Stunde gekommen und wollte die Seiten Richtung BMW wechseln. Mönnich: *„Guthsmuths und Barbarino wechselten einen Blick. Dann erklärten sie, die Regierung von Oberbayern habe ein dringendes Interesse, BMW zu erhalten. Vorbehaltlich höherer Zustimmung gäbe man gern die Versicherung, alles zu tun, was Bayern tun könne, um Quandts Pläne zu fördern."* Quandt stand auf und sagte *„Das genügt mir!"* Dann verabschiedete er sich mit einem Handschlag, der ihm so viel wert sein mochte wie ein Vertrag.

Quandts Entschluß barg Risiken, aber er wurde getragen von einer fast irrationalen Emotionalität, irgendwie im Geiste der rebellischen Kleinaktionäre, die für BMW alles gegeben hatten: BMW war mehr als ein Auto- und Motorradhersteller, die Marke war ein Mythos, eine Herzkammer Bayerns. Herbert Quandt in einem Interview für das BMW Journal 1967: *„Ich war von Anfang an fest davon überzeugt, daß BMW es schaffen wird. (...) Jeder, der bei BMW tätig ist, wird schon nach kurzer Zeit von einer gewissen Leidenschaft, man kann fast sagen, von einem ‚Bazillus BMW' erfaßt."*

Wer war dieser Dr. h.c. Herbert Quandt, den sie in München wie einen Säulenheiligen verehren? Als Sohn des aus Holland stammenden und nach Preußen

Rechts: Eine Lieferung des skurrilen BMW 600 für das Bundesfinanzministerium, Abteilung Zoll, verläßt 1957 Milbertshofen vor der Werkseinfahrt 2. Die „große Isetta" war sicher der Schrecken aller Schmuggler. Unten: Vor dem Haupttor des Werks Milbertshofen stehen 1958 die bescheidenen Fahrzeuge von Mitarbeitern – Isetten, BMW 600, Fiat 600 und VW Käfer.

übergesiedelten Gründers Günther Quandt hatte er die Leitung des Firmenimperiums übernommen und war bald einer der reichsten und einflußreichsten Männer Deutschlands. Er war Vorstandsvorsitzender der VARTA AG. Den Vorsitz im Aufsichtsrat führte er u.a. auch bei der Industriewerke Karlsruhe AG, der Keller & Knappich GmbH, der Busch-Jaeger Dürener Metallwerke AG und der Kammgarnspinnerei Stöhr & Co. AG. Bei der Daimler-Benz AG war er stellvertretender Aufsichtsratsvorsitzender und Mitglied des Präsidiums. Die gleiche Funktion hatte er bei der Wintershall AG inne. Außerdem war er Mitglied der Aufsichtsräte der Gerling-Konzern Allgemeine Versicherungs-AG und der Frankfurter Bank.

Quandt: Kriegsprofiteur und BMW-Retter

Auch während des Zweiten Weltkriegs war Quandt, der 1940 in die NSDAP eingetreten war, nicht gerade ein Unbekannter in der deutschen Wirtschaft: Er kooperierte wie sein Vater Günther konsequent mit der NS-Regierung, und seine Rolle im Dritten Reich ist gut belegt, u.a. durch die NDR-Dokumentation *„Das Schweigen der Quandts"* von 2007. In vielen der Quandt-Fabriken wurden während des Zweiten Weltkriegs Kriegsgefangene und Zwangsarbeiter eingesetzt. Herbert Quandt war Vorstandsmitglied der in Berlin, Hannover-Stöcken und Hagen ansässigen Accumulatoren-Fabrik Aktiengesellschaft AFA (seit 1962 VARTA) und Direktor der Pertrix GmbH, einer in Berlin basierten AFA-Tochtergesellschaft. Die AFA stellte u.a. Batterien für U-Boote und Torpedos der Kriegsmarine sowie Batterien für die V2 her – unter extrem gesundheitsschädlichen Bedingungen (Bleivergiftung) für die Zwangsarbeiterinnen und Zwangsarbeiter der bei Quandt eingerichteten KZ-Außenlager.

Zur Rolle der Quandts im Krieg hat sich u.a. Benjamin Ferencz, der berühmte Chefankläger in einem der zwölf Nachfolgeprozesse der Nürnberger Prozeße nach dem Zweiten Weltkrieg, geäußert. In der NDR-Dokumentation stellt er aufgrund neu aufgetauchten Beweismaterials fest, Günther und Herbert Quandt seien nur deshalb einer Anklage entgangen, weil die Behörden in der britischen Besatzungszone belastende Dokumente zurückgehalten hätten. Warum? Damit die auch für England wichtige Batterieproduktion weiterlaufen konnte. Ironie der Geschichte: Demnach hätten die Engländer, Hauptkonkurrenten für BMW auf dem Motorradmarkt und bei den internationalen Rennen, indirekt bewirkt, daß ein Mann wie Quandt die weiß-blaue Marke vor dem Untergang retten konnte.

Und das tat er mit unbestritten großem Erfolg. Nach Sondierungen durch seinen Justitiar Gerhard Wilcke und dessen Team in alle Richtungen – im März 1960 auch noch einmal (vergeblich) bei Daimler-Benz – und nach Gesprächen selbst

Rechts: Produktionsvorstand Ernst Kämpfer, Otto Barbarino, Ministerialrat im Bayerischen Finanzministerium und Hans Peter, Präsident der Landesanstalt für Aufbaufinanzierung (von links), 1959 mit einem der ersten BMW 700 LS. Barbarion zog die Fäden für Quandt beim Kauf der Aktienmehrheit.

Links: Das BMW 3200 CS Cabriolet war ein Geschenk von BMW an seinen Sanierer Herbert Quandt. Es handelte sich um ein 1962 von Bertone karossiertes Einzelstück.

Rechts unten: Auf der Feier zum 50jährigen Bestehen der BMW AG am 9. März 1966 trafen sich die Männer, denen die Verhinderung der Übernahme durch Daimler-Benz zu verdanken war. Von links: Gerhard Wilcke, Rechtsanwalt, Notar und Justitiar der Quandt-Gruppe, Mehrheitseigner Herbert Quandt, Händler-Interessenvertreter Friedrich Mathern.

mit Ford, der englischen Rootes-Gruppe und der American Motors Corporation, mit Chrysler, Fiat, Simca und sogar Rheinstahl-Hanomag setzte Quandt, nun dank Bürgschaften vom Staat und Unterstützung der Banken im Besitz der Aktienmehrheit, ein eigenes Sanierungskonzept durch, das die kleineren Aktionäre einband. Am 30. November 1960 wurde Quandts Sanierungsplan auf der BMW-Hauptversammlung in München angenommen.

Quandt übernimmt BMW-Aktienmehrheit

Vor allem zwei Umstände stützten Quandts Pläne: Erstens der BMW 700, der ab Januar 1960 von den Bändern lief, erwies sich als Volltreffer, der gutes Geld verdiente. Zweitens der im September 1960 folgende Auftrag des Bundesverteidigungsministeriums unter dem bayerischen CSU-Politiker Franz Josef Strauß an die BMW-Tochter Triebwerkbau GmbH in Allach, in Lizenz das General Electric-Strahltriebwerk GE J79-11A für den in den USA bestellten Jagdbomber Lockheed F-104G „Starfighter" zu bauen. 300 Millionen DM Umsatz standen damit in Aussicht. Dazu mußte am Standort Allach aber zunächst entsprechend inve-

Oben: Transport eines der ersten im BMW-Werk Allach gefertigten Triebwerke vom Typ General Electric J79-11A für den Jagdbomber Lockheed F 104G „Starfighter". Der Auftrag kam auf Vermittlung des damaligen Bundesverteidigungsministers Franz Josef Strauß zustande. Das Foto stammt von 1961.

Links: Auslieferung von BMW Isetta mit Mercedes-Lastzug im Jahr 1956; Der Transport verläßt das Werk durch das Westtor. Im Hintergrund das Gebäude 11 (Verwaltungsgebäude der Vertriebsabteilung).

BMW-Entwicklung: erfolgreiche Sanierung nach mißglücktem Neustart

Jahr	Umsatz Mio. DM	Export Anteil %	Produktion Automobil*	Produktion Motorrad	Mitarbeiter Jahresende	Jahresüberschuß Mio. DM
1945	k.A.	k.A.	0	0	3 072	- 20,1
1946	k.A.	k.A.	0	0	6 380	- 24,5
1947	k.A.	k.A.	0	0	6 082	- 28,2
1948	4,2	k.A.	0	59	6 306	26,7
1949	19,9	k.A.	0	9 140	7 646	- 1,9
1950	36,5	14,0	0	17 100	8 000	- 1,8
1951	57,5	19,5	0	25 000	9 500	- 1,1
1952	63,0	18,7	47	28 300	9 550	- 1,2
1953	79,8	17,9	1 621	27 730	9 201	- 1,1
1954	94,4	17,2	3 471	29 500	8 009	0,1
1955	138,3	17,4	4 567	23 531	6 907	0,1
1956	148,1	17,1	35 483	14 800	5 757	- 0,1
1957	148,6	34,5	35 664	5 429	6 244	0,0
1958	195,3	21,6	50 256	7 156	6 538	- 5,5
1959	170,6	30,0	36 609	8 412	5 953	- 9,2
1960	239,3	35,0	58 888	9 473	6 960	14,7
1961	248,8	35,0	52 943	9 460	6 798	0,0
1962	294,8	33,5	55 527	4 302	9 189	2,5
1963	433,0	32,5	57 880	6 043	10 101	11,3
1964	515,0	33,9	61 766	9 043	10 818	14,5
1965	590,7	37,7	67 709	7 118	11 070	16,2
1966	755,9	33,4	74 076	9 071	13 074	15,7
1967	870,8	37,3	87 618	7 896	12 468	22,2
1968	1 032,4	40,0	116 547	5 074	18 040	34,1
1969	1 443,4	40,6	147 841	4 701	21 316	45,7

**1952-1965 inkl. große Limousinen und Sportwagen, 1955-1962 inkl. Isetta, 1957-1959 inkl. 600, 1960-1965 inkl. 700, ab 1962 inkl. Neue Klasse. Quelle: Manfred Grunert/Florian Triebel: Das Unternehmen BMW seit 1916; BMW Group Mobile Tradition, München 2006.*

stiert werden. Da BMW AG und BMW Triebwerkbau das nötige Kapital aber nicht aufbringen konnten, wurde das Stammkapital der Triebwerkbau von 10 auf 20 Millionen DM verdoppelt. Die nötigen 10 Millionen stellte zunächst der Freistaat Bayern zur Verfügung. Dann kam noch MAN ins Spiel. An die Maschinenfabrik Augsburg-Nürnberg hatte BMW rund die Hälfte des Allacher Geländes samt aller Anlagen verkauft. MAN übernahm am 1. Juni 1960 die Anteile des Freistaats und damit 50 % der BMW Triebwerkbau. (Mehr über den Flugmotorenbau bei BMW von 1957 bis 1969 und die Geschichte des Starfighters, wegen zahlreicher Abstürze „Witwenmacher" genannt, auf den folgenden Seiten).

Rettendes Konzept: „Mittelwagen" BMW 1500

Das Entscheidende aber war letztlich die Entwicklung des schon lange ins Auge gefaßten, wegen Geldmangels bislang aber nicht realisierten „Mittelwagens", einer viertürigen Limousine mit Vierzylinder-Frontmotor – und damit genau das, was im BMW-Portfolio für den Durchbruch im Markt fehlte. Seit dem 1. August 1960 führte Ernst Kämpfer als Vorstandsvorsitzender das Unternehmen, und er setzte das Konzept durch, dachte an eine 1,3-Liter-Vierzylinder- und eine besonders leistungsstarke 1,8-Liter-Sechszylinder-Konstruktion.

Oben: die Väter des BMW 1500; von links: Wilhelm Hofmeister (Leiter der Karosserieentwicklung), Fritz Fiedler (Entwicklungsleiter), Eberhard Wolff (Versuchsleiter), Alexander Freiherr von Falkenhausen (Chef der Motorenentwicklung); Foto: 1970.

Links: Zeichnung des ruhmreichen Vierzylindermotors M10 mit obenliegender Nockenwelle und 80 PS. Er war der Antrieb des BMW 1500 und, in abgewandelter Form, zahlreicher Folgemodelle.

Die Geburt des Hoffnungsträgers war schwierig, doch es fanden sich die richtigen Leute zusammen. Produktionsleiter Robert Pertruss, der von Karmann-Ghia zu BMW gestoßen war, und Wilhelm Hofmeister als Leiter der Karosserieentwicklung realisierten das selbsttragende Karosserie-Konzept. (Nach Hofmeister ist übrigens der für BMW seit der „Neuen Klasse" charakteristische Gegenknick an der C-Säule benannt.) Herbert Quandt mischte sich ein und setzte die „Niere" als unverwechselbares BMW-Merkmal durch. Entwicklungsleiter Fritz Fiedler und Versuchsleiter Eberhard Wolff zeichneten für die Gesamtkonstruktion verantwortlich. Alexander von Falkenhausen konstruierte als Chef der Motorenentwicklung den berühmten Vierzylinder-Motor M10 mit 80 PS, obenliegender Nockenwelle, Leichtmetall-Zylinderkopf und Grauguß-Zylinderblock. Später wurde durch Erweiterung um zwei Zylinder der Sechszylinder M20 daraus, Urahn aller drehfreudigen und leistungsstarken BMW-Reihenmotoren bis in unsere Zeit. Das neue Auto besaß ein aufwendiges Fahrwerk mit Federbeinen rundum und Schräglenker-Hinterachse in Anlehnung an Rudolf Schleichers Konstruktion für die Kleinwagen BMW 600 und 700 – und demzufolge eine für die damalige Zeit zumindest komfortable Straßenlage.

Nicht unerwähnt bleiben sollte, daß der Konkurs des Konkurrenten Borgward im Jahr 1963 mit dem Topmodell Isabella und den Zweigmarken Goliath und Lloyd *„dem Aufstieg von BMW unerwartet entgegenkam"* (Mönnich). Quandt hatte sogar Anteile des Bremer Unternehmens kaufen wollen, warb dann aber „nur" die besten Techniker und Kaufleute für BMW ab.

Produktionsrekorde mit der „Neuen Klasse"

Im Herbst 1961 wurde der neue BMW, auf dem alle Hoffnungen ruhten, auf der Frankfurter IAA als BMW 1500 vorgestellt – und stieß auf ein überwältigendes Echo. Zahlreiche Ableitungen wie der BMW 1800, der 2000, die zweitürige 02-Serie, das 2000 C Coupé, der 2002 turbo oder die 02-touring Reihe folgten bis Mitte der 1970er Jahre – und technisch weit darüber hinaus die ersten 3er- und 5er-Modelle. BMW kam endlich aus den roten Zahlen heraus (s. Tabelle) und eilte von einem Verkaufserfolg zum nächsten, gemanagt zwischen 1961 und 1971 von Verkaufsgenie Paul G. Hahnemann. 1968 folgten die großen Sechszylinder-Limousinen 2800 bis 3.0 Si und die potenten Coupés bis zum 3.0 CSi. Motorsporterfolge wie am Fließband prägten das Image von BMW nachhaltig, der M10 konnte als Turbo-Motor mit bis zu 1400 PS (in seiner letzten Ausbaustufe) 1983 sogar die Formel 1-Weltmeisterschaft gewinnen. Bis zum Auslauf 1972 konnten

334 165 Fahrzeuge der „Neuen Klasse" verkauft werden (viertürige Limousine 1500 bis 2000tii). Von 1966 bis 1977 kamen noch einmal 861 242 Exemplare der auf dem 1500-Konzept basierenden, lediglich verkürzten und nur zweitürigen 02-Reihe hinzu, die einer der größten BMW-Erfolge war.

1966: Kauf der Glas GmbH in Dingolfing

Wegen der enorm steigenden Nachfrage nach Fahrzeugen der erfolgreichen Mittelklasse war eine Erweiterung des Werks dringend notwendig. In Milbertshofen ging das wegen der inzwischen rundum errichteten Wohnhäuser aber nicht. Daher kaufte BMW 1966 für 9,1 Millionen DM gleich einen zweiten Standort mit allem Drum und Dran, und zwar die Werksanlagen der Glas Automobilwerke in Dingolfing. Die Glas-Modelle wurden mit der Zeit aus der Produktion genommen. Als letztes Modell lief 1969 ein Goggomobil vom Band.

Aber wie stand es um die Motorradproduktion, die zweimal in der BMW-Geschichte, und zwar nach dem Ende der beiden Weltkriege, entscheidend dazu beigetragen hatte, daß die Firma sich über Wasser halten konnte? Dankbarkeit gegenüber einem Produkt, und sei es auch noch so außergewöhnlich, gibt es in der Industrie nicht. BMW hatte alles in allem in den späten 1950er und den frühen 1960er Jahren andere Sorgen, als sich um die Weiterentwicklung der Motorräder (s. nächstes Kapitel) zu kümmern.

Oben und unten: zeitgenössische Aufnahmen von 1962 des BMW 1500 als erstes Modell der „Neuen Klasse". Allein von den Viertürern mit 1500, 1600, 1800 und 2000 cm³ Hubraum wurden bis 1972 334 165 Fahrzeuge produziert.

1957-1965: Triebwerke für Do 27 und Starfighter

Renaissance

Lycoming-, General Electric-Flugmotoren in Lizenz

Bis 1945 war der Flugmotorenbau die tragende, zuletzt fast ausschließlich auf Kriegsproduktion ausgerichtete Säule der BMW-Aktivitäten gewesen. Danach hatte man gezwungenermaßen den Anschluß an die Entwicklung moderner Strahl- und Turboprop-Triebwerke in den USA, England und Frankreich verpaßt. Nachdem 1955 die Pariser Verträge Deutschland wieder die Lufthoheit zugestanden hatten, und am 5. Mai des gleichen Jahres die Bundeswehr gegründet worden war, bemühte sich BMW zunächst über eine Studiengesellschaft, den Triebwerkbau wiederzubeleben, wozu vornehmlich Verhandlungen mit dem Bundesverteidigungsministerium geführt wurden. Nach Umwandlung der Gesellschaft 1957 in „BMW Triebwerkbau GmbH" kam Bewegung in die Dinge, nicht zuletzt auch deshalb, weil seit 1956 der bayerische CSU-Politiker und BMW-Fan Franz Josef Strauß im Bonner Verteidigungsministerium das Sagen hatte.

Erster Auftrag für BMW war 1957 der Lizenzbau des luftgekühlten, 274 PS starken und 7861 cm³ großen Sechszylinder-Boxermotors GO-480-B1A6 des amerikanischen Herstellers AVCO-Lycoming. Eingebaut wurde der Motor in das erste deutsche Nachkriegsflugzeug, die Do 27 von Dornier. Die Bundeswehr orderte 428 Exemplare des vier- bis sechssitzigen Schulterdeckers. Während BMW im Werk Allach anfangs nur Reparatur- und Wartungsarbeiten an Lycoming-Aggregaten, die aus den USA angeliefert wurden, ausführte, kam der Sechszylinder-Boxer ab März 1959 fast vollständig aus deutscher Produktion. Bis 1965 wurden 344 Flugmotoren dieses Typs in Allach produziert. Ein zweiter Auftrag des BVM sicherte BMW den Nachbau des Sechszylinder-Boxers TVO 435, der den Bundeswehr-Hubschrauber Bell 47 G2A antrieb.

Foto: Ralf Roletschek/Commons Wikimedia

Ebenfalls im Auftrag der BVM setzte BMW von 1958 bis 1969 die Strahltriebwerke Orenda 10 und 14 instand, die bei der Bundesluftwaffe in 75 Exemplaren des Jagdflugzeugs F-86 Sabre Mk 5 von North American Aviation und in 225 Exemplaren Sabre Mk 6 Dienst taten. Flugtriebwerk-Historiker Fred Jakobs, der alle Fakten zum BMW-Flugmotorenbau der Nachkriegszeit recherchierte, faßt zusammen: *„Einschließlich der 110 Ersatzaggregate waren in Summe 410 Triebwerke von BMW zu betreuen."* Für die Orenda-Triebwerke hatte man in Allach eigens eine neue Instandsetzungslinie eingerichtet.

Nachdem Bonn im Oktober 1958 die Beschaffung des amerikanischen Jagdbombers F-104G „Starfighter" von Lockheed beschlossen hatte, durfte BMW darauf hoffen, auch für das erste Überschallflugzeug der Luftwaffe das Triebwerk in Lizenz bauen zu können. Doch der Großauftrag über 300 Millionen DM wurde erst 1960 nach Anlauf der BMW-Sanierung und der Konsolidierung der Triebwerkbau (auch durch Beteiligung der MAN) erteilt (s.a. Vorkapitel). Nicht nur BMW baute das von General Electric-Triebwerk vom Typ J79-11A nach, auch die „Fabrique Nationale" (FN) in Belgien und FIAT in Italien waren an der Nachfertigung beteiligt. Bis 1960 baute BMW das Triebwerk komplett aus amerikanischen Teilen zusammen, am 30. Januar 1962 verließ das erste „J79-BMW-11A" die Hallen in Allach. Von den 1228 GE-Triebwerken, die bis März 1965 in Europa gebaut wurden, kamen 632 von BMW.

Links: Zwischen 1956 und 1965 wurden insgesamt 627 Exemplare des Schulterdeckers Do 27 unterschiedlicher Baureihen in den Dornier-Werken in Oberpfaffenhofen und München-Neuaubing gefertigt. Die Bundeswehr als größter Nutzer der Do 27 setzte die insgesamt 428 beschafften Maschinen bei fast allen fliegenden Verbänden der drei Teilstreitkräfte als Verbindungs-, Beobachtungs- und Schulungsflugzeuge ein.

Rechts oben: Hubschrauber Dornier 32 E mit der 75 PS starken BMW Kleingasturbine 6012 L im Jahr 1960. Das Muster ging aber nicht in Serie.

Rechts Mitte: Flugmotor BMW GO-480-B1A6 im Jahr 1957. Der 274 PS starke, 7861 cm³ große Sechszylinder-Boxermotor des amerikanischen Herstellers AVCO-Lycoming wurde von BMW bis 1965 in 344 Einheiten für den Einsatz in der Do 27 nachgebaut.

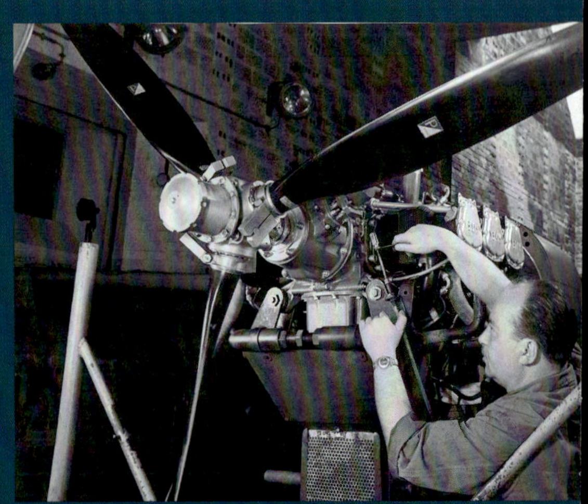

Rechts unten: Vorbereitung eines Boxer-Flugmotors BMW GO-480-B1A6 für den Einbau in die Dornier Do 27 (1957).

Eine interessante Episode im BMW-Triebwerkbau war ab 1958 die Eigenentwicklung der bis zu 75 PS starken Kleingasturbine BMW 6002, die als Antrieb für leichte Hubschrauber wie den Simetzky-Einmann-Helikopter gedacht war. Eine Weiterentwicklung war das Strahltriebwerk BMW 8025, das am 25. September 1960 im Motorsegler Hütter-Allgaier H-30 TS seinen Erstflug absolvierte. Von beiden Triebwerken wurden nur 41 Entwicklungs- und Prototypen-Exemplare gefertigt, sie gingen letztlich nicht in Serie.

Ein weiteres Projekt war ab 1959 die Gasturbine 6012 mit 100 PS, vorgesehen u.a. für den Dornier Einmann-Hubschrauber Do 32 E. Eine Ableitung davon war die Strahlturbine BMW 8026, die bis 1971 in 278 Serien- und 44 Erprobungsexemplaren von Hütter-Allgaier und Heinkel hergestellt wurde. Letzte Entwicklung der 1960er Jahre war das Einwellentriebwerk BMW 6022, das mit 220, 250 und 375 PS hergestellt wurde. Es war für den Hubschrauber Bölkow Bo 105 vorgesehen, doch es ging nicht in Serie.

Rechts: Montage des Triebwerks General Electric J79-11A für den Jäger Lockheed F-104G „Starfighter" im Werk Allach 1961. Unten: Bis März 1965 baute BMW den Lycoming-Sechszylinder in 632 Exemplaren als Lizenzprodukt. 1958 (Foto) wurden die Motoren noch mit angelieferten Teilen aus den USA montiert.

Foto: Bundesarchiv, B 145 Bild-F027410-0011 / Berretty

Rechts: Die Lockheed F-104 wurde von 1956 bis 1975 in 2578 Exemplaren hergestellt. Technische und konstruktive Probleme führten zu 269 Abstürzen. Dabei kamen bis 1984 116 Piloten ums Leben. Auch wegen eines Bestechungsskandals in Deutschland bekam der „Starfighter" (Beiname „Witwenmacher") ein schlechtes Image. Foto: Deutsche F-104G des Jagdgeschwaders 74 im Juni 1965.

1965 verkaufte BMW seine restlichen Triebwerkbau-Anteile an MAN. Durch Fusion entstand am 19. August 1965 die MAN Turbo GmbH – der Name BMW verschwand aus dem Flugtriebwerkbau. Jakobs: *„BMW war nun (...) nicht mehr im Bau von Flugaggregaten, der Wurzel des Unternehmens, engagiert. Erst 25 Jahre später sollte BMW in diesem Geschäftsbereich wieder aktiv werden."*

Im Mai 1990 gründete BMW unter dem Vorstandsvorsitzenden Eberhard von Kuenheim zusammen mit Rolls-Royce eine neue Gesellschaft für Flugtriebwerke – aber das ist eine ganz andere Geschichte. Die M.A.N. Turbomotoren GmbH wurde 1969 in „Motoren- und Turbinen-Union München GmbH" umbenannt, die seit 2005 als „MTU Aero Engines AG" börsennotiert ist.

Oben: Diese R 50/2 von 1961 mit zwei Schwingsätteln aus der Sammlung Simons in Euskirchen wurde in den späten 1980ern/Anfang 1990ern von Grund auf restauriert. Der nicht originale Rückspiegel wurde inzwischen durch ein passerndes, verchromtes Exemplar ersetzt.

Kapitel 15
1960-1969: R 50/2, -US, -S, R 60/2

Stets zu Diensten

Im September 1960 präsentierte BMW die Vollschwingmodelle in leicht verbesserter Ausführung als /2-Serie. Blinker an den Lenkerenden und ein stark vergrößertes Rücklicht waren die äußeren Kennzeichen. Während die Leistung des Arbeitspferds R 50/2 mit 26 PS gleich geblieben war, kam die überwiegend im Gespannbetrieb eingesetzte R 60/2 nun mit 30 PS noch bulliger daher. Neu war das Halbliter-Sportmodell R 50 S. Gekrönt wurde die bis 1969 produzierte Reihe durch die R 69 S, die mit 42 PS das stärkste deutsche Serienmotorrad war (s. Folgekapitel). Die Basistypen rollten schon 1966 in Berlin vom Band – in aller Stille.

Ab 1960 verfügten alle Boxermotoren über Verstärkungen in sensiblen Bereichen. Das Foto zeigt den Zweizylinder der R 50/2 (oder R 60/2), hier in einer späten Ausführung mit Schwingungsdämpfer (Ausbeulung am Stirndeckel). Charakteristisch für die Basismodelle waren die sechsfach verrippten Ventildeckel.

Foto: H. J. Schneider

BMW

1960-1969: 19 036 (inkl. US-Version)

R 50/2 494 cm³

Arbeitstier für alle Tage

Wenn man sich vor Augen führt, was rund um die spektakuläre Hauptversammlung vom 9. Dezember 1959 passierte, bei der es ums Überleben der ganzen Marke ging, könnte man glauben, daß BMW damals keinen Gedanken mehr an den Boxer und den Einzylinder verschwendet hatte. Zum Geschäftsergebnis trugen die Maschinen schon lange nicht mehr viel bei, und es ist ein Wunder, daß die weiß-blaue Motorradsparte jene schwierige Zeit überhaupt überlebte, wenn auch auf ganz klein heruntergeregelter Sparflamme. BMW-Kenner Stefan Knittel: *„Wer sich eingehend mit der Unternehmensgeschichte beschäftigt, wird feststellen, wie unbedeutend die Einzylinder und die Zweizylinder-Boxer eigentlich waren..."*

Nach dem großen Niedergang in den 1950ern seit dem damaligen Allzeithoch von 28 300 Motorrädern 1952 und dem Tiefpunkt 1957 mit nur noch 5429 Maschinen konnte BMW 1960 mit 9473 Motorrädern wenigstens ein kleines Zwischenhoch bei der Produktion melden. Das (spärliche) Update der Modelle, die wir auf den folgenden Seiten beschreiben werden (R 27, R 50/2, R 50 S, R 60/2, R 69 S) war sicher mitverantwortlich für das kurze Zwischenhoch.

Oben: Prototyp einer R 50/2 oder R 60/2 mit Schwingsattel, außen liegender Hupe und Packtaschen im Jahr 1958.

Unten: Der deutsche Prospekt von Oktober 1959 zeigt die bereits mit einem großen Rücklicht ausgerüstete R 50, die dann zur R 50/2 wurde.

Insgesamt war die Stimmung auf der Internationalen Fahrrad- und Motorradausstellung (IFMA) in Frankfurt im September 1960, auf der die /2-Modelle R 50/2, R 50 S, R 60/2 und R 69 S präsentiert wurden, nicht besonders gut. Viele deutsche Motorradhersteller hatten in den Jahren zuvor Konkurs anmelden müssen. BMW sagt heute: *„Alle anderen Hersteller kämpften ums Überleben. Auch an BMW war die Krise auf dem Motorradmarkt nicht spurlos vorübergegangen."*

Während die deutschen Produzenten auf Talfahrt waren, rüsteten sich die Japaner zum großen Angriff auf den Weltmarkt. Allein Honda verkaufte 1961 weltweit bereits 100 000 motorisierte Zweiräder. In Deutschland war das Unterneh-

Oben: Wie alle BMW-Motorräder jener Zeit stellte auch die R 50/2 ihre unverwechselbare Antriebstechnik prächtig zur Schau. Das Foto von 1962 kann auch eine R 60/2 zeigen. Rechts: Prototyp der R 50/2 (oder der R 60/2) von 1958.

men schon im gleichen Jahr mit der European Honda Motor Trading in Hamburg präsent. Wurden zunächst nur kleine und mittlere Zwei- und Viertakter angeboten, trumpfte Japan Ende der 1960er mit Hochleistungs-Vierzylindern wie der Honda CB 750 auf. Yamaha setzte 1964 seinen Fuß in den deutschen Markt, Suzuki und Kawasaki folgten kurz darauf.

1960er: japanische Invasion am Horizont

BMW wurde in der großen Klasse indes nicht direkt angegriffen, man brauchte die Traditionsmarke als Zugpferd für den gesamten Motorradmarkt. Es wäre ein Leichtes etwa für Honda gewesen, dem Boxer ein adäquates, sicher auch moderneres Konkurrenzmodell entgegenzusetzen – aber man tat es nicht (zumindest nicht bis zum Erscheinen der Gold Wing GL 1000 mit flüssiggekühltem Vierzylinder-Boxer und Kardanantrieb 1974). Es ist nicht zu viel gesagt, wenn man behauptet, die japanische Motorradindustrie habe durch kluges Kalkül der Marke BMW das Überleben ermöglicht.

Die Gefahr, die sich bereits 1960 durch die Offensive aus Fernost abzeichnete, wurde von BMW durchaus wahrgenommen, doch man hatte der japanischen Dampfwalze nichts entgegenzusetzen. Das Unternehmen stand ja finanziell mit dem Rücken zur Wand, folglich war an die Entwicklung neuer Motorradmodelle in dieser Zeit nicht zu denken gewesen. So reichte es nur zu einem minimalen Aufpeppen der alten Vollschwing-Garde und ihrer antiken Motoren, was der Markt nicht mit großer Begeisterung aufnahm. Schon ab 1961 ging es mit den Weiß-Blauen wieder bergab, und zwar bis 1969, als in München-Milbertshofen nur noch 4701 Motorräder die Fabrik verließen. Das Ende der weiß-blauen Motorrad-Herrlichkeit schien nun wirklich gekommen.

Doch noch im gleichen Jahr bekamen die Bayern wieder die Kurve – mit der komplett neu konzipierten, im Werk Berlin-Spandau produzierten /5-Reihe. Nicht nur BMW erholte sich, die gesamte Motorradindustrie erlebte einen enormen Aufschwung, dessen Ursachen im neuen, in den USA begründeten Freizeitverhalten junger, sportlicher und sorglos-risikofreudiger Menschen ihre Wurzeln hatte (s.a. weiter unten im Abschnitt R 50 US).

Verbesserungen in homöopathischen Dosen

Was war denn nun dran an der als „neu" propagierten R 50/2? Nicht viel. Hans-Joachim Mai, Autor und BMW-Spezialist, nennt 1971 in seinem Buch *„1000 Tricks für schnelle BMWs"* die desolate Wirtschaftslage von BMW in den 1950ern als Ursache der Vernachlässigung von Entwicklungsarbeiten: *„Bei BMW konnte man einfach aus wirtschaftlichen Erwägungen nicht mehr im selben Tempo wie früher verbessern."*

Die Verbesserungen beschränkten sich daher auf einige augenfällige Änderungen des äußeren Auftritts und auf kleinere Modifizierungen beim 500er und 600er Boxer. Zwar leistete der Zweizylinder der R 50/2, die wir hier näher betrachten (Baumuster 252/2), mit seinen unverändert 494 cm³ Hubraum wei-

Fortsetzung übernächste Seite

Oben: BMW R 50/2 und R 60/2 waren äußerlich identisch. Robert Kröschel fotografierte die toprestaurierte Maschine 1990.

Die Boxermodelle unterschieden sich von den Einzylindern (s. R 27 links) auch durch die größeren Trommelbremsen mit 200 mm Durchmesser. Bei der R 27 hatten die Vollnabenbremsen nur einen Durchmesser von 160 mm, was für Geschwindigkeiten bis 130 km/h als ausreichend erachtet wurde.

Das Design der Vollschwingenmodelle gefiel nicht jedem. „Die geschobene Langschwinge am Vorderrad versprach zwar hervorragende Spurstabilität, erschien andererseits aber in ihrer Optik unmodern und schwerfällig", wie BMW heute zugibt. Auch fügten sich Sitzbank und Rücklicht nicht sauber in die Linienführung ein.

Letzter Ohv-Einzylinder: R 27 ab 1960

Als letzte Version der klassischen Einzylindermaschinen mit Ohv-Motor erschien im September 1960 die R 27, ebenfalls mit Vollschwingfahrwerk. Wichtigste Verbesserung war die Motor- und Auspuffaufhängung mittels elastischer Gummilager („Schwebemotor"). Damit wurden Vibrationen vom Fahrer und auch vom Rahmen ferngehalten. Unter anderem dank höherer Verdichtung von 8,2 : 1 leistete der Motor nun 18 PS bei 7400/min^{-1}, was eine Spitze von 130 km/h ermöglichte. Bis 1966 wurden 15 363 Einheiten der R 27 produziert und zum Stückpreis von 2430 DM verkauft. Erst ab 1993 hatte BMW mit der F 650 wieder Einzylinder im Programm. Bild: US-Version 1960.

Steckbrief R 50/2 (alle Daten im Anhang)

Bauzeit	1960-1969
Motortyp, Ventile	252/2, 2 ohv
Einheiten	19 036
Hubraum	494 cm³
Leistung	26 PS bei 5800/min^{-1}
Vergaser	2 Bing 1/24/45-1/24/46
Getriebe	4-Gang
Rahmen	Doppelschleife, Stahlrohr
Vorderradführung	Langarmschwinge
Hinterradführung	Langarmschwinge
Bremsen vorn/hinten	Trommel 200 mm
Reifen vorn/hinten	3,50 x 18/3,50 x 18 o. 4 x 18
Leergewicht	195 kg
Höchstgeschwindigkeit	140 km/h
Preis	3130 DM

Jetzt aufgedeckt:

Bereits 1966 Boxer aus Berlin

Nicht die R 75/5 lief 1969 als erster Boxer in Berlin-Spandau vom Band, sondern bereits die R 60/2 im September1966.

Bayern-Boxer aus Berlin ab September 1969: So stand es bisher in allen Büchern über die BMW-Geschichte. Jetzt muß die Geschichte umgeschrieben werden. Denn der Autor hat bei seinen Recherchen Fotos mit Bildlegenden entdeckt, die starke Zweifel an der offiziellen Darstellung aufkommen lassen. Auf fünf Fotos aus dem BMW Group Archiv sind fabrikneue R 50/2 und R 60/2 zu sehen, die unter aufmerksamer, teils skeptischer Beobachtung durch Techniker und BMW-Manager eine Endmontageschiene verlassen. Es scheint sich dabei um einen Ablauftest zu handeln. Einheitliche Legende dazu: *„Auf dem Band Motorräder vom Typ R 50/2 und R 60/2. Ort Spandau. Aufnahmedatum 09.1966."*

BMW-Experte Stefan Knittel vermutete zunächst, daß es sich um einen Versuchsaufbau handelte: *„In Spandau (typische Fenster) wurde im September 1966 sicher schon die Auslagerung der Motorradfertigung in Erwägung gezogen. BMW wollte den Standort halten, für Beschäftigung (und Subventionen) sorgen."* Der Plan zum Umzug der Motorradproduktion entstand bereits 1965, nachdem BMW die Triebwerks-Partnerschaft mit MAN in Allach beendet und die Maschinenfabrik Spandau aus der MAN herausgelöst hatte.

Doch jetzt tauchte noch ein sechstes Foto auf, und zwar mit der Legende: *„Produktion der ersten BMW Motorräder (Typ R 60/2) im Werk Berlin. Aufnahmedatum 09.1966."* Dies ließ Knittel, und Fred Jakobs, Leiter BMW Classic, keine Ruhe: Jakobs wußte, daß die Fotos aus privaten Alben von Friedrich W. Pollmann, in den 1960ern im Vorstand der BMW AG für Finanzen, Rechnungswesen und Organisation zuständig, stammen. Eindeutige Hinweise über Produktionsanläufe und -enden habe es bei BMW damals nie gegeben, so daß in den Vorstandsprotokollen auch keine Angaben zu einem Produktionsstart der /2-Reihe in Spandau ab September 1966 zu finden seien.

Gesichert ist, daß es ab 1958 unterschiedlichste Komponenten, auch für die Motorräder (Rahmen, Motorenteile), in Berlin hergestellt wurden. Auch der Werkzeugbau für die Münchener Produktion fand in Spandau statt. Die Motorradmotoren wurden sogar noch bis weit in die 1970er Jahre hinein in München montiert. Gesichert ist auch das Datum des Motorrad-Produktionsendes in München: 13. Mai 1969.

Aufgrund des nun endeckten Fotomaterials folgern Knittel und Jakobs: *„Die Endmontage von Motorrädern dürfte wohl in der Tat schon früher in Spandau durchgeführt worden sein. Dafür spricht die Tatsache, daß die Montagegestelle auf den Fotos definitiv aus dem Werk Milbertshofen stammen. Sehr interessant ist zudem, daß auf dem sechsten, offenbar später aufgenommenen Foto die Leiter weggeräumt ist und Teile-Regale direkt ans Band gerückt wurden. Jetzt sieht es wirklich nach Endmontage in Spandau aus!"* Für Stefan Knittel gibt es nur eine plausible Erklärung für das Verschweigen des /2-Anlaufs in Spandau: *„Die Geschichte wurde bewußt vor der Öffentlichkeit verschwiegen, ganz klar wegen des Prestige-Verlusts für die offiziell ur-bayerischen Motorräder, die in Wirklichkeit aber in der Preußen-Metropole gebaut wurden…"* Wir wissen also jetzt: Erstmals wurden Boxer gewissermaßen als Preußen-Boxer schon ab September 1966 in Spandau produziert, und nicht erst drei Jahre später mit dem groß gefeierten Anlauf der /5-Reihe.

Unten rechts: Laut BMW Classic zeigt das Foto den „Anlauf der Motorradfertigung im Werk Berlin Spandau im September 1966 mit R 50/2 und R 60/2". Richtig ist, daß es sehr früh eine Teilefertigung in Berlin gab. Ab 1958 wurden hier Rahmen und Motorteile für die Motorräder hergestellt. Ebenfalls befand sich dort der Werkzeugbau für die Münchener Produktion. Das Bild zeigt wohl einen frühen Test des künftigen Bandablaufs ab 1969. Denn erst im Mai 1969 verlegte BMW die Motorradproduktion nach 46 Jahren von München nach Berlin-Spandau. Im September 1969 begann die Serienproduktion im umgebauten Werk mit der Fertigung der neuen /5-Baureihe.

Weitere Fotos dazu im Abschnitt R 60/2 weiter hinten.

Fortsetzung

terhin nur 26 PS bei 5800/min^{-1}, doch war die Verdichtung von 6,8 : 1 auf 7,5 : 1 angehoben worden, was in Verbindung mit neu abgestimmten 24er Bing-Schiebervergasern und einer geänderten Getriebeübersetzung in den drei ersten Gängen zu einer bereitwilligeren Gasannahme beim Beschleunigen führte. Lichtmaschine und Magnetzündanlage wurden jetzt nicht mehr von Noris, sondern von Bosch geliefert, einschließlich weiterentwickelter Zündkerzen. Erstmals wurden auch Kerzen von Beru verbaut. Eine stärkere Kurbelwelle und eine kräftiger ausgelegte Nockenwelle erhöhten die Lebensdauer des an sich schon robusten Motors zusätzlich. Gegen Ende 1964 flossen weitere Verbesserungen wie modifizierte Kolbenringe in die Serie ein.

Oben links: BMW R 50/2 bzw. R 60/2 in Polizeiausführung mit Wetterschutz und Funkanlage 1960.

Unten links: R 50/2 oder R 60/2 für die Polizei mit besonders wuchtiger Vollverkleidung, abgelichtet 1967.

Mitte: eingeschneite R 50/2 mit Seitenwagen beim Elefantentreffen am Nürburgring im Jahr 1963.

Rechts: Münchener Motorrad-Polizisten eskortieren 1963 auf R 50/2 bzw. R 60/2 die Staatslimousine BMW 3200 S. Im Hintergrund eine Ehrenkompanie der Bundeswehr mit Stahlhelmen ähnlich denen der Deutschen Wehrmacht.

Schneller als 140 km/h war auch die R 50/2 nicht. Aber man konnte sich bei hohem Tempo sicherer fühlen als noch bei den Vorläufertypen mit ungedämpfter Hinterradfederung und Telegabel.

1960 neu: Blinker und große Heckleuchte

Äußerlich waren und sind die /2-Modelle an den seitlich am Lenker angebrachten Blinkern („Ochsenaugen") und der wuchtigen, rohrförmig aussehenden Heckleuchte zu erkennen. Die (aus Kunststoff bestehende) Rotverglasung war identisch mit jener, die an den großen V8-Limousinen von BMW

Unten links: BMW R 50 Gespanne der ADAC Straßenwacht Aufnahmedatum 1957
Unten rechts: Münchener Polizisten 1960 bei der Übernahme von weiß lackierten R 50/2-Maschinen.

zu sehen war. Vielleicht wollte man damit auch ein wenig vom Prestige der luxuriösen „Großwagen“ auf die Motorräder übertragen.

Den Preis für das Basismodell hatte BMW von 3050 um 80 auf 3130 DM angehoben, ein Aufschlag um mäßige 2,6 Prozent. Mehr wäre mitten in der Motorradkrise nicht vertretbar gewesen. Bei den Tausenden von R 50/2-Exemplaren, die an Polizei und andere staatliche Organe verkauft wurden, und dies international, spielte der Preis keine Rolle, da hier sowieso Sonderkonditionen ausgehandelt wurden. Private Käufer zahlten den Preis offenbar bereitwillig: Von den R 50/2 konnte BMW von 1960 bis 1969 immerhin 19 036 Einheiten absetzen – und damit sogar 5526 mehr als von der R 50 (13 510 Stück).

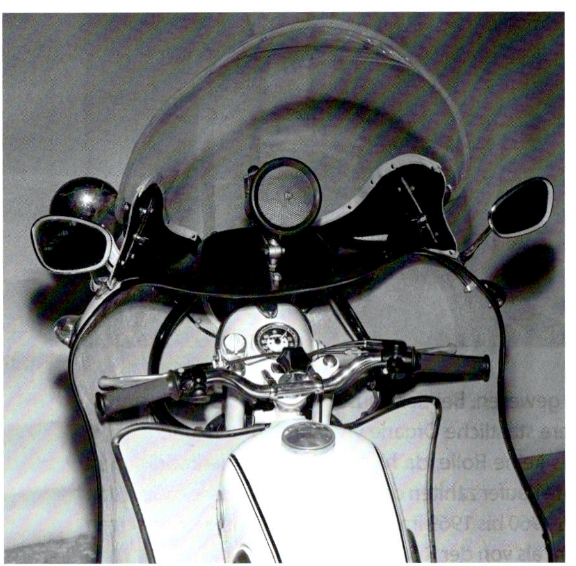

Oben: Ansicht von schräg hinten der 1967er Polizei-R 50/2 oder R 60/2. Die wuchtige Vollverkleidung ist mittels Metallstreben am Rahmen der Maschine befestigt. Der Wetterschutz war bestens, doch der Aufbau machte das Motorrad kopflastig und unhandlich. Hinten rechts ist eine Telefunken-Funkanlage montiert.

Links: Cockpit der Polizeimaschine. Tachometer und schmaler Lenker waren Standard, der Schweinwerfer war in die Verkleidung integriert. Serie war auch der Reibungsdämpfer für die Lenkung.

1967-1969: Einheiten in R 50/2, R 60/2, R 69 S enthalten

/2-US-Modelle

Telegabel statt Vorderradschwinge

In den Produktionszahlen der /2-Modelle sind auch die Motorräder enthalten, die von 1967 bis 1969 als US-Versionen in die Vereinigten Staaten von Amerika geliefert wurden. Wesentlicher Unterschied zu den Europa-Typen: Das Vorderrad wurde standardmäßig nicht von der innovativen Langschwinge geführt, sondern von einer langhubigen, mit Faltenbälgen geschützten, hydraulisch gedämpften Teleskopfedergabel. Auf Wunsch lieferte BMW allerdings auch die US-Modelle mit Langschwinge vorn aus.

Hier muß man daran erinnern, daß es in den 1960er Jahren neben dem weiterhin florierenden Behördengeschäft im In- und Ausland vor allem der Export nach Übersee war, der das BMW-Motorradgeschäft stützte. Während in Europa – und hier vor allem in Deutschland – das Motorrad einen immer schlechteren Ruf bekam, fand bereits Mitte des 1960er Jahrzehnts vornehmlich in den USA ein Imagewandel des Motorrads statt: Weg vom einfachen Transportmittel „armer Leute" hin zu einem Freizeitgerät, das auf einsamen Landstraßen Freiheit und Abenteuer versprach. Die Japaner bedienten den Trend mit Enduros und Scrambler-Maschinen, später mit Hochleistungsmotorrädern aller Art. Aus den Umbauten von Maschinen der US-Traditionsmarke Harley-Davidson durch Weltkriegs- und Korea-Veteranen entwickelte sich der Chopperkult; Chopper waren erleichterte Harleys (später auch Bikes anderer Marken), denen man Teile „abgehackt" hatte. Einen starken Schub erzeugte 1969 der Film *„Easy Rider"* mit Peter Fonda, Dennis Hopper und Jack Nicholson. Der Streifen beschrieb das rebellische Lebensgefühl der Biker in jenen Tagen.

BMW erkannte wohl die dramatische Entwicklung, reagierte zumindest vor 1969 aber nicht wirklich darauf. Das Einzige, was den Münchnern dazu einfiel, war die Ausrüstung der US-Boxer mit einem hochgezogenen Lenker im Westernstil. Erst Jahrzehnte später, exakt 1997, entschloß sich BMW mit dem Cruiser R 1200 C, auf den US-amerikanischen Geschmack einzugehen, und diesmal sogar spektakulär mit der Inszenierung des schweren Edelchoppers im James Bond-Film *„Der Morgen stirbt nie"* mit Pierce Brosnan und Mi-

chelle Yeoh. Die Chopper- bzw. Cruiser-Serie wurde dann konsequent weiterentwickelt und gipfelte 2020 im 345 kg schweren, 91 PS starken Retrobike R 18.

Vor diesem Hintergrund geht BMW Classic heute recht selbstkritisch mit der eigenen Geschichte um: *„Der Imagewandel in den USA erforderte auch andere Fahrzeuge, als BMW sie im Angebot hatte, schließlich basierten die angebotenen Modelle R 50/2, R 60/2 und R 69 S in ihrer Fahrzeugkonzeption auf Entwicklungen von 1955. Bis dahin waren die BMW Fahrwerke immer auch für den Seitenwagenbetrieb ausgelegt, Gespanne aber – das zeigte der amerikanische Markt – waren kaum noch gefragt. Hinzu kam, dass die geschobene Langschwinge am Vorderrad zwar hervorragende Spurstabilität versprach, andererseits aber in ihrer Optik unmodern und schwerfällig erschien."*

Abgesehen von Telegabel (immerhin wahlweise Schwinge) und Westernlenker blieben die US-Modelle R 50/2, R 60/2 und R 69 S gegenüber den heimischen Versionen nahezu unverändert. Neben Kunden in den USA konnten auch Käufer in Kanada und Südafrika zwischen Schwinge und Teleskopgabel wählen. Die BMW-Freunde in Europa mußten sich bis zum Erscheinen der /5-Reihe 1969 gedulden, bis auch sie wieder eine klassisch-schöne, teleskopgefederte BMW erwerben konnten. Die R 50/2 US mit dem anders bedüsten Boxermotor des Typs 252/3 z.B. kostete 1224 US-Dollar und stand der Europa-Version hinsichtlich der Fahrleistungen in nichts nach.

Eine Boxer-BMW in den USA aber voll auszufahren, war aber schon damals wegen der strikten Tempolimits ungesetzlich, also riskant. Ursprünglich sollten die Interstate Highways auf ebener Strecke eine Reisegeschwindigkeit von 70 bis 80 mph (113 bis 129 km/h) ermöglichen. 1974 wurde die zulässige Höchstgeschwindigkeit auf 55 mph (89 km/h) abgesenkt, um nach der Ölkrise 1973 Benzin zu sparen; sie wurde nach dem Ende der Ölkrise *„zur Förderung der Verkehrssicherheit"* beibehalten. 1987 wurde das Limit auf Autobahnen in einigen Bundestaaten auf 65 mph (105 km/h) angehoben; in Ballungsgebieten galten weiterhin 55 mph. Bestimmte Bundesstaaten erhöhten das Tempolimit auf 70 oder 75 mph (113 bzw. 121 km/h), Texas setzte es 1995 auf 80 mph (129 km/h) herauf. (Quelle: Wikipedia).

Oben und Mitte: Von 1967 bis 1969 wurden die in die USA exportierten Maschinen serienmäßig mit modernen Telegabeln ausgerüstet, die sich ab 1969 in der neuen /5-Baureihe wiederfanden. Foto oben: R 50/2 US, Foto Mitte: R 69 S US. Die US-Modelle waren auch in Rot und Blau erhältlich!

Links: Seite des englischsprachigen Prospekts von 1960 mit der frühen US-Version der R 50 mit Vollschwingen-Fahrwerk und Hochlenker.

Rechts: Ab 1960 besaßen die in die USA exportierten R 50- und R 60-Exemplare den hochgezogenen Lenker und ab 1967 die Telegabel. Die Vorderradschwinge wurde auf Wunsch auch noch ab Werk montiert.

1960-1962: **1634 Einheiten**

R 50 S 494 cm³

Nervöser Halbliter-Sportboxer

Mit dem ebenfalls im September 1960 auf der IAA vorgestellten Halbliter-Sportboxer begab sich BMW auf dünnes Eis. Anerkannt wurde zwar, daß München mit der R 50 S erstmals nach dem Krieg wieder eine Sportmaschine in der traditionsreichen 500er Klasse anbot. Doch es war riskant, das mit 3535 DM recht teure Modell (405 DM mehr, als für die die R 50/2 bezahlt werden mußte), in direkte Konkurrenz zum ebenfalls neuen Top-Sportler R 69 S zu setzen, der mit mehr Hubraum und sogar 42 PS das neue Nonplusultra war und für den sich trotz des deutlich höheren Preises von 4030 DM auf Anhieb erheblich mehr Käufer entschieden – nach dem Motto: *„Wenn schon, denn schon."* BMW Classic gibt heute ehrlich zu: *„Da die ambitionierten Kunden lieber zur hubraum- und leistungsstärkeren BMW R 69 S griffen, war der BMW R 50 S kein großer wirtschaftlicher Erfolg beschieden. Nach lediglich 1634 gefertigten Exemplaren und nach nur zwei Jahren wurde die Produktion wieder eingestellt."*

Steckbrief R 50 S (alle Daten im Anhang)	
Bauzeit	1960-1962
Motortyp, Ventile	252/2, 2 ohv
Einheiten	1634
Hubraum	494 cm³
Leistung	35 PS bei 7650/min⁻¹
Vergaser	2 Bing 1/26/71-1/26/72
Getriebe	4-Gang
Rahmen	Doppelschleife, Stahlrohr
Vorderradführung	Langarmschwinge
Hinterradführung	Langarmschwinge
Bremsen vorn/hinten	Trommel 200 mm
Reifen vorn/hinten	3,5x18S/3,5x18S o. 4x18S
Leergewicht	195 kg
Höchstgeschwindigkeit	160 km/h
Preis	3535 DM

Oben: Mit Solo-Schwingsattel wirkte die R 50 S sportlich und ambitioniert. Optische Merkmale waren die Zylinderkopfdeckel mit jeweils nur zwei Rippen, die Blinker und das große Rücklicht. Die Aufnahme stammt von 1960.

Dabei bot die R 50 S technische Details und Fahrleistungen, die den Freund exklusiver Sportmotorräder durchaus begeistern konnten. Den Halbliter-Boxer vom Typ 252/3 mit nach wie vor 494 cm³ Hubraum hatte man mit Feintuning, durchlässigeren 26er Vergasern, größeren Ventildurchmessern und auf 100 mm Durchmesser erweiterten Auspufftöpfen von 26 auf beachtliche 35 PS hochgekitzelt, die allerdings erst bei 7650/min⁻¹ voll zur Verfügung standen (R 50/2: 26 PS bei 5800/min⁻¹). Daß dieses Hochdrehzahlkonzept bei einem Zweizylinder mit zentraler Nockenwelle, ellenlangen Stößelstangen und aufwendiger Kipphebelsteuerung der Ventile nicht ganz unproblematisch sein konnte, lag auf der Hand. Die R 50 S verlangte die Hand eines Könners, der bedacht mit der Maschine umging, den Motor erst mit gemäßigter Drehzahl warmfuhr und die Höchstleistung nicht permanent, zum Beispiel auf den ersten Autobahnen jener Zeit, abrief. Einen Drehzahlmesser mußte man nachträglich montieren, und wenn die Nadel sich dem roten Bereich näherte, war Vorsicht geboten.

Immerhin milderte ein Schwingungsdämpfer vorn auf der Kurbelwelle die bei hohen Drehzahlen auftretenden Drehschwingungen und Vibrationen. Die

Oben: Mehr Komfort, aber eine eher bürgerliche Ausstrahlung vermittelte die R 50 S mit der dick gepolsterten Doppelsitzbank (1960).

Links: Der 35 PS starke Halbliter-S-Motor war in einigen Details verstärkt worden.

BMW R 50 S 500 cc 35 HP

Oben: Englischsprachiger Prospekt von 1960, wie er in den USA und anderen Ländern durch die Händler verteilt wurde. Importeur in New York war die Butler & Smith Incorporation. Sie gab auf alle Neu-BMW eine Garantie auf 6000 Meilen oder sechs Monate. Auch rechts ist die R 50 S in Exportausführung mit hohem und nach hinten gestelltem Lenker ohne Blinker zu sehen.

Links: Die R 50 S war wie die R 69 S mit einem hydraulischen Lenkungsdämpfer ausgerüstet, der sich mit einem einfachen Dreh aktivieren oder deaktivieren ließ. Der Dämpfer war bei hohem Tempo und auch dann nützlich, wenn die R 50 S mit einem Seitenwagen kombiniert war.

Kurbelwelle war im Ganzen verstärkt worden. Ferner gehörten auf 20 mm verstärkte Lagerzapfen und eine verbesserte Pleuellagerung zu den Anpassungsmaßnahmen an die deutlich höhere Leistung.

Von 6 auf 10 mm Durchmesser erweiterte Ölbohrungen ließen den Schmierstoff besser zirkulieren, und die 2,6 statt 2,2 mm dicke Tellerfeder der Kupplung verhinderte ein Durchrutschen derselben bei starker Beanspruchung. Die Übersetzungen des Vierganggetriebes hatte BMW für das S-Modell nicht geändert, jedoch war der Hinterradantrieb länger übersetzt worden, um ein Überdrehen des Motors bei Vollgas zu verhindern. Immerhin erreichte die R 50 S ein Spitze von 160 km/h und stand damit der „alten" R 68 gar nicht und der bis 1960 produzierten R 69 nur wenig nach. Reifen in verstärkter S-Ausführung, aber in gewohnt schmaler Auslegung 3,50 x 18, verbesserten die Fahrstabilität. Dazu trug auch der serienmäßig angebrachte Lenkungsdämpfer bei. Gebremst wurde weiterhin mit den bewährten 200-mm-Vollnabentrommeln.

1960-1969: 17 309 Einheiten

R 60/2 594 cm³

Bullige 600er vor allem für den Gespannbetrieb

Keine Probleme bereitete die neue 600er, die ebenfalls 1960 erschien. Der in einigen wichtigen Details überarbeitete Zweizylindermotor der neuen R 60/2 „Tourensport" leistete dank erhöhter Kompression (1 : 7,5 statt 6,5) jetzt 30 PS bei 5800/min^{-1} und ermöglichte im Solobetrieb Geschwindigkeiten bis zu 145 km/h. Stärkere Kurbel- und Nockenwelle und ein auf 20 mm Durchmesser erweiterter Konus für die Lichtmaschine machten wie bei der R 50/2 das Triebwerk noch standfester. Wie alle Typen der neuen /2-Serie verfügte auch die R 60/2 über Blinker und größeres Rücklicht. Der Benzinverbrauch der mit 24er-Vergasern ausge-

Oben links: Die bullige, 30 PS starke R 60/2 war auch als Solomaschine zu haben. Im Bild ein restauriertes Exemplar ohne Blinker, fotografiert 1990.

Oben rechts: Auch die Polizei in Istanbul setzte auf R 60/2, hier abgelichtet 1964.

Steckbrief R 60/2 (alle Daten im Anhang)

Bauzeit	1960-1969
Motortyp, Ventile	267/5, 2 ohv
Einheiten	17 309
Hubraum	594 cm³
Leistung	30 PS bei 5800/min^{-1}
Vergaser	2 Bing 1/24/125-1/24/133
Getriebe	4-Gang
Rahmen	Doppelschleife, Stahlrohr
Vorderradführung	Langarmschwinge
Hinterradführung	Langarmschwinge
Bremsen vorn/hinten	Trommel 200 mm
Reifen vorn/hinten	3,50 x 18/3,5 x 18 o. 4,0 x 18
Leergewicht	198 kg
Höchstgeschwindigkeit	145 km/h
Preis	3315 DM

Zwei weitere von uns entdeckte Fotos, die belegen, daß in Berlin-Spandau bereits ab September 1966 Boxer-Maschinen vom Band liefen. Unter anderem beweist dies auch die Legende zum Foto links, das aus einem Privatalbum stammt: „Produktion der ersten BMW Motorräder (Typ R 60/2) im Werk Berlin. Aufnahmedatum 09.1966." Auch das Schild vorn an der Maschine mit der Nummer 1 spricht eine klare Sprache – das Ganze war mehr als eine Versuchsanordnung, s.a. einige Seiten weiter vorn.

rüstete Boxer lag mit durchschnittlich 5,0 l/100 km etwas höher als bei der 500er. Die Übersetzungen des Viergangetriebes waren mit 1 : 4,17 / 2,73 / 1,94 / 1,54 (mit Seitenwagen: 1 : 5,33 / 3,02 / 2,04 / 1,54) unverändert. Die Übersetzung des Hinterradantriebs und die Auslegung von Kegel- und Tellerrad waren der höheren Leistung angepaßt worden. Wie alle Gespann-Boxer hatte auch die R 60/2 hinten eine breitere Felge mit einem breiteren Reifen in 4,0 x 18.

Oben: Die R 60/2 wurde auch in den USA zusammen mit dem Standard-Beiwagen angeboten. Die Nachfrage hielt sich dort allerdings in Grenzen.

Unten: Meist diente die drehmomentstarke R 60/2 als Zugmaschine; im Bild ein Gespann mit modifiziertem Steib-Seitenwagen S 500.

Die meisten freien Seitenwagenbauer hatten mangels Nachfrage bereits Ende der 1950er Jahre Konkurs anmelden müssen. Nur BMW hielt noch ein paar Jahre lang (vor allem aufgrund der weiterlaufenen Behördenbestellungen) am Gespann fest, war allerdings gezwungen, die Dreiräder im Werk München komplett selbst zu produzieren. Dabei griff man teilweise auf das von Steib übernommene Teilelager zurück und fertigte in geringen Stückzahlen den TR 500 als „BMW Spezial". 1966 lohnte sich auch dies nicht mehr, und BMW stellte die Gespann-Tradition komplett ein. Stefan Knittel zieht das Fazit: *„42 Jahre BMW-Gespann-Tradition waren besiegelt".*

Apple-Gründer und IT-Legende Steve Jobs besaß eine R 60/2, mit der er oft in seine Firma fuhr und sie im Foyer neben einen Steinway-Flügel stellte – als Beispiel für hervorragendes Design!

Die R 60/2 wurde überwiegend als Gespann-Zugmaschine zusammen mit dem Standard-Beiwagen von BMW geordert. Zu den wichtigsten Kunden zählten national wie international wieder Polizei, Behörden und Hilfsdienste wie der ADAC. Während BMW zwischen 1960 und 1969 von der R 50/2 zum Stückpreis von 3130 DM 19 036 Einheiten absetzen konnte, verbesserte die R 60/2 im gleichen Zeitraum mit noch einmal 17 309 Exemplaren zum Einzelpreis von 3315 DM (ohne Beiwagen) die Bilanz noch einmal erheblich. Die wenigen Motorräder, die als Zugmaschine für Gespanne in die USA verkauft wurden, besaßen die verstellbare Langarmschwinge vorn. Alle Solo-Boxer für den Export in die USA und andere Staaten, auch die R 60/2, erhielten ab 1967 die Teleskopgabel, wie sie sich 1969 bei der /5-Reihe wiederfand.

Die im September 1960 vorgestellte R 69 S war das leistungsstärkste Nachkriegsmotorrad von BMW. Das Flaggschiff der /2-Reihe wurde bis 1969 gebaut und fand international immerhin 11 317 Käufer. Das Foto zeigt eine restaurierte Maschine, Baujahr nach 1963 mit Schwingungsdämpfer, aus der Sammlung BMW Mobile Tradition (Foto von 1990).

Kapitel 16
1960-1969: R 69 S

Der Griff nach den Sternen

Mit der 1960 vorgstellten und fast zehn Jahre lang produzierten R 69 S setzte BMW der facegelifteten /2-Serie die Krone auf. Die Maschine schaffte dank des auf hohe Drehzahlen getrimmten Boxers stolze 175 km/h und spielte so wie die Vorläufermodelle R 68 und R 69 international wieder in der Klasse der leistungsstarken Sportmotorräder mit. Obwohl sie so viel kostete wie ein Auto, fand die R 69 S über 11 000 Abnehmer. Einige ärgerliche Kinderkrankheiten taten dem Prestige der Super-BMW keinen Abbruch.

Der Motor der BMW R 69 S Motor leistete 42 PS bei 7000/min^{-1} und sorgte damit für respektable Fahrleistungen. Äußerlich unterschied sich der Sportboxer durch zweifach verrippte Ventildeckel von den Basismodellen. Das Triebwerk, hier ein Aggregat von 1966, bestach durch sein schnörkelloses Design.

1960-1969: **11 317 Einheiten**

R 69 S 594 cm³

Voll ausgereizter Serien-Boxer

Mit dem Team Helmut Fath/Alfred Wohlgemuth errang BMW 1960 zum siebten Mal hintereinander die Weltmeisterschaft in der Motorrad-Seitenwagen-Klasse. So ein Erfolg verpflichtet. Schon im September hatte sich der Titelgewinn abgezeichnet, und das Publikum wartete darauf, daß München auch für Normalfahrer etwas Neues zu bieten hatte. Und das tat die Firma auch, indem sie auf der IFMA mit der /2-Reihe ein aufgewertetes Modellprogramm vorstellte. Während die Modelle von der R 27 über die R 50/2 bis zur R 60/2 nur Blinker, großes Rücklicht und einige im Verborgenen schlummernden technische Verbesserungen (s. Vorkapitel) zu bieten hatten, war das 600er Sportmodell durch Feinarbeit vor allem am Motor kräftig aufgewertet worden. Mit 42 PS und einer erzielbaren Höchstgeschwindigkeit von 175 km/h trat die neue R 69 S nicht nur als Speerspitze des BMW-Motorradprogramms an, sondern würde später auch der erstarkenden Konkurrenz aus England und Italien wirksam Paroli bieten können. Daß die Japaner bald ganz andere Kaliber entwickeln würden, war 1960 noch kein Thema.

Gern wurde bemerkt, daß kein anderes deutsches Serienmotorrad schneller war als die R 69 S. Aber da gab es ja auch sonst nichts mehr: Die meisten deutschen Motorradhersteller, allen voran DKW und Horex, hatten 1960 bereits das Handtuch geworfen. NSU schleppte sich noch bis 1964 mit Supermax (247 cm³) und Maxi (174 cm³) dahin, dann gab auch der einst größte

Oben: Als erste BMW wurde die R 69 S wahlweise auch in Weiß geliefert. Viele Behördenkunden zogen die freundlichere Farbgebung dem klassischen Schwarz vor. Das Foto stammt von 1997.

Rechts: Wie die R 50 S war auch die R 69 S mit einem hydraulischen Lenkungsdämpfer ausgerüstet, der an der Vorderradschwinge und über einen Adapter am Rahmen angelenkt war. Die Zeichnung entstand 1962.

Links: Die R 69 S wurde in größeren Stückzahlen in alle Welt exportiert, bis 1967 mit Langschwinge vorn und meist mit nach hinten gezogenem Hochlenker samt Querstrebe. Hier präsentiert ein Besitzer 1960 im kanadischen Ontario stolz seine neue BMW.

Motorradproduzent der Welt den Geist auf. Das Topmodell von Triumph, die Zweitakt-350er Boss, war schon 1957 verschwunden, und Zündapp, einst ernstzunehmender BMW-Konkurrent, hatte 1958 das Boxermodell KS 601Sport eingestellt, produzierte danach nur noch kleine Zweitakter.

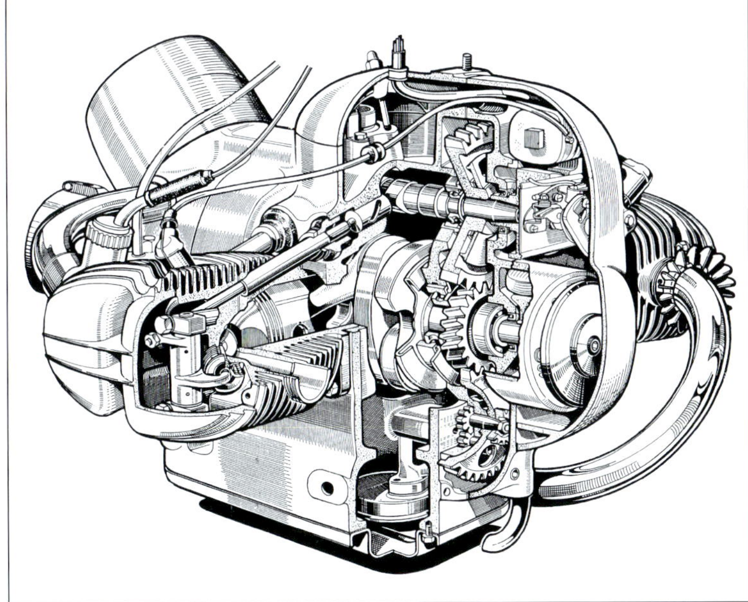

Oben: werksrestaurierte R 69 S aus der Sammlung BMW Mobile Tradition, aufgenommen 1990. Daß die zweifach verrippten Zylinderköpfe etwas breiter als beim Vorläufermodell sind, ist kaum zu erkennen.

Links: Das Schnittbild, das 1962 angefertigt wurde, zeigt den ab 1963 serienmäßig mit einem Schwingungsdämpfer vorn auf der Kurbelwelle ausgerüsteten Motor. Er dämpfte wirksam zerstörrerische Vibrationen. Zu erkennen sind Motoren ab 1963 durch die Ausbuchtung auf dem vorderen Motor-Abschlußdeckel. Das Bild zeigt auch gut den 1955 eingeführten Ventiltrieb über Zahnräder, zentrale Nockenwelle, gekapselte Stößelstangen und Kipphebel.

Mit Feinarbeit den Ohv-Boxer drehzahlfest gemacht

Vom Konzept her war bei der R 69 S allerdings alles beim alten geblieben. Nach wie vor sorgte der im Prinzip für 1951 entwickelte Ohv-Zweiventil- Boxer mit seiner zentralen, zahnradgetriebenen Nockenwelle, langen Stößelstangen und Kipphebeln für Vortrieb. Wer einen Motor mit obenliegenden Nockenwellen oder gar Königswellensteuerung erwartet hatte, mußte enttäuscht sein. BMW war ja durchaus in der Lage, derartig aufwendig konstruierte Hochleistungs-Triebwerke zu bauen, wie man es in der Rennsportabteilung jahrzehntelang bewiesen hatte. Aber in den späten 1950er Jahren, in denen man sich um eine fortschrittliche Motorkonzeption hätte kümmern müssen, fehlten der vom Ruin bedrohten Firma Motivation und finanzielle Mittel.

Der Kenner blickte daher mit gerunzelter Stirn auf die technischen Daten der R 69 S, die besagten, daß die angegebenen 42 PS erst bei 7000 Umdre-

Steckbrief R 69 S (alle Daten im Anhang)

Bauzeit	1960-1969
Motortyp, Ventile	268/3, 2 ohv
Einheiten	11 317
Hubraum	594 cm^3
Leistung	42 PS bei 7000/min^{-1}
Vergaser	2 Bing 1/26/75-1/26/76
Getriebe	4-Gang
Rahmen	Doppelschleife, Stahlrohr
Vorderradführung	Langarmschwinge
Hinterradführung	Langarmschwinge
Bremsen vorn/hinten	Trommel 200 mm
Reifen vorn/hinten	3,5 x 18 S/4 x 18 S
Leergewicht	198 kg
Höchstgeschwindigkeit	175 km/h
Preis	4030 DM

hungen pro Minute erreicht wurden. Im Geiste sah er, wie die Stößelstangen klappernd den Dienst versagten und die Ventile rot glühten. Doch die BMW-Techniker hatten dem entgegengewirkt.

Um den hochdrehenden Boxer standfest zu machen, hatten die Konstrukteure Kurbel- und Nokkenwelle sowie die Kupplung verstärkt, die Zylinderköpfe und die Ölbohrungen der Stößelkammern vergrößert sowie die Pleuellagerung verbessert. Anders als bei den Modellen1955 bis 1960 gab es jetzt eine Druckschmierung für beide Zylinder. Die Form der Stößelböden war nun ballig, während sie bei der R 69 kegelig ausgelegt war. Ein ganz erheblich von 7,5 auf 9,5 : 1 erhöhtes Verdichtungsverhältnis, neu abgestimmte 26er Bing-Vergaser und ein vergrös-

In Weiß wurde die R 69 S vor allem von Polizeibehörden geordert. In privater Hand blieben die weißen Elefanten die Ausnahme. Im Bild eine Maschine mit Haltegriffen hinten.

Rechts und kleines Foto: Im Werk wurden auch Versuche mit Verkleidungen gemacht, hier mit einem Vollwetterschutz von Avon. Die Zweifarb-Lackierung läßt die Konstruktion aus GfK zierlicher erscheinen. Der Scheinwerfer mußte indes nach vorn gerückt werden. Am Lenker war ein Drehzahlmesser montiert, was beim hochdrehenden R 69 S-Boxer sehr sinnvoll war.

Oben: Die 1990 fotografierte R 69 S aus der BMW-Sammlung ziert auch das Cover dieses Buchs. Sie ist hier optimal ins Licht gerückt. Auch die R 69 S besticht durch die unverkleidet zur Schau gestellt Technik. Rechts: Prospektblatt von August 1967.

serter Micronic-Luftfilter trugen zur Leistungssteigerung bei. Drehmoment- und Leistungskurve verliefen spitzer als bisher, was den sportlichen Charakter der Maschine unterstrich.

Schwingungsdämpfer ab 1963

Das komfortorientierte Vollschwingen-Fahrwerk stammte von der R 69; den Reibungsdämpfer hatte man jedoch durch einen abschaltbaren, hydraulischen Lenkungsdämpfer ersetzt. Alternativ zum Schwingsattel mit Sportkissen bot BMW eine satt gepolsterte Doppelsitzbank an. Wie alle Modelle des neuen Jahrgangs war die R 69 S mit Blinkern an den Lenkerenden, Lichthupe, konisch verjüngten Schalldämpfern und einem großen Rücklicht ähnlich denen der V8-Limousunen ausgerüstet.

Im Laufe der Jahre erfuhr die R 69 S zahlreiche Detailverbesserungen. So verstärkte BMW im Februar 1962 den Rahmen im Bereich des hinteren Schwingenlagers durch ein Knotenblech. Im April 1962 bekam der Motor stärkere Zylinderfußflansche. Grund: Bei scharf gefahrenen Maschinen war es gelegentlich zum Abreißen der Zylinder gekommen, was dann automatisch auch zu Kurbelwellen- und Gehäuseschäden führte. Hans-Joachim Mai nannte in einem Artikel für Heft 15/1979 der Zeitschrift *„Motorrad"* die Gründe: *„Schlechte Montage, eine etwas zu weiche Zylinderfußdichtung und ein geringfügig zu schwacher Zylinderfußflansch ließen bei sportlicher Fahrweise den Zylinderfuß abreißen."*

Ab 1963 wirkte ein Schwingungsdämpfer auf der Kurbelwelle gefährlichen Vibrationen entgegen. Weil er zusätzlichen Platz erforderte, wurde vorn ein geänderter Gehäusedeckel mit deutlicher Ausbuchtung montiert – perfektes Unterscheidungsmerkmal fürs Baujahr. Gleichzeitig verbesserte man die Entlüftung des Hinterachsgetriebes und (im September 1963) die Entlüfterscheibe auf der Nockenwelle des Motors. Im Mai 1964 versah BMW die Lagerung der Vorderradschwinge mit einem Schmiernippel. Später wurden Kolbenringe aus biegsamerem Sphäroguß und Molybdän-Beschichtung eingeführt.

Zu den Änderungen gehörte auch eine Abflachung am unteren Schutzblechträger-Rohrbogen der Vorderradschwinge. Mai hob in seinem Artikel auch die Reparaturfreundlichkeit der Boxermotoren hervor: *„Diesen Motoren war eines ge- meinsam: Sie ließen sich mit sehr wenigen Spezialwerkzeugen und nahezu ohne teure Meßwerkzeuge instandhalten. Die Kurbelwellen liefen auf Kugel- und Tonnenlagern, die einfach gegen neue auszuwechseln waren. Lager dieser Art sind immerhin handelsübliche Normteile, die auch heute noch überall beschafft werden können."*

Auf Wunsch lieferte BMW für die R 69 S einen 24-Liter-Tank, was angesichts des erhöhten Verbrauchs sinnvoll war (5,3 l/100 km als Durchschnitt). Zubehöranbieter wie Heinrich und Hoske boten spezielle, häufig georderte Tankgrößen für fast alle BMW-Modelle an.

Oben links: weiß lackierte R 69 S von 1960 in Polizeiausführung mit Zusatzinstrument, Wetterschutz und Funkgerät samt Antenne.

Rechts: Zeichnung des ab 1963 serienmäßigen, aus mehreren Scheiben bestehenden Drehschwingungsdämpfers auf der Kurbelwelle des R 69 S-Boxers. Diese Verbesserung war nötig geworden, nachdem bei hohen Drehzahlen Motorschäden aufgetreten waren. Zu erkennen sind auch die Elemente der Zündanlage. Der Abschlußdeckel vorn zeigte eine Ausbuchtung.

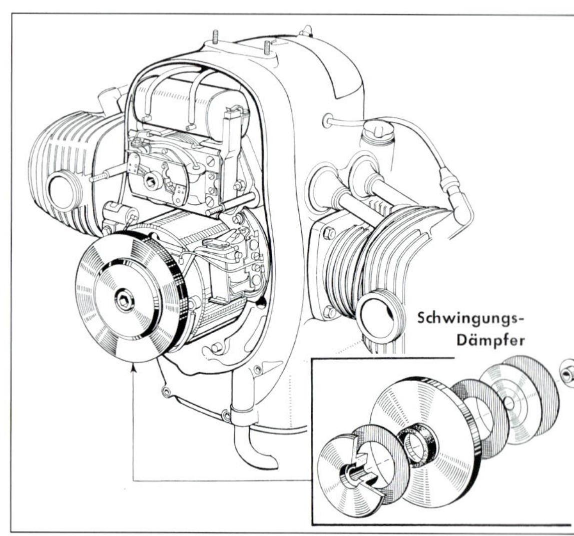

Oben: Beide Motorräder sind 1965 abgelichtete Prototypen der ab 1969 gebauten /5-Reihe, hier ausgreüstet mit R 69 S-Motoren. Links ist der ab 1963 verbaute Stirndeckel mit „Beule" zu sehen.

R 69 S im Gespannbetrieb, US-Export

Wegen der höheren Leistung wurde die R 69 S auch gern als Zugmaschine eingesetzt. Der Preis eines Gespanns überstieg dann leicht die 5000-DM-Grenze, was dem Wert eines VW Käfers entsprach. Aber das Flair war ein anderes! Wurde die Maschine ab Werk als Gespann geliefert, hatte sie lediglich eine andere Hinterradübersetzung. Zahlreiche Erfolge erzielten R 69 S-Gespanne im Geländesport, wie wir auf den nächsten Seiten ausführlich zeigen werden.

In größerer Stückzahl wurde die R 69 S auch in die USA exportiert, dort aber mit Hochlenker und ab 1967 mit der sportlich anmutenden Telegabel verkauft (US-Modelle s. a. Vorkapitel).

Bereits 1964 entstanden die ersten Prototypen der künftigen /5-Reihe (Typ 246). Sie waren alle mit dem Boxertriebwerk der R 69 S ausgerüstet (s. Fotos). Die Fahrwerke entsprachen schon weitgehend der ab 1969 gebauten neuen Generation. Trotz der anfänglichen „Kinderkrankheiten"und des hohen Preises von 4030 DM ließ sich die schnelle und Prestige bietende R 69 S bis zum Produktionsstopp im Jahr 1969 immerhin 11 317mal verkaufen.

Oben: R 69 S-Gespann mit reich verziertem Steib-Seitenwagen; Foto von 1990. Unten: Das Prospektblatt von 1960 zeigt eine R 69 S US mit Hochlenker, aber noch mit Langschwinge vorn.

BMW R 69 S 600 cc 42 HP

The fastest production motorcycle on the European continent

Das „Mitzieher"-Foto zeigt perfekt die Dynamik eines R 69 S-Gespanns bei einem Geländewettbewerb. Hier sehen wir die Brüder Horst und Falk Hartmann bei der 5. DM-Zuverlässigkeitsfahrt im Raum Mainz-Kastel am 12. Juli 1964. Gut zu erkennen sind die Schnellverschlüsse an den Rädern. Deutsche Meister 1966, 1968.

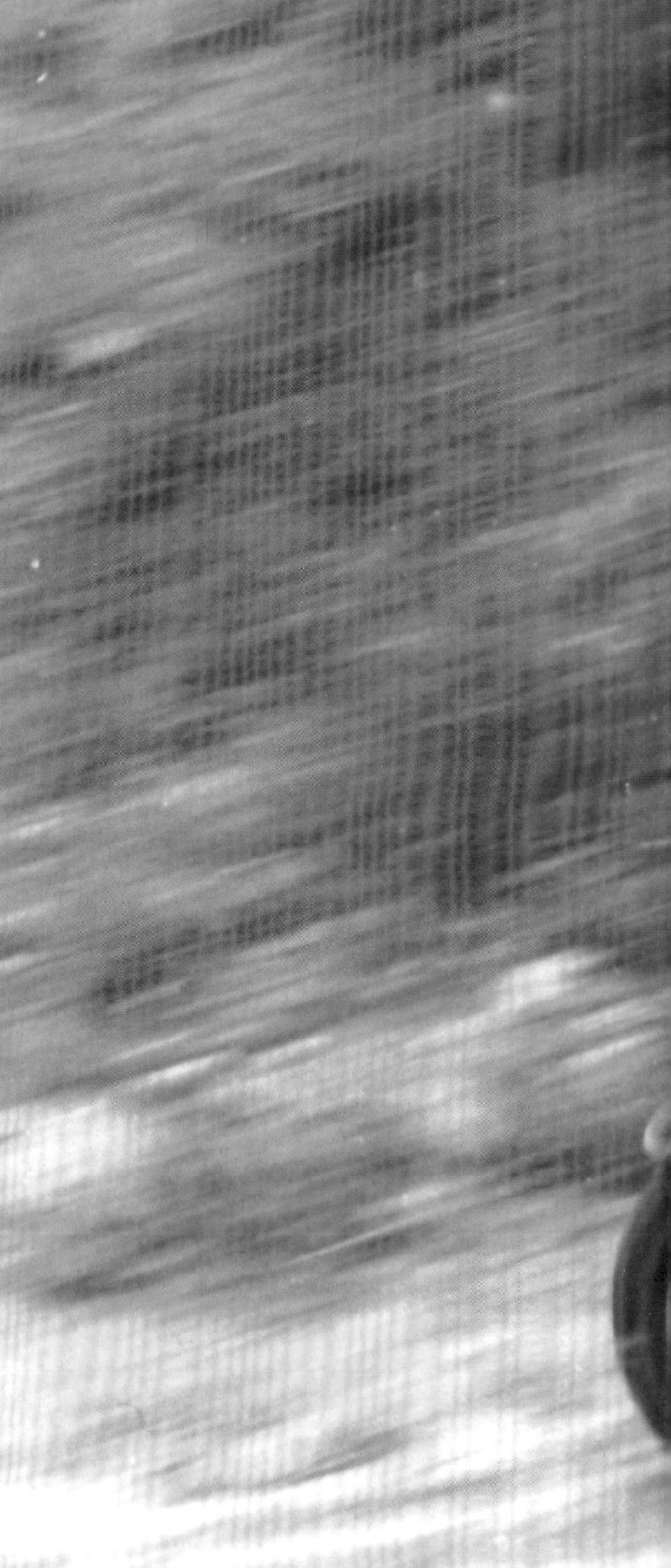

Kapitel 17
1960-1969: die R 69 S im Rennsport

Dominant im Gelände

In den 1960er Jahren war die R 69 S dank der kräftigen Motorisierung und des robusten Fahrwerks die perfekte Basis für Geländeeinsätze im Solo- oder Gespannbetrieb. Karl Ibscher, Sebastian Nachtmann, Günter Steenbock sowie die Gebrüder Hartmann und Noss gewannen mit dem fürs Gelände präparierten Boxer zahlreiche Meisterschaften. Ab 1964 schickte BMW Prototypen mit dem S-Motor, aber mit Rahmen und Fahrwerk der künftigen /5-Modelle auf die Pisten. Bei Langstreckenrennen und Weltrekordfahrten setzten sich getunte S 69 S-Exemplare wirkungsvoll in Szene.

Das Foto zeigt den R 69 S-Motor im Fahrwerk des 600er Geländesport-Prototyps von 1965. Rahmen und Federbeine entsprachen weitgehend dem, was ab 1969 mit der /5-Reihe in Serie gehen sollte. Die rechts geführte Zwei-in-Eins-Auspuffanlage besaß Gitter, die den Fahrer vor der abgestrahlten Hitze schützen sollten.

223

1960-1969: Geländesport

Durchgeboxt

R 69 S und Prototypen offroad

Mit dem Niedergang des Motorradgeschäfts in Deutschland ab Mitte der 1950er Jahre hatte sich der Geländesport mehr und mehr zur Angelegenheit für Privatfahrer entwickelt. Maico, Hercules und Zündapp boten in den frühen 1960er Jahren spezielle Wettbewerbsmaschinen in kleinen Serien für Privatkunden an. Und in der DDR trat MZ in großem Stil an, gewann von 1963 bis 1969 allein bei den Six Days sechsmal die World Trophy. Die Werksmotorräder bis 250 cm³ Hubraum entwickelten sich in den 1960ern zügig weiter, während die BMW-Modelle zunächst noch weitgehend auf seriennahen Vollschwing-Modellen basierten. Gegen die immer leichter werdenden Zweitaktmodelle nahmen sich die schweren BMW-Boxer aus wie Saurier aus ferner Vergangenheit. Doch gerade deshalb zollten Publikum und Konkurrenz den BMW-Fahrern besonderen Respekt.

Zukunftsweisendes Fahrgestell ab 1963

Trotzdem konnte von Stillstand in der BMW-Entwicklungsabteilung ganz und gar nicht die Rede sein: Am 7. April 1963 wartete Sebastian Nachtmann bei der Geländefahrt in Biberach erstmals mit einem modernisierten Exemplar des Zweizylinder-Topmodells R 69 S auf: Die Maschine besaß die verstärkte Teleskop-Vorderradgabel der R 25/3, schmalere Schutzbleche, und einen kleineren Tank.

Aber das sollte erst der Anfang sein: Im Herbst desselben Jahres wurde ein komplett neues Fahrwerk fertiggestellt. Ein kompakter Doppelrohrrahmen mit leichtem, angeschraubtem Heckausleger für die Abstützung der Federbeine und eine neu entwickelte Telegabel mit langen Federwegen und vorgesetzten Achsklemmfäusten führten zu verkürztem Radstand und größerer Bodenfreiheit. Auch war es gelungen, das Gewicht des fahrfertigen Werks-Prototyps für 1963 um 21,5 auf 193,5 kg zu reduzieren. Erprobt wurden zudem spezielle Radnaben.

R 69 S-Motor weiter aktiv im Geländesport

Bis auf den unverändert gebliebenen, aber feinbearbeiteten R 69 S-Motor mit seinen rund 44 PS glich diese BMW nicht nur den modernen Geländemaschinen, wie sie in den großen Hubraumklassen beispielsweise von den englischen Triumph-Werken bei internationalen Wettbewerben an den Start gebracht wurden, sondern nahm auch Vieles von dem vorweg, was 1969 mit der /5-Baureihe in die

Oben: Sebastian Nachtmann auf BMW R 69 S im Jahr 1960 bei einer Bachdurchquerung. Die Maschine war speziell ausgerüstet: hochgelegter Auspuff, Gelände-Schutzbleche, Geländereifen Werkzeugtasche. Nachtmann gewann die Deutsche Geländemeisterschaft 1960, 1961, 1963, 1964, 1965. Das Foto ist handsigniert.

Rechts: Sebastian Nachtmann auf BMW R 69 S bei der Nordsee-Ostseefahrt 1962. Er gewann den Wettbewerb, den 1. Lauf zur Deutschen Geländemeisterschaft 1962.

Serie einfließen würde. Der Geländesport war bei BMW mehr denn je ein Versuchsfeld für den späteren Serienbau. So testete man dabei auch die 1969 in Serie gehenden Gleitlager-Motoren.

Während die Abteilung Kundensport die Ersatzteilversorgung für RS-Motoren der Privatfahrer sicherstellte, wurden komplette Werksmaschinen in der Versuchsabteilung nur noch für den Geländesport aufgebaut, darunter auch das Geländegespann von Karl Ibscher.

Nachtmann Serien-Geländemeister

Sebastian Nachtmann erfüllte die mit dem neuen Motorrad verbundenen Erwartungen und wurde 1960, 1961, 1963, 1964 und 1965 Gewinner der Deutschen Geländemeisterschaft (Klassen bis 350 und über 500 cm³ Hubraum). 1962 ging der Titel an den zu BSA gewechselten Manfred Sensburg, Nachtmann wurde Zweiter. Für die Saison 1966 verstärkten Herbert Schek (Meister 1965 auf Maico 250) und Kurt Tweesmann das BMW-Werksteam; Tweesmann gewann auf Anhieb die Meisterschaft. Danach beendete BMW sein Engagement in diesem Bereich, aber man würde in den 1970ern wiederkommen, mit Pauken und Trompeten.

Rechts: Kurt Tweesmann auf BMW R 69 S mit einer R 25/3 -Telegabel bei der Int. DMV-2-Tagefahrt in Eschwege 1965, hierbei erstmals für BMW. 1966 wurde er Deutscher Geländemeister.

Unten: Die Brüder Edgar und Reinhold Noss waren 1967 und 1969 sowie in den frühen 1970er Jahren sechsmal Deutscher Meister im Geländesport; hier sehen wir sie auf ihrer R 75/5, die vorne auf Schwinge umgebaut wurde.

Deutsche Geländemeister auf BMW

1955	500 cm³: Hans Meier
1958	über 350 cm³: Konrad Wellnhofer
1960	über 350 cm³: Sebastian Nachtmann
1961	über 350 cm³: Sebastian Nachtmann Seitenwagen über 350 cm³: Karl Ibscher/Josef Hintermeier
1962	Seitenwagen über 350 cm³: Karl Ibscher/Josef Hintermeier
1963	über 350 cm³: Sebastian Nachtmann Seitenwagen über 350 cm³: Karl Ibscher/Edgar Rettschlag
1964	über 350 cm³: Sebastian Nachtmann Seitenwagen über 350 cm³: Karl Ibscher/Edgar Rettschlag
1965	über 500 cm³: Sebastian Nachtmann Seitenwagen über 350 cm³: Günter Steenbock/Dieter Kistner
1966	über 500 cm³: Kurt Tweesmann Seitenwagen über 350 cm³: Horst Hartmann/Falk Hartmann
1967	Seitenwagen: Edgar Noss/Reinhold Noss
1968	Seitenwagen: Horst Hartmann/Falk Hartmann
1969	Seitenwagen: Edgar Noss/Reinhold Noss

Bei den BMW-Gespannen sorgte ab Ende der 1950er Jahre Karl Ibscher mit verschiedenen Beifahrern für Schlagzeilen, und zwar am Lenker eines Gespanns auf Basis der BMW R 69 S mit verändertem Steib-Seitenwagen ohne das bis dahin obligatorische Reserverad. Die serienmäßigen R 69 S-Zylinder wurden oft durch Spezialzylinder von Kayser ersetzt. Zum Teil mußten auch die Bing-Vergaser japanischen Keihin-Vergasern weichen, wie sie an den Honda-Vierzylindermodellen verwendet wurden.

Die Einsatzbedingungen waren weiterhin rauh, so etwa bei der Südwestfälischen Zuverlässigkeitsfahrt 1959: *„Startnummer 204, ein Ausweisfahrer mit einer R 51 – der Seitenwagen dazu liegt im Fahrerlager – kriegt den Dreck eines Konkurrenten ins Gesicht und legt sich hin, weil er nichts mehr sieht. Keine Brille! Aber er fährt die Fahrt zu Ende."* (*„Motorrad"* Heft 10/1959). Am Start waren u.a. Ibscher/Hintermeier mit dem BMW R 69-Geländegespann; sie wurden Zweite hinter der *„erbittert kämpfenden"* Zündapp KS 601 des erfolgreichen Meister-Duos Schach/Roth aus Worms. Es folgten zwei weitere BMW-Dreiräder – man holte immerhin auf.

Böse Stürze und abgerisssene Zylinder

Gleiches Bild an der Spitze bei der „Norddeutschen" im Herbst 1959: *„Ibscher durchstand wohl die schwerste Fahrt seines Lebens mit einem (Tage vorher) amputierten rechten Zeigefinger. (…) Ist jemand da, der dafür noch einen Ausdruck findet?"* (*„Motorrad"* Heft 18/1959). Beim fünften Lauf in der Pfalz reichte es dann für Ibscher/Hintermaier endlich zum Sieg – auch über die unverwüstliche Zündapp. Einem anderen BMW-Gespann riß es bei einem Schlenker den linken Zylinder ab, und es kam vor, daß sich ein Gespann komplett überschlug. Am Jahresende 1959 standen die Zündapp-Treiber Schach-Roth noch einmal als Meister fest, Ibscher/Hintermaier landeten auf Platz drei.

1961 kam für Ibscher/Hintermaier endlich der Durchbruch; sie verwiesen erstmals die Zündapp-Meute auf die Plätze und wurden auf BMW Deutsche Geländemeister in der Seitenwagenklasse über 350 cm³. Gleiches Resultat 1962: Ibscher/Hintermeier auf BMW vor Schach/Roth auf Zündapp, gefolgt von drei weiteren BMW-Teams (Döll/Schmölz Frankfurt, Arnold/Herzig Heidelberg, Herrmann/Harms Hannover). 1963 fuhr Ibscher mit Willy Bunz und Edgar Rettschlag abermals die Meisterschaft heraus, und nun folgten nur noch

Oben: Kurt Tweesmann auf dem 600er Prototyp (s. folgende Seiten) bei der Zuverlässigkeitsfahrt „Vor den Toren Hannovers" am 10. Oktober1965. Er wurde Klassensieger und Gewinner einer Goldmedaille. Die Maschine besaß den Motor der R 69 S und das Fahrgestell der späteren /5-Baureihe.

Rechts: Kurt Tweesmann auf BMW R 69 S bei der ADAC-Jura-Geländefahrt, dem ersten Lauf zur Deutschen Geländemeisterschaft 1965. Die R 69 S hat die Teleskopgabel der R 25/3.

Ibscher mit Gespann R 69 S viermal Meister

Die Gespanne waren nun den Solofahrern immer mehr im Weg. *„Motorrad"* schrieb in Heft 10/1961 nicht ohne Sarkasmus: *„Die Gespanne führten (…) fast auf der gesamten Strecke zu Behinderungen der Solofahrer, und es ist nicht nur einmal passiert, daß ein Solofahrer ein Gespann wieder flottmachen mußte, nur um selbst überhaupt weiterzukommen – wenn er Pech hatte, war inzwischen das nächste Gespann ran und das Theater begann von vorn."* Mitunter fuhren die agilen 250er schon in der zweiten Runde, während sich die Gespanne noch in der ersten weiterquälten.

BMW-Gespanne. Auch 1964 hatten Ibscher/Rettschlag am Ende die Nase vorn.

Vier Jahre lang hatte Ibscher nun seine Klasse mit wechselnden Schmiermaxen dominiert, dann gab er die Führungsrolle an das Duo Günther Steenbock/Dieter Kistner ab, die z.B. bei der ADAC-Hansa-Geländefahrt 1965 erstmals auf sich aufmerksam machten und mit ihrem 750er (exakt 732 cm³) BMW-Eigenbau-Gespann zum Sieg fuhren. Auch gewannen sie beim Ausklang in Rodheim-Bieber, was wesentlich zum Erringen der Deutschen Meisterschaft 1965 beitrug. Selbst 1968 konnte das Team noch bei Meisterschaftsläufen wie der Ochsenfurter Geländeprüfung (3. Lauf zur DM) siegen.

Newcomer 1966: Horst und Falk Hartmann

„Dann kam die große Zeit der Brüderpaare Hartmann und Noss", schreibt Gespannspezialist Axel Koenigsbeck im Buch *„Faszination BMW Boxer"* aus unserem Verlag Schneider Media. Horst Hartmann tauchte mit Bruder Falk im Seitenwagen des BMW-Gespanns

Rechts: Gute Stimmung bei diesem Hüpfer auf der Schotterpiste; das Foto zeigt das Team Karl Ibscher/Josef Hintermeier mit seinem R 69 S-Gespann bei der Südwestfälischen Zuverlässigkeitsfahrt in Neunkirchen am 6. Mai 1962. Ibscher wurde 1961 bis 1964 Deutscher Geländemeister Gespanne.

Links unten: Ibscher bei einem Lauf zur Deutschen Geländemeisterschaft 1963 mit R 69 S-Vollschwingengespann.

Rechts unten: die Hartmann-Brüder auf R 69 S-Gespann bei der ADAC-Rheinlandfahrt am 10. Mai 1964. Die BMW R 69 S war, sorgsam präpariert, die Standard-Zugmaschine jener Zeit.

Links: Kurt Tweesmann auf der 600er BMW mit dem Motor der BMW R 69 S im Fahrgestell der späteren /5-Baureihe bei der Internationalen Sechstagefahrt im September 1965 auf der Isle of Man. Die Strecke war wegen des regnerischen Wetters und der verschlammten Pisten teilweise kaum befahrbar, da half oft nur Schieben. Die 1965er Six Days-Ausgabe gilt als die schwerste aller jemals ausgetragenen Veranstaltungen.

Maschinen-Foto unten: die 600er Geländesportmaschine für 1965, wie sie auch von Tweesmann gefahren wurde, abgelichtetet 1964. Bis auf den Sitz, die Auspuffanlage und das Cockpit nimmt der Geländeboxer die 1969 vorgestellte R 75/5 vorweg.

erstmals 1965 in den Siegerlisten auf (z.B. bei der „Schweren Schwäbischen"), wurde anschließend viermal Deutscher Meister im Geländesport: 1966 (als Lizenzfahrer), 1968, 1970 und 1974. Und achtmal stand er in der (inoffiziellen) EM an der Spitze.

Bei der Zweitagefahrt Eschwege 1968 z.B. siegten die Hartmann-Brüder vor Steenbock/Kistner – auch wegen der Mißgeschicke der Konkurrenten, wie *„Motorrad"* berichtete: *„Dem Engländer Forsdyke mit seiner Frau im Boot (...) gelang es nicht, seine Triumph zu plazieren; ein Schlammloch wurde ihm zum Verhängis. Er brachte, (...) als er das Ziel bereits kurz vor den Augen hatte, das Gespann mit seinen und den für solche Gewaltarbeit zu geringen Kräften seiner Frau da nicht mehr raus und mußte ausscheiden."* Das favorisierte Team Noss/Noss blieb mit gebrochener Vorderradgabel in einem Graben stecken.

Gebrüder Noss als neue Stars ab 1967

1969 erlebte der Geländesport seine bis dahin schwerste Krise. Das Geschehen wurde von den Werksteams dominiert, die Privatfahrer hatten keine Lust mehr, auf eigene Rechnung gegen die Übermacht von BMW, Zündapp oder Hercules Kopf und Kragen zu riskieren. Zudem waren die Streckenführungen so schwierig geworden, daß bis zu 70 Prozent der Fahrer ausfielen. Siegfried Rauch zitierte in *„Motorrad"* (Heft 10/1969) einen Betroffenen, der anonym bleiben wollte: *„So geht es nicht mehr weiter. Der Geländesport ist in eine katastrophale Sackgasse geraten – er ist praktisch am Ende. Wir Privatfahrer, die Sport und keine Markenwerbung treiben wollen, haben keine Lust mehr, uns und unser Material hier mit einem untragbaren Risiko völlig sinnlos verheizen zu lassen."*

Doch die Show mußte natürlich weitergehen, und das tat sie im Bereich der Gespanne trotz aller Bedenken weiterhin überwiegend auf dem Rücken der Privaten. Als besonders durchsetzungsstark erwiesen sich die Brüder Edgar und Reinhold Noss; sie wurden auf BMW-Boxer-Gespannen 1966 (als „Beste Gelände-Ausweisfahrer"), 1967, 1969, 1971, 1972 und 1976 sechsmal Deutsche Geländemeister.

Six Days 1960-1969: harte Konkurrenz für BMW

Bei den Six Days geriet BMW mit der Zeit ins Hintertreffen, schöne Einzelerfolge jedoch durch Sebastian Nachtmann und Herbert Schek hellten das Bild auf. Der folgende Abriß nennt einige Eckpunkte und zeigt, wie die Fabrikmannschaften von Hercules, MZ und Zündapp immer weiter in den Vordergrund traten.

1960: Bad Aussee/Österreich; Österreich Gewinn World Trophy, Italien Gewinn Silbervase, BRD 3. Platz Silbervase; Clubmannschaften 1. bis 10. Platz, außer 2. CSSR, 8. Polen. Nachtmann Klassensieger (bis 750 cm³) auf BMW Boxer; beste Fabrikmannschaft: Capriolo/Italien.
1961: Llandrindod Wells/Wales; BRD 1. Platz World Trophy (zum 3. Mal insgesamt); CSSR zum 9. Mal Gewinn Silbervase; BRD-Clubs 1. und 3. Platz; beste Fabrikmannschaft: Moto Guzzi.
1962: Garmisch-Partenkirchen und Werdenfelser Land; CSSR zum 7. Mal Gewinn World Trophy, Italien Gewinn Silbervase, BRD zum 1. Mal Gewinn der Silbervase; beste Fabrikmannschaft: Zündapp.
1963: Špindlerův Mlýn (Spindlermühle) und Riesengebirge; DDR zum 1. Mal Gewinn World Trophy, Italien Gewinn Silbervase; Nachtmann Klassensieger (bis 750 cm³) auf BMW Boxer; beste Fabrikmannschaft: MZ.
1964: Erfurt sowie Thüringer Wald; DDR zum 2. Mal Gewinn World Trophy, DDR zum 1. Mal Gewinn Silbervase; beste Fabrikmannschaft: MZ. Für die USA nahm Steve McQueen an dem Rennen teil.
1965: Isle of Man; DDR zum 3. Mal Gewinn World Trophy, BRD 2. Platz; DDR zum 2. Mal Gewinn der Silbervase; *„schwerste Six Days aller Zeiten wegen des schlechten Wetters und verschlammter Strecke".* Beste Fabrikmannschaft: Hercules.
1966: Villingsberg/ Schweden; DDR zum 4. Mal in Folge Trophy-Sieger, BRD zum 2. Mal Gewinn der Silbervase, Goldmedaille für Schek auf BMW; beste Fabrikmannschaft: Hercules.
1967: Zakopane/Polen, West-Tatra, Hohe Tatra; DDR zum 5. Mal Gewinn World Trophy, CSSR zum 10. Mal Gewinn Silbervase; BRD 3. Platz Silbervase; beste Fabrikmannschaft: Zündapp.
1968: Italien San Pellegrino Terme, Bergamasker Alpen; BRD zum 4. Mal Trophy-Sieger, beste Clubmannschaft ADAC Nürnberg; Italien Gewinn Silbervase zum 3. Mal; beste Fabrikmannschaft: Simson.
1969: Garmisch-Partenkirchen, Werdenfelser Land; DDR zum 6. Mal Trophy-Sieger, BRD zum 3. Mal Gewinner der Silbervase; beste Fabrikmannschaft MZ; Herbert Schek Klassenbester bis 750 cm³ auf BMW Boxer.

Rechts und großes Fotos unten: der 1963 vorgestellte und 1964 eingesetzte Geländeboxer. Der R 69 S-Motor saß hier erstmals in einem vollkommen neu entwickelten und erheblich leichteren Fahrgestell mit angeschraubtem Heckteil und Teleskop-Vorderradgabel mit speziellen Radnaben.Der breite und nach hinten gesetzte Lenker erleichterte die Kontrolle über die fast vier Zentner schwere Maschine im Gelände. Tachometer (rechts) und Drehzahlmesser (links) waren als separate Rundinstrumente installiert. Man beachte den am Zylinderschutzbügel montierten Rückspiegel. Der Schalldämpfer war mit einem schwarz beschichteten Blech verkleidet.

Kleines Foto unten und vorige Seite unten: Die Gelände-600er für 1965, hier ein Bild von 1964, wies nur geringe Unterschiede zum Vorjahresmodell auf. Am augenfälligsten war die neue, perforierte Schalldämpferverkleidung aus Edelstahl, die einerseits als Hitzeschutz für den Fahrer diente, andererseits die Hitze der Anlage besser abführte. Der R 69 S-Boxer leistete circa 44 PS.

1960-1969: R 69 S Spezial

Boxeraufstand

Rennen und Rekorde

Nachdem ab Ende der 1950er Jahre mit der RS international nicht mehr viel zu gewinnen war, taten sich mit den neuen, leistungsstarken Sportmodellen R 50 S und R 69 S neue Betätigungsfelder auf: Langstreckensport und Rekordfahrten. In Milbertshofen entstanden 1960 mehrere Prototypen, die unterschiedlich stark getunt waren. Spezielle Sitzbänke mit integriertem Rücklicht, Ansaugtrichter, offene Auspuffanlagen, Drehzahlmesser, Rennlenker mit Magura-Hebeln sowie Montage unterschiedlicher Verkleidungen nach Kundenwunsch gehörten zur rennsportlichen Spezialausrüstung. Zahlreiche Privatfahrer kauften enstprechende Maschinen.

R 69 S bei Langstreckenrennen ganz vorn

Auf den Rennstrecken sorgten die präparierten Boxer der /2-Serie schnell für Aufsehen. So gewannen englische Fahrerteams zweimal das 500-Meilen-Serienmaschinenrennen von Thruxton und die 24 Stunden von Montjuich in Spanien. 1960 gewann eine fran-

Oben: Zu Beginn der Saison 1961 wurden auf der Rennstrecke von Montlhéry mit einer aufwendig präparierten R 69 S vier neue Dauerweltrekorde in den Klassen 750 und 1000 cm³ erzielt. Ins Auge fällt die größere Ölwanne.
Mitte links: Das Rekordteam des englischen BMW-Motorrad-Importeurs M.L.G./London mit den Fahrern John Holder/Sid Mizen (2. u. 3. v.l.), Charles A. Lock/Vincent J. Marler (4. u. 6. v.l.), dem M.L.G.-Chef, George Callin/Elis Boyce (8. u. 9. v.l.).
Darunter: Das teildemontierte Triebwerk der Maschine zeigte sich bei der Kontrolle nach dem 24-Stunden-Rekord öldicht und sauber.
Unten rechts: Die 1961 von den Engländern für den Weltrekord optimierte BMW R 69 S. Besondere Kennzeichen: schmale Vollverkleidung, spezielle Bremstrommeln, Rennsport-Vorderradschwinge mit Spezial-Federbeinen, offene Auspuffanlage, getunter Motor mit Ansaugtrichtern, Rennlenker, Spezial-Tankstutzen, kurzer Höckersitz, dickes Polster auf dem Tank zum Drauflegen.

Oben links: Eine R 69 S wurde 1960 im Werk für Langstreckenrennen vorbereitet und vom englischen Importeur M.L.G. eingesetzt, dessen Fahrer 1959 bereits die 500 Meilen in Thruxton und das 24-Stunden-Rennen in Barcelona gewonnen hatten. Anders als die Weltrekordmaschine von Montlhéry auf der vorigen Seite blieb dieses Motorrad mit Standard-Vollschwingenfahrwerk und Normaltank weitgehend serienmäßig. Speziell sind Halbverkleidung, belüftete Bremstrommeln, Tankpolster, Ansaugtrichter, Sportauspuffanlage und größere Ölwanne des getunten Motors.

zösische Mannschaft das legendäre 24-Stunden-Rennen Bol d'Or, das damals noch in Montlhéry (später in Le Mans) ausgetragen wurde. 1961 siegten die Engländer auf BMW bei den 1000 km von Silverstone. Stefan Knittel: *„Bei all diesen mythischen Rennen waren stets BMW-Motorräder im Einsatz, und Anfang der 1970er Jahre traten auch wieder werksunterstützte Teams auf, die jedoch gegen die wesentlich stärkeren japanischen Vierzylinder nur in der Zuverlässigkeit zu konkurrieren vermochten."*

Dauerweltrekorde mit der R 69 S

Einen viel beachteten Sonderweg ging zum Beispiel die Londoner BMW-Motorradvertretung M.L.G., die eine R 69 S für Weltrekordfahrten präparierte. Das aus sechs Fahrern bestehende Team stellte im Frühjahr 1961 auf dem Rundkurs von Montlhéry vier Dauerweltrekorde in den Klassen 750 und 1000 cm^3 auf, darunter einen 24-Stunden-Weltrekord. Die BMW war mit allen Mitteln der Kunst getunt worden und rollte auf dem innovativen Vollschwingen-Fahrwerk, das aber über andere Stoßdämpfer und Bremsen verfügte. Weitere Kennzeichen: schmale Vollverkleidung, spezielle Bremstrommeln, offene Auspuffanlage, getunter Motor mit Ansaugtrichtern und größerer Ölwanne, Rennlenker, Spezial-Tankstutzen, kurzer Höckersitz, dickes Polster auf dem Tank.

Unten: Josef Achatz baute 1961 im Werk für Serienmaschinen-Rennen in Deutschland diese R 69 S mit kurzer Sitzbank, kleinem Rücklicht, gekürztem Schutzblech, Georg Meier-Tank, Ansaugtrichtern, Magura-Rennhebeln und offenen Auspufftüten auf. Ähnlich präparierte Motorräder wurden bei Langstreckenrennen eingesetzt.

Max Deubel/Emil Hörner wurden von 1961 bis 1964 viermal hintereinander Gespann-Weltmeister und bis 1965 fünfmal Deutscher Meister. 1966 (Foto) bestritt das Team im Werkseinsatz seine letzte Saison und wurde dabei Vize-Weltmeister hinter Fritz Scheidegger/John Robinson.

Kapitel 18
1960-1969: Immer wieder Weltmeister

Gespannboxer im Tiefflug

Die Siegesserie von BMW in der Gespann-Weltmeisterschaft, die 1954 begonnen hatte, riß bis 1974 nicht ab, nur zweimal unterbrochen durch ein Team auf URS. Auch in der DM dominierten die schnellen Dreiräder mit dem von Jahr zu Jahr aufwendiger präparierten RS 54-Boxermotor. Unvergessen sind die erfolgreichen Matadore der Gespannschlachten: Helmut Fath/Alfred Wohlgemuth, die vierfachen Weltmeister Max Deubel/Emil Hörner sowie Fritz Scheidegger/John Robinson und Klaus Enders/Ralf Engelhardt, die noch in den 1970ern dominierten. Bei den Solomaschinen hatten die Boxer in der WM am Ende gegenüber den 500er Werks-MV Agusta das Nachsehen. Privatfahrer fuhren Einzylinder von Norton und Matchless.

Für die Renngespanne waren ab Mitte der 1950er Jahre spezielle, niedrig bauende Rohrrahmenkonstruktionen entwickelt worden. Basistriebwerk war meist der RS 54-Boxer mit Königswellensteuerung. Dieser Motor wurde immer weiter verfeinert und war die Basis für die großen Erfolge in Serie. Das Foto zeigt eine Vergaserversion; es entstand Ende der 1960er Jahre.

31

1960-1969:
Siege in Serie

BMW-Gespanne unschlagbar

In der Straßenweltmeisterschaft fiel der Solo-Boxer Ende der 1950er Jahre immer weiter zurück, weil die Weiterentwicklung durch das Werk stagnierte. Anders in der Deutschen Meisterschaft: Hier mischten die privaten Boxer auf Basis der RS noch viele Jahre lang erfolgreich mit. 1961 wurde Hans-Günter Jäger Deutscher Meister auf der vom dreimaligen Deutschen Meister Ernst Hiller erworbenen Werks-253.

Im seinerzeit weiterhin beliebten Gespann-Rennsport gaben Dreiräder mit präparierten BMW-RS-Motoren bis 1974 den Ton an, eilten bei der Deutschen Meisterschaft wie bei der Weltmeisterschaft von einem Sieg zum anderen. Zwischen 1954 und 1974 konnten sich BMW-Teams 19mal die WM sichern, nur zweimal unterbrochen durch Mannschaften auf der Vierzylinder-URS von Helmut Fath.

Beim Rheinpokalrennen in Hockenheim am 29. Mai 1960 überraschte der Japaner Fumio Itoh bei seinem einzigen Rennen auf der verkleideten Werks-253 mit der schnellsten Runde.

Oben: Ein letztes Mal ging die Werks-253 am 24. Juli 1960 auf der Solitude bei einem WM-Lauf an den Start. Fahrer war Hans-Günter Jäger aus Trier. Er hatte die Maschine von Ernst Hiller, dem dreifachen Deutschen Meister von 1957 bis 1959, erworben. Dieser hatte sie im März 1960 von der Rennabteilung kaufen können, war am 18. April in Cesenatico damit gefahren und danach in Imola verunglückt. Anschließend hatte er sie weitergegeben. Unten: Helmut Fath/Alfred Wohlgemuth beim Rheinpokal-Rennen am 29. Mai 1960 in Hockenheim; sie siegten mit einem Werksmotor und beendeten die Saison 1960 als Deutsche Meister und Weltmeister.

Technisch hatte sich einiges geändert, Motorrad und Beiwagen waren 1960 fest miteinander verschweißt. Zwar basierten die Gespanne zunächst noch auf Rohrrahmen-Konstruktionen, doch die Bauhöhe war stark abgesenkt worden. Weit über das Vorderrad hinausragende, aerodynamisch ausgelegte Vollverkleidungen ließen die Gespanne bald wie Geschosse aussehen. Auch der Beiwagen trug vorn und über dem Rad Verkleidungen, die den Passagier aber bei seiner Artistik nicht beeinträchtigten.

Ab Mitte der 1960er Jahre setzten sich die sogenannten „Kneeler" durch, bei denen der Pilot nicht mehr auf einem tiefen Sitz kauerte, sondern in Knieschalen kniete. Auch stiegen die Teams immer häufiger auf die von Dieter Busch kunstfertig aus Profilblechen geschweißten Spezialfahrgestelle um, die leichter und verwindungsfester als die Rohrrahmen-Konstruktionen waren. Zu den Ersten, die knieten statt zu sitzen gehörte 1961 Fritz Scheidegger.

Die erste Weltmeisterschaft der 1960er-Ära gewann 1960 auf BMW das Team Helmut Fath/Alfred Wohlgemuth, unterwegs noch auf flachem Rohrrahmen-Chassis mit Benzintank auf dem Beiwagenboden. 1961 siegten sie zunächst in Barcelona, doch ein Unfall beendet fürs Erste ihre Karriere. Auch die Schweizer Mannschaft Florian Camathias/Hilmar Cecco schied 1961 in Modena durch Unfall aus. So war die Bahn frei für Max Deubel und Emil Hörner, die

Deutsche Straßenmeisterschaft

Jahr	Klasse	Gewinner auf BMW
Solo-Motorräder Bundesrep. Deutschland		
1961	500 cm³	Hans-Günter Jäger
Gespanne Bundesrepublik Deutschland		
1960	500 cm³	Helmut Fath/Alfred Wohlgemuth
1961	500 cm³	Max Deubel/Emil Hörner
1962	500 cm³	Max Deubel/Emil Hörner
1963	500 cm³	Max Deubel/Emil Hörner
1964	500 cm³	Max Deubel/Emil Hörner
1965	500 cm³	Max Deubel/Emil Hörner
1966	500 cm³	Georg Auerbacher/ Wolfgang Kalauch
1967	500 cm³	Siegfried Schauzu/ Horst Schneider
1969	500 cm³	Siegfried Schauzu/ Horst Schneider

Weltmeisterschaft Gespanne

Jahr	Gewinner auf BMW (außer 1968)
1960	Helmut Fath/Alfred Wohlgemuth
1961	Max Deubel/Emil Hörner
1962	Max Deubel/Emil Hörner
1963	Max Deubel/Emil Hörner
1964	Max Deubel/Emil Hörner
1965	Fritz Scheidegger/John Robinson
1966	Fritz Scheidegger/John Robinson
1967	Klaus Enders/Ralf Engelhardt
1968	Helmut Fath/ Wolfgang Kalauch (URS)
1969	Klaus Enders/Ralf Engelhardt

Oben: Max Deubel/Emil Hörner 1962. Sie wurden u.a. mit Werks-Kurzhubmotoren Seriensieger und holten vier Weltmeisterschaften in Folge. Unten: Max Deubel/Emil Hörner 1962 am Start mit ihrem konventionellen Rohrrahmen-Gespann. 1963 gab es neue Werksmotoren mit geänderten Zylinderköpfen und Vergasern mit 36 statt 33 mm Durchlaß. Gustl Lachermair von der Rennabteilung war im Werksauftrag bei allen Einsätzen vor Ort mit dabei.

zwischen 1961 und 1964 mit Werksunterstützung viermal hintereinander die Gespann-Weltmeisterschaft gewannen, 1965 und 1966 Vizemeister wurden, fünfmal als Deutsche Meister brillierten und 1961, 1964, 1965 dreimal bei der TT auf der Isle of Man siegten, mit Durchschnittsgeschwindigkeiten über 140 km/h. Mit ihrem Max-Moritz-Dreirad wurden sie zur Legende.

Deubel/Hörners Siegesserie beendeten 1965 die Schweizer Fritz Scheidegger/John Robinson: Sie wurden in diesem Jahr und 1966 Weltmeister, wobei sie ihren Titel mit fünf Siegen bei fünf WM-Läufen verteidigen konnten. In der Deutschen Meisterschaft hatten Georg Auerbacher/Wolfgang Kalauch 1966 die Nase am Ende vorn. 1967 und 1969 waren Siegfried Schauzu/Horst Schneider die neuen BMW-Sterne am DM-Himmel, die auch in den 1970ern noch von sich reden machen würden. 1968 hatten sich Fath/Kalauch auf der von Fath konzipierten URS sowohl bei der DM, als auch bei der WM dazwischengeschoben.

In der Weltmeisterschaft fand 1967 eine Wende hinsichtlich der handelnden Personen statt. Erfolgreichste Vertreter der neuen deutschen Privatfahrer-Generation waren Klaus Enders und Ralf Engelhardt, die 1967 und 1969, dann im

Links oben und unten: Die Fotos zeigen die Entwicklung der Gespannkonstruktionen in den 1960ern. Oben der klassische Rohrrahmen-Aufbau mit spartanischer Sitzmöglichkeit wie beim Weltmeistergespann von Fath/Wohlgemuth 1960. Der Boxer ist ein 253er Kurzhuber mit Benzineinspritzung. Unten der Profilrahmen von Dieter Busch mit Querverbindung 1967. Rechts: Hartmut Allner, Mitarbeiter der BMW-Automobil-Rennabteilung, baute 1967 eine private Rennmaschine mit Kurzhub-Motor, Werks-Rahmen und spezieller Telegabel auf.

Oben rechts: Fritz Scheidegger/John Ronbinson 1965 unterwegs mit dem Kneeler-Fahrwerk von Dieter Busch. Das Team wurde Weltmeister, wie auch in der Folgesaison 1966.

neuen Jahrzehnt gleich noch viermal Weltmeister wurden: 1970, 1972, 1973, 1974. Mit insgesamt sechs WM-Titeln ging das Team als die erfolgreichste Gespann-Mannschaft in die BMW-Rennsportgeschichte ein. Hinter den jeweiligen Champions bei den Rennen waren stets zahlreiche weitere BMW-Gespanne unterwegs und trugen so dazu bei, daß BMW bis in die 1970er Jahre in unablässiger Folge die Marken-WM gewann. Der Sound des Boxers klingt heute noch allen, die an der Strecke dabei waren, in den Ohren.

Oben: Mit Busch-Fahrwerk und RS-Motor wurden Klaus Enders/Ralf Engelhardt 1967 und 1969 Weltmeister. Ihr Fahrzeug war ein extrem flacher Kneeler.
Unten: Die unermüdliche Detailarbeit an Chassis und Motoren durch Busch und Enders war die Grundlage für die großen Erfolge. Nach dem ersten Titelgewinn 1967 unterlagen Enders/Engelhart 1968 Helmut Fath und dessen Vierzylinder-URS. Doch 1969 lagen Enders und sein Passagier wieder vorn, im Bild bei ihrem TT-Sieg.

MODELL								
Verkaufsbezeichnung	R 51/2	R 51/3	R 67	R 67/2	R 67/3*[6]	R 68*[8]	R 50	R 50/2
gebaut von-bis	1950-1951	1951-1954	1951	1952-1954	1955-1956	1952-1954	1955-1960	1960-1969
Produzierte Einheiten	5000	18 420	1470	4234	700	1452	13 510	19 036
Fahrgestell-Baumuster	251/2	251/3 ab1953: 251/4 ab1954: 251/5	251/3	251/4 ab1954: 251/5	251/5	251/4 ab1954: 251/5	245/1	245/2
MOTOR								
Baumuster	254/3	252/1	267/1	267/2	267/2	268/1	252/2	252/3
Bauart	Zweizylinder-Viertakt-Boxermotor, quer eingebaut, fahrtwindgekühlt, Kurbelgehäuse in Tunnelbauweise							
Hubraum cm³	494	494	594	594	594	594	494	494
Bohrung x Hub mm	68 x 68	68 x 68	72 x 73	72 x 73	72 x 73	72 x 73	68 x 68	68 x 68
Leistung PS/min⁻¹	24/5800	24/5800	26/5500	28/5600	28/5600	35/7000	26/5800	26/5800
Verdichtungsverhältnis	6,4 : 1	6,3 : 1	5,6 : 1	6,5 : 1	6,5 : 1	8,0 : 1	6,8 : 1	7,5 : 1
Ventilsteuerung, Ventile/Zyl.	ohv/2 hängend Haarnadelfedern	ohv/2 Federn, Kipphebel	ohv/2 Federn, Kipphebel	ohv/2 Federn, Kipphebel	ohv/2 Federn,Kipphebel	ohv/2 Federn,Kipphebel	ohv/2 Federn,Kipphebel	ohv/2 Federn,Kipphebel
Nockenwelle, Zahl/Antrieb	1/Steuerkette	1/Stirnräder	1/Stirnräder	1/Stirnräder	1/Stirnräder	1/Stirnräder	1/Stirnräder	1/Stirnräder
Lage Nockenwelle(n)	über Kurbelwelle							
Vergaser/Durchlaß mm	2 Bing Schieber 1/22/39-1/40	2 Bing Schieber 1/22/41-1/42	2 Bing Schieber 1/24/15-/16	2 Bing Schieber 1/24/15-/16	2 Bing Schieber 1/24/25-/16	2 Bing Schieber 1/26/9-/10	2 Bing Schieber 1/24/45-/46	2 Bing Schieber 1/24/45-/46
Schmierung	Druckumlauf, Zahnradpumpe							
Zündung	Batteriezündung	Magnetzündung	Magnetzündung	Magnetzündung	Magnetzündung	Magnetzündung	Magnetzündung	Magnetzündung
Lichtmaschine	Bosch 6 V/75 W	Noris 6V, L 45/60 L	Noris 6V, L 45/60 L	Noris 6V, L 45/60 L	Noris 6V, L 45/60 L	Noris 6V, L 45/60 L	Noris L 60/6/1500 L	Bosch LJ/CGE 60/6/1700 R
Zündkerzen	Bosch W 240 T 1	Bosch W 240 T 1	Bosch W 240 T 1	Bosch W 240 T 1	Bosch W 240 T 1	Bosch W 240 T 1	Bosch W 240 T 1	Bosch W 240 T 1, Beru 240/14
Starter/Batterie	Kickstarter/6 Volt	Kickstarter/6 Volt	Kickstarter/6 Volt	Kickstarter/6 Volt	Kickstarter/6 Volt	Kickstarter/6 Volt	Kickstarter/6 Volt	Kickstarter/6 Volt
KRAFTÜBERTRAGUNG								
Kupplung	Einscheiben-Trockenkupplung							
Getriebe/Schaltung	4-Gang/Fußschaltung + Hilfsschalthebel am Getriebeblock						4-Gang/Fußschaltung	
Getriebeübersetzungen : 1	3,6-2,28-1,7-1,3	4,0-2,28-1,7-1,3*[1]	3,6-2,28-1,7-1,3	4,0-2,28-1,7-1,3	4,0-2,28-1,7-1,3	4,0-2,28-1,7-1,3	5,33-3,02-2,04-1,54	4,17-2,73-1,94-1,54
Hinterradantrieb	Hardyscheibe, frei laufende Kardanwelle, 1 Kreuzgelenk hinten						gekapselte Kardanwelle, 1 Kreuzgelenk vorn	
Übersetzung solo	1 : 3,89	1 : 3,89	1 : 3,56	1 : 3,56	1 : 3,56	1 : 3,89	1 : 3,18	1 : 31,8
Übersetz. m. Beiwagen	1 : 4,57	1 : 4,57	1 : 4,38	1 : 4,38	1 : 4,38	1 : 4,75	1 : 4,25 oder 1 : 4,33	
Zähne Kegel-/Tellerrad solo	9/35	9/35	9/32	9/32	9/32	9/35	11/35	11/35
mit Beiwagen	7/32	7/32	8/35	8/35	8/35	7/32	8/34 oder 6/26	8/34 oder 6/26
RAHMEN, FAHRWERK, BREMSEN								
Rahmenbauart	Doppelschleifen-Ovalrohrrahmen, geschlossen, elektrisch schutzgasgeschweißt							
Vorderradführung	Teleskopfedergabel mit hydraulischer Dämpfung, Metallhülsen-Verkleidung; alle Modelle ab1953 Gummi-Faltenbälge*[4]						Langarmschwinge mit ölgedämpften Federbeinen	
Hinterradführung/Federung	Teleskopfederung, gekapselt, Steckachse						Langarmschwinge mit ölgedämpften Federbeinen	
Rad vorn Zoll	3,0 x 19, Tiefbett	3,0 x 19, Tiefbett	3,0 x 19, Tiefbett	3,0 x 19, Tiefbett	3,0 x 19, Tiefbett	3,0 x 19, Tiefbett	3,0 x 18, Tiefbett	3,0 x 18, Tiefbett
Rad hinten Zoll	3,0 x 19, Tiefbett	3,0 x 19, Tiefbett	3,0 x 19, Tiefbett	3,0 x 19, Tiefbett	3,0 x 19, Tiefbett	3,0 x 19, Tiefbett	3,0 x 18, Tiefbett*[11]	3,0 x 18, Tiefbett*[11]
Reifen vorn Zoll	3,5 x 19	3,5 x 19	3,5 x 19	3,5 x 19	3,5 x 19/4,0 x 18*[7]	3,5 x 19	3,5 x 18	3,5 x 18
Reifen hinten Zoll	3,5 x 19	3,5 x 19	3,5 x 19	3,5 x 19	3,5 x 19/4,0 x 18*[7]	3,5 x 19	3,5 x 18*[12]	3,5 x 18*[12]
Bremse vorn, Bauart	Halbnabe	Halbnabe*[2]	Halbnabe	Duplex*[5]	Vollnabe Duplex	Duplex*[9]	Vollnabe Duplex	Vollnabe Duplex
Bremse hinten, Bauart	Halbnabe	Halbnabe*[2]	Halbnabe	Simplex*[5]	Vollnabe Simplex	Simplex*[9]	Vollnabe Simplex	Vollnabe Simplex
Bremsen, Betätigung	vorn von Hand seilzugbetätigt, hinten rechts mit Fußgestänge betätigt							
Bremse vorn/hinten Ø mm	Trommel/200	Trommel/200	Trommel/200	Trommel/200	Trommel/200	Trommel/200	Trommel/200	Trommel/200
MASSE, GEWICHTE, TANK								
Länge mm	2130	2130	2130	2150	2130	2130	2125	2125
Breite mm	815	790	790	790	790	725	660	660
Höhe mm	720 (Sattel)	985	985	985	985	985	980	980
Radstand mm	1400	1400	1400	1400	1400	1400	1415*[13]	1415*[13]
Leergewicht kg	185	190	192	192	192	190	195	202
Leergewicht m. Beiwag. kg	k.A.	320	320	320	320	320	320	320
Zuladung solo/m. Beiw. kg	215/k.A.	165/280	163/280	163/280	163/280	165/280	165/280	158/280
Tankinhalt Liter	14	17	17	17	17	17	17	17
Benzinverbrauch 100 km	4,0 l	4,5 l	4,6 l	4,6 l	4,6 l	4,6 l	4,1 l	5,1 l
Ölverbr. 1000 km ca.	1,0 l	0,7 l	0,7 l	0,7 l	0,7 l	0,7 l	0,5-1,0 l	0,5-1,0 l
Fahr-/Auspuffgeräusch	84/94 phon*[3]	k.A.	k.A.	k.A.	85/87 phon	85/96 phon*[10]	81/82 phon*[14]	k.A.
FAHRLEISTUNGEN, PREIS								
Höchstgeschwindigk. km/h	135	135	140	145	145 (solo)	160	140	140
Preis	2750 DM	2750 DM	2875 DM	3235 DM	3235 DM (solo)	3950 DM	3050 DM	3130 DM

MODIFIKATIONEN, BESONDERHEITEN

R 51/3: *[1] bis Ende 1951: 3,6-2,28-1,7-1,3; *[2] Bremse vorn ab 1952 Duplex, ab 1954: Vollnabe Duplex; Bremse hinten ab 1954 Vollnabe Duplex; *[3] ab 7.7.1953: 81/85 phon;
R 67/2: *[4] ab1953 bei allen Modellen Gummi-Faltenbälge statt Metallhülsen an der Telegabel, ab 1954 statt Fischschwanz-Auspufftöpfe schlichtere Zigarrenform; *[5] Bremse vorne Duplex, ab 1954 Vollnabe Duplex; Bremse hinten Simplex, ab 1954 Vollnabe Duplex; **R 67/3:** *[6] ab Werk fast nur noch als Gespann angeboten, technische Datenn aber auch für die Solomaschine publiziert;
R 67/3: *[7] Reifen vorn/hinten 4,0 x 18 bei Seitenwagen ab Werk; **R 68:** *[8] auf Wunsch hochgelegte Auspuffanlage und Sitzkissen hinten; schmales Vorderradschutzblech serienmäßig; *[9] Bremse vorne Duplex, ab 1954 Vollnabe Duplex; Bremse hinten Simplex, ab 1954 Vollnabe Duplex; *[10] ab 7.7.1953: 80/87 phon;
R 50: *[11] bei Seitenwagenbetrieb hinten 2,75C x 18; *[12] bei Seitenwagenbetrieb hinten 4,00 x 18; *[13] mit Seitenwagen 1450 mm; *[14] ab Dezember 1955: 82/76 phon.

MODELL								
Verkaufsbezeichnung	R 50 US	R 50 S	R 60	R 60/2	R 60 US	R 69	R 69 US	R 69 S
gebaut von-bis	1967-1969	1960-1962	1956-1960	1960-1969	1967-1969	1955-1960	1967-1969	1960-1969
Produzierte Einheiten	in R 50/2 enthalten	1634	3530	17 309	in R 60/2 enthalten	2956	in R 69 S enthalten	11 317
Fahrgestell-Baumuster	245/2	245/2	245/1	245/2	245/2	245/1	245/2	245/2
MOTOR								
Baumuster	252/3	252/3	267/4	267/5	267/5	268/2	268/3	268/3
Bauart	Zweizylinder-Viertakt-Boxermotor, quer eingebaut, fahrtwindgekühlt, Kurbelgehäuse in Tunnelbauweise							
Hubraum cm^3	494	494	594	594	594	594	594	594
Bohrung x Hub mm	68 x 68	68 x 68	72 x 73	72 x 73	72 x 73	72 x 73	72 x 73	72 x 73
Leistung PS/min^{-1}	26/5800	35/7650	28/5600	30/5800	30/5800	35/6800	42/7000	42/7000
Verdichtungsverhältnis	7,5 : 1	9,5 : 1	6,5 : 1	7,5 : 1	7,5 : 1	7,5 : 1	9,5 : 1	9,5 : 1
Ventilsteuerung, Ventile/Zyl.	ohv/2 hängend Federn, Kipphebel	ohv/2 Federn, Kipphebel	ohv/2 Federn, Kipphebel	ohv/2 Federn/Kipphebel	ohv/2 Federn/Kipphebel	ohv/2 Federn/Kipphebel	ohv/2 Federn/Kipphebel	ohv/2 Federn/Kipphebel
Nockenwelle, Zahl/Antrieb	1/Stirnräder	1/Stirnräder	1/Stirnräder	1/Stirnräder	1/Stirnräder	1/Stirnräder	1/Stirnräder	1/Stirnräder
Lage Nockenwelle	oberhalb der Kurbelwelle							
Vergaser/Durchlaß mm	2 Bing Schieber 1/24/149-/150	2 Bing Schieber 1/26/71-/72	2 Bing Schieber 1/24/95-/96	2 Bing Schieber 1/24/125-/126	2 Bing Schieber 1/24/151-/152	2 Bing Schieber 1/26/9-/10	2 Bing Schieber 1/26/91-/92	2 Bing Schieber 1/26/75-/76
Schmierung	Druckumlauf, Zahnradpumpe							
Zündung	Magnetzündung	Magnetzündung	Magnetzündung	Magnetzündung	Magnetzündung	Magnetzündung	Magnetzündung	Magnetzündung
Lichtmaschine	Bosch LJ/CGE 60/6/1700 R	Bosch LJ/CGE 60/6/1700 R	Noris L 60/6/1500 L	Bosch LJ/CGE 60/6/1700 R	Bosch LJ/CGE 60/6/1700 R	Noris L 60/6/1500 L	Bosch U/CGE 60/6/1700 R	Bosch U/CGE 60/6/1700 R
Zündkerzen*[7]	Bosch W 240 T 1	Bosch W 260 T 1	Bosch W 240 T 1	Bosch W 240 T 1	Bosch W 240 T 1	Bosch W 240 T 1	Bosch W 260 T 1	Bosch W 260 T 1
Starter, Batterie	Kickstarter/6 Volt	Kickstarter/6 Volt	Kickstarter/6 Volt	Kickstarter/6 Volt	Kickstarter/6 Volt	Kickstarter/6 Volt	Kickstarter/6 Volt	Kickstarter/6 Volt
KRAFTÜBERTRAGUNG								
Kupplung	Einscheiben-Trockenkupplung							
Getriebe/Schaltung	4-Gang/Fußschaltung							
Getriebeübersetzungen : 1	4,17-2,73-1,94-1,54		5,33-3,02-2,04-1,54	4,17-2,73-1,94-1,54*[3]		5,33-3,02-2,04-1,54	4,17-2,73-1,94-1,54	
Hinterradantrieb	gekapselte Kardanwelle, 1 Kreuzgelenk vorn							
Übersetzung solo	1 : 3,375	1 : 3,58	1 : 2,91	1 : 3,13	1 : 3,75	1 : 3,18	1 : 3,375	1 : 3,13 od. :3,375
Übersetz. m. Beiwagen	- - -	1 : 4,33	1 : 3,86	1 : 3,86	- - -	1 : 4,25 od. : 4,33	- - -	1 : 4,33
Zähne Kegel-/Tellerrad								
solo	8/27	7/25	11/32	8/27 oder 8/25	8/27	11/35	8/25	8/27 oder 8/25
mit Beiwagen	- - -	6/26	7/27	7/27	- - -	8/34 oder 6/26	- - -	6/26
RAHMEN, FAHRWERK, BREMSEN								
Rahmenbauart	Doppelschleifen-Ovalrohrrahmen, geschlossen, elektrisch schutzgasgeschweißt							
Vorderradführung	Teleskopfedergabel hydr. Dämpfung*[4]	Langarmschwinge mit ölgedämpften Federbeinen			Teleskopfedergabel hydr. Dämpfung*[4]	Langarmschwinge	Teleskopfedergabel hydr. Dämpfung*[4]	Langarmschwinge
Hinterradführung/Federung	Langarmschwinge mit ölgedämpften Federbeinen							
Rad vorn Zoll	2.15B x 18, Tiefbett	2,15B x 18, Tiefbett	3,0 x 18, Tiefbett	2,15B x 18, Tiefbett	2,15B x 18, Tiefbett	3,0 x 18, Tiefbett	2,15B x 18, Tiefbett	2,15B x 18, Tiefbett
Rad hinten Zoll	2.15B x 18, Tiefbett	2,15B x 18, Tiefb.*[1]	3,0 x 18, Tiefb.*[1]	2,15B x 18 Tiefb.*[1]	2,15B x 18, Tiefbett	3,0 x 18, Tiefb.*[1]	2,15Bx 18, Tiefbett	2,15B x 18, Tiefb.*[1]
Reifen vorn Zoll	3,5 x 18	3,5 x 18 S	3,5 x 18	3,5 x 18	3,5 x 18	3,5 x 18	3,5 x 18 S	3,5 x 18 S
Reifen hinten Zoll	3,5 x 18	3,5 x 18 S*[1]	3,5 x 18*[1]	3,5 x 18*[1]	4,0 x 18	3,5 x 18*[1]	4,0 x 18 S	4,0 x 18 S
Bremse vorn, Bauart	Vollnabe Duplex	Vollnabe Duplex	Vollnabe Duplex	Vollnabe Duplex	Vollnabe Duplex	Vollnabe Duplex	Vollnabe Duplex	Vollnabe Duplex
Bremse hinten, Bauart	Vollnabe Simplex	Vollnabe Simplex	Vollnabe Simplex	Vollnabe Simplex	Vollnabe Simplex	Vollnabe Simplex	Vollnabe Simplex	Vollnabe Simplex
Bremsen, Betätigung	vorn von Hand seilzugbetätigt, hinten rechts mit Fußgestänge betätigt							
Bremse vorn/hinten Ø mm	Trommel/200	Trommel/200	Trommel/200	Trommel/200	Trommel/200	Trommel/200	Trommel/200	Trommel/200
MASSE, GEWICHTE, TANK								
Länge mm	2137	2125	2125	2125	2137	2125	2137	2125
Breite mm	660	660	660	660	660	722	722	722
Höhe mm	980	980	980	980	980	980	995	980
Radstand mm	1427	1415*[2]	1415*[2]	1415*[2]	1427	1415	1427	1415*[2]
Leergewicht kg	195	195	195	198	195	202	199	198
Leergewicht m. Beiwag. kg	- - -	320	320	320	- - -	320	- - -	324
Zuladung solo/m. Beiw. kg	165/- - -	165/280	165/280	162/280	165/- - -	158/280	161/- - -	162/274
Tankinhalt Liter	17	17	17	17	17	17	17	17
Benzinverbrauch 100 km	5,1 l	5,2 l	4,2 l	5,0 l	5,0 l	4,6 l	5,3 l	5,3 l
Ölverbr. 1000 km ca.	0,5-1,0 l	05-1,0 l	0,5-1,0 l	0,5-1,0 l	0,5-1,0 l	0,5-1,0 l	0,5-1,0 l	0,5-1,0 l
Fahr-/Auspuffgeräusch	72/84 dB(A)	k.A.	73/84 phon	81/82 phon	k.A.	85/83 phon*[5]	78/84 dB(A)	84/82 phon*[6]
FAHRLEISTUNGEN, PREIS								
Höchstgeschwindigk. km/h	140	135	145	145	145	165	175	175
Preis	1224 $	2750 DM	3235 DM	3335 DM	1376 $	3950 DM	1648 $	4030 DM

MODIFIKATIONEN, BESONDERHEITEN

R 50 S, R 60, R 60/2, R 69, R 69 S: *[1] mit Seitenwagen Rad hinten 2,75C x 18 und Reifen hinten 4,0 x 18 bzw. 4,0 x 18 S; *[2] mit Seitenwagen 1450 mm; **R 60/2:** *[3] mit Seitenwagen: 5.33-3.02-2.04-1.54; **R 50 US, R 60 US, R 69 US:** *[4] Export-Boxermodelle für Kanada, Südafrika, USA besaßen ab 1967 eine Teleskopgabel vorne; sie waren aber auch mit Langschwinge erhältlich; **R 69:** *[5] ab 16.12.1955: 83/76 phon; **R 69 S:** *[6] ab 13.9.1966: 78/84 dB(A); *[7] ab 1960 auch Beru-Zündkerzen ab Werk.

Register 1: Flugmotoren, Kriegseinwirkungen, Demontage

Kapitel 1, 2, 15

Register 2: Motorradtypen*, Notproduktion, Orte, Personen

*hier ohne Sport, modellspezifische Aktivitäten s. Register 3

Kapitel 3, 5, 6, 8, 11, 12, 15, 16

Register 3: Motorrad-Rennsport* Rennmaschinen*, Rennfahrer

* inkl. modellspezifische Aktivitäten

Kapitel 4, 7, 9, 10, 13, 17, 18

Register 4: Automobile, BMW-Sanierung

Kapitel 12, 13, 14 + in div.

Quellen, Literatur

Allen, Laurel C. / Gardiner, Mark: BMW Racing Motorcycles; Whitehorse Press, Center Conway 2008
Bacon, Roy: BMW Ein- und Zweizylinder – Die Nachkriegs-Palette der Ein- und Zweizylinder-Modelle; Osprey Publishing, London 1982-1988; Heel AG, Schindellegi 1991
BMW Group Historisches Archiv, Internetseite https://bmw-grouparchiv.de
Grunert, Manfred / Triebel, Florian: Das Unternehmen BMW seit 1916; BMW Group Mobile Tradition, München 2006
Harris, Nick: TT – die Geschichte der Tourist Trophy; Hazleton Publishing, Richmond 1990, Heel-Verlag, Schindelleggi 1992
Heggen Rolf: Faszination Rennstrecke – BMW und der Motorsport; BMW-Edition im Econ-Verlag, Düsseldorf und Wien 1983
Jacobs, Fred: Motorcycles from Berlin 1969-1998; BMW Mobile Tradition, München 1998
Jakobs, Fred / Kröschel, Robert / Pierer, Christian: BMW Flugtriebwerke – Meilensteine der Luftfahrt von den Anfängen bis zur Moderne; BMW Group Classic (Hrsg.), München 2009
Knittel, Stefan: BMW Motorräder – 60 Jahre Tradition und Innovation von der R 32 zur K 100; Bleicher Verlag, Gerlingen 1984
Knittel, Stefan: BMW Motorrad-Rennsport 1923-2013; Schneider Media, Portsmouth, 2013
Knittel, Stefan: Georg „Schorsch" Meier – Sein Leben in Bildern; Delius Klasing Verlag, Bielefeld, 2011
Lingnau, Gerold: Freiheit auf zwei Rädern; BMW-Edition im Econ-Verlag, Düsseldorf und Wien, 1982
Mai, Hans-Joachim: 1000 Tricks für schnelle BMWs – BMW Zweizylinder-Motorräder ohne Geheimnisse; Motorbuch Verlag, Stuttgart 1971
Mönnich, Horst: Vor der Schallmauer. BMW. Eine Jahrhundertgeschichte. Band 1, 1916-1945; BMW-Edition im Econ-Verlag, Düsseldorf 1983
Mönnich, Horst: Der Turm – BMW Eine Jahrhundertgeschichte. Band 2, 1945-1972; BMW-Edition im Econ Verlag, Düsseldorf und Wien 1986
Rauch, Siegfried: Mein Auto heißt BMW 700 und LS; Motor-Presse-Verlag, Stuttgart 1963
Schneider, Hans J.: Archiv Pressematerial, Prospekte, Zeitschriften
Schneider, Hans J./Koenigsbeck, Axel: Faszination BMW Boxer; Editions Schneider Text, Les Autels St. Bazile, 1. und 2. Auflage 1994 und 1999
Schneider, Hans J. / Koenigsbeck, Axel: Faszination BMW GS – 5. Auflage; Alle Zwei- und Vierventil-Boxer seit 1980 bis R 1200 GS, HP2; Schneider Text Éditions spécialisées, Giel-Courteilles 2007
Schneider, Hans J. / Knittel, Stefan: BMW Boxer 100 Jahre Faszination – Die Gründerjahre: von der R 32 1923 zur R 75 1941; Schneider Media, Fareham 2020
Schneider, Valentin / Schneider, Hans J. / Simons, Rainer: BMW Sportwagen – Alle Coupés bis 645Ci, alle Cabrios, Roadster; Tourensport- und Rennwagen seit 1929; Schneider Text Editions Ltd., Dublin 2003
Schneider, Hans J., Mitwirkung Stefan Knittel: Historische BMW-Gespanne; Schneider Media, Portsmouth 2012
Schnitzler, Winfried M.: Sieg in tausend Rennen – Die BMW Story; Copress-Verlag, München 1967
Schrader, Halwart: BMW Automobile – Vom ersten Dixi bis zum BMW Modell von Morgen; Bleicher Verlag, Gerlingen 1978
Tragatsch, Erwin: The illustrated Encyclopedia of Motorcycles; Temple Press, Feltham 1982
Wikipedia: Fahrzeuge, Flugzeuge, Personen, Werke: https://de.wikipedia.org/BMW und zahlreiche weitere Wikipedia-Seiten
Zeichner, Walter: BMW Isetta und ihre Konkurrenten 1955-62; Schrader Automobil-Bücher Handelsgesellschaft mbH, München 1986

1947 bis 1969:
BMW-Rennmaschinen und BMW-Rennsporterfolge im Stenogramm

1947-1950: erste Rennen mit **Vorkriegs-Kompressor Typ 255,** 500 cm³, bis 60 PS; **Georg „Schorsch" Meier,** Deutscher Meister 1938, auf seinem 1939er Kompressorboxer Deutscher Meister 1947, 1948, 1949 und 1950; wieder BMW-Werksteam ab 1949, Werksrennmaschine mit neuer Telegabel; Gespann-Klassensiege mit Müller und Klankermeier.

1951: Kompressorverbot; BMW mit „amputierten" Saugmotoren **48 PS** im Chassis **Typ 255;** neu konzipierte Rennmaschine **Typ 253 „Zweibolzer".** **Walter Zeller** zum ersten Mal Deutscher Meister. Kraus und Müller erfolgreich in den Gespannklassen.

1952: Werksteam im Geländesport (vor allem Six Days) mit präparierter **R 68** und Gespann **R 67/3.** Straßenrennmaschine **253 erstmals mit Hinterradschwinge** statt Geradwegfederung. Entwicklung **Benzineinspritzung.** 1952 und 1953 Eberlein und Hillebrand Meister im Gespannrennsport.

1953: Rennmaschine **Typ 253 erstmals mit Vorderradschwinge** nach Earles-Prinzip, neue Ventildeckel mit je vier Bolzen. Dohc-Vergasermotor mit 53 PS. **Schorsch Meier** zum 6. Mal Deutscher Meister, danach Rücktritt; Kraus erfolgreich bei den Gespannen.

1954: erstmals Einsatz speziell entwickelter, käuflicher Rennmaschine, der **RS 54;** Dohc-Halbliter-Boxer mit Vergasern und 45 PS, Langschwingen vorne und hinten. 24 Exemplare gebaut. Maschine bzw. Motor bis Anfang der 1970er erfolgreich im Solo- und Gespannsport. Rennmaschinen jetzt mit Verkleidungen. **Walter Zeller** auf Werks-253 mit Einspritzung wieder Meister. **Wilhelm Cron** Gespannmeister 500 cm³. Langstreckenweltrekorde in Montlhéry mit Vergaser-RS.

1955-1959: Einsatz der neuen Schwingenmodelle **R 50 bis R 69** im Geländesport, Gewinn der **World Trophy** bei den **Six Days 1955** und **1957.** RS 54 Vergaserversion jetzt mit 50 PS, **Walter Zeller** zum dritten Mal Deutscher Meister. **Ernst Riedelbauch** auf BMW Deutscher Meister 1956. **Ernst Hiller** auf RS 54 dreimal hintereinander Deutscher Meister: 1957, 1958, 1959. **Faust/Remmert, Noll/Cron, Hillebrand/Grunwald, Schneider/Strauß, Rohsiepe/Gardyancik** zwischen 1955 und 1959 Deutsche und Weltmeister bei den Gespannen; 1959 sechster Weltmeistertitel im Gespannsport für BMW. Im gleichen Jahr **Weltrekord** durch **Florian Camathias.**

1960-1969: R 69 S und Prototypen der späteren /5-Reihe erfolgreich im Geländesport. 1961 und 1968 Bundesrepublik Deutschland Gewinner der **World Trophy.** Präparierte R 69 S im Langstreckensport und bei Weltrekordfahrten. Bis 1974 BMW mit dem **RS 54-Boxer im Gespannrennsport** unschlagbar. Von 1960 bis 1969 **Fath/Wohlgemuth** (einmal), **Deubel/Hörner** (viermal), **Scheidegger/Robinson** (zweimal) und **Enders/Engelhardt** (zweimal) Deutsche und Weltmeister bei den Gespannen. 1966 zusätzlich **Auerbacher/Kalauch** sowie 1967 und 1968 **Schauzu/Schneider** Deutsche Gespannmeister. Letzte Deutsche Meisterschaft bei den Solomotorrädern 1961 durch **Hans-Günter Jäger.**

Fahrgestell-Nummernkreise der BMW Boxer-Modelle 1950 bis 1969

Modell		Motornummern	Fahrgestellnummer
R 51/2	(1950–1951)	516000–521005	516000–521005
R 51/3	(1951–1954)	522001–540950	522001–540950
R 67	(1951)	610001–611449	610001–611449
R 67/2	(1952–1954)	612001–616261	612001–616261
R 67/3	(1955–1956)	617001–617700	617001–617700
R 68	(1952–1954)	650001–651453	650001–651453
R 50	(1955–1960)	550001–563515	550001–563515
R 69	(1955–1960)	652001–654955	652001–654955
R 60	(1956–1960)	618001–621530	618001–621530
R 50 S	(1960–1962)	564001–565634	564005–565634
R 50/2	(1960–1969)	630001–649037	630001–649037
R 60/2	(1960–1969)	622001–630000	622001–630000
		1810001–1819307	1810001–1819307
R 69 S	(1960–1969)	655001–666320	655001–666320

Fahrgestell-Nummernkreise der BMW Einzylinder-Modelle 1948 bis 1966

Modell		Motornummern	Fahrgestellnummern
R 24	(1948–1950)	200001–212007	200001–212007
R 25	(1950–1951)	220001–243410	220001–243410
R 25/2	(1951–1953)	245000–283650	245000–283650
R 25/3	(1953–1956)	284001–331705	284001–331705
R 26	(1956–1960)	340001–370242	340001–370242
R 27	(1960–1966)	372001–387566	372001–387566

Rechts: Die R 90 S war der Traum-Boxer der 1970er Jahre, hier das knallig lackierte Modell der zweiten Serie von 1975.

Ausblick: Der Boxer von BMW erfand sich immer wieder neu, so z.B. 1951 mit der Nachkriegs-Maschine R 51/3, dann 1955 mit den Vollschwingenmodellen, 1969 mit der völlig neu konstruierten /5-Baureihe und ihren Weiterentwicklungen bis zu R 90 S und R 100 RS, den genialen Enduro-Modellen R 80 G/S ab 1980 und der vierventiligen R 1100 GS ab 1994 bis hin zu den modernen Ablegern R 1250 R, R nineT oder R 18. Zu den einzelnen Epochen und Baureihen sind weitere Bände geplant.

Nachweis Bilder nicht von BMW:
S. 20 unten rechts: Baier (https://commons.wikimedia.org/wiki/File:BMW_003_Riedelanlasser.jpg), „BMW 003 Riedelanlasser", https://creativecommons.org/licenses/by-sa/3.0/legalcode
S. 170 oben: H. J. Schneider; S. 170 unten: NASA/Wikimedia Commons; S. 171 oben: Boeing/Wikimedia Commons; S. 183: H. J. Schneider; S. 180 links: Ralf Roletschek (https://commons.wikimedia.org/wiki/File:Dornier_Do_27_-_D-EGFR_-_11-09-fotofluege-cux-allg-30.jpg), „Dornier Do 27 - D-EGFR - 11-09-fotofluege-cux-allg-30", https://creativecommons.org/licenses/by-sa/3.0/de/legalcode
S. 181 unten rechts: Bundesarchiv, B 145 Bild-F027410-0011 / Berretty / CC-BY-SA 3.0 (https://commons.wikimedia.org/wiki/File:Bundesarchiv_B_145_Bild-F027410-0011,_Flugzeuge_F-104_Starfighter,_JG_74.jpg), „Bundesarchiv B 145 Bild-F027410-0011, Flugzeuge F-104 Starfighter, JG 74", https://creativecommons.org/licenses/by-sa/3.0/de/legalcode

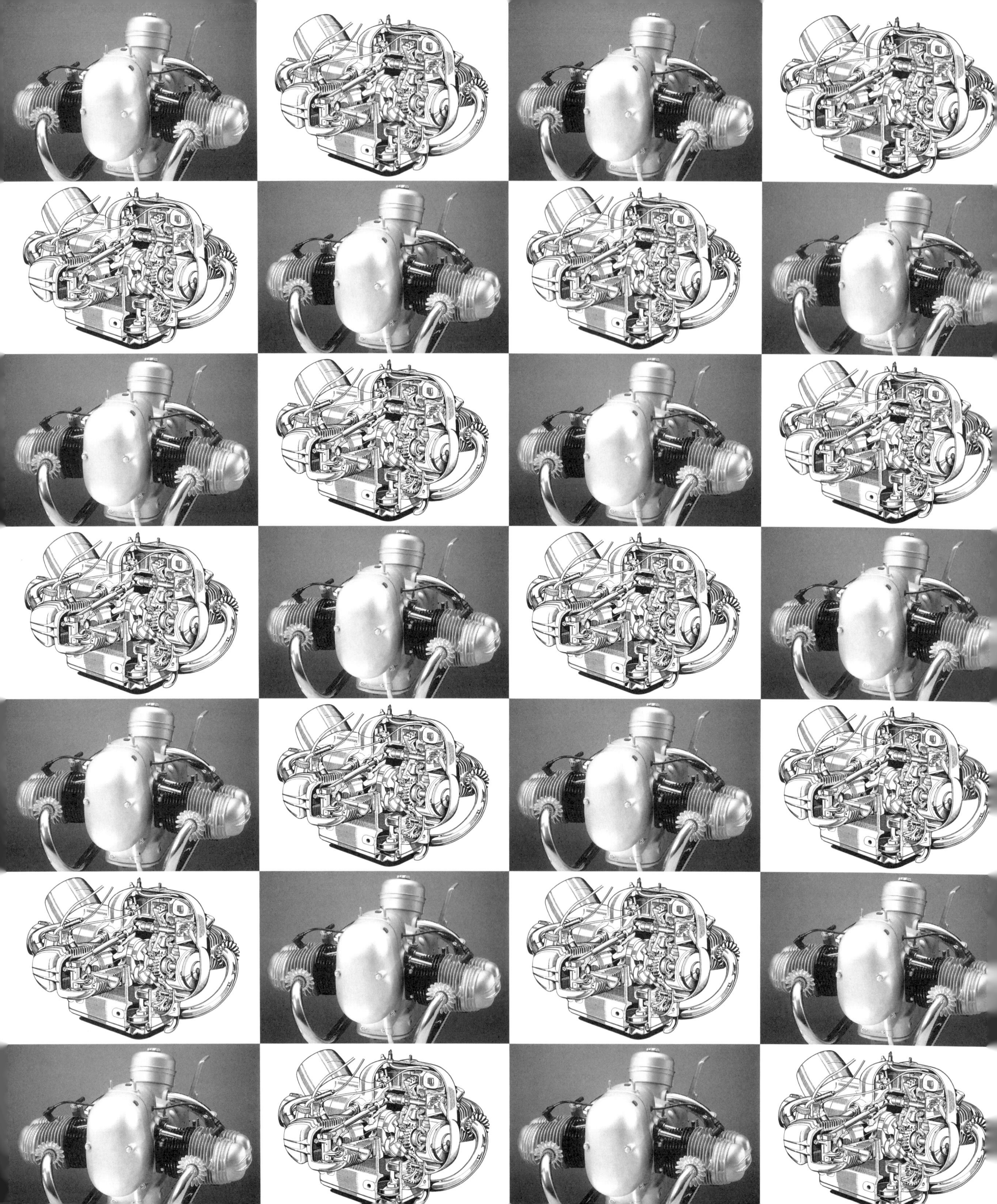